D1718951

Neurophysiologie programmiert

Herausgegeben von

R. F. Schmidt

Mit Texten von

J. Dudel B. Frederich W. Jänig
R. F. Schmidt M. Zimmermann

Programmgestaltung und -kontrolle

B. Frederich

Mit 147 Abbildungen im Beiheft

Springer-Verlag Berlin Heidelberg New York 1971

Prof. Dr. Josef Dudel · Dr. Bernd Frederich
Dr. Wilfried Jänig · Prof. Dr. Dr. Robert F. Schmidt*
Univ.-Doz. Dr. Manfred Zimmermann

alle am II. Physiologischen Institut der Universität Heidelberg,
6900 Heidelberg, Bergheimerstraße 147

* seit 1. April 1971: Physiologisches Institut der Universität Kiel, Lehrstuhl I
2300 Kiel, Olshausenstraße 40/60

ISBN 3-540-05438-3 Springer-Verlag Berlin Heidelberg New York
ISBN 0-387-05438-3 Springer-Verlag New York Heidelberg Berlin

Offsetdruck: Julius Beltz, Hemsbach/Bergstr.

Vorwort

Heute wie eh und je ist es eine der wesentlichsten Aufgaben der Universität, ihren studierenden Mitgliedern eine praxis- und berufsbezogene, qualifizierte Ausbildung zu bieten und sie gleichzeitig zu geistiger Selbständigkeit im weitesten Sinne zu erziehen. Dieses Buch dient vorwiegend ersterem Zweck: die Physiologiestudenten aller Fakultäten mit der Sprache, der Methodik, der Denkweise und den wesentlichsten Erkenntnissen der Neurophysiologie bekannt zu machen und sie damit auf eine kritische Auseinandersetzung mit diesem Zweig der Physiologie vorzubereiten.

Der Plan zu diesem Buch entstand, als sich beim neuro- und sinnesphysiologischen Unterricht mit Nichtmedizinern (und nicht nur mit diesen) immer wieder herausstellte, daß alle guten Intentionen am Fehlen der notwendigen makro- und mikroanatomischen Kenntnisse scheiterten. Es galt also, ein Lehrbuch zu schreiben, das außer Abiturkenntnissen nichts voraussetzt und damit von jedem Studenten als Arbeitsgrundlage benutzt werden kann. Es ist weiter Ziel dieses Buches, Lehrer wie Studenten von den für ersteren frustrierenden und für den zweiten oft langweiligen Aufgabe zu entlasten, die Terminologie und die einfachsten Grundbegriffe unseres Faches in Vorlesungen zu erarbeiten. Wie in der nachfolgenden Arbeitsanleitung von Herrn Dr. Frederich erläutert wird, ist durch die Anordnung des Stoffes, durch zahlreiche Fragen zur Selbstkontrolle und durch umfangreiche Tests mit Studenten sichergestellt, daß der Wissensstoff selbständig aufgenommen werden kann. Damit ist die sonst für Vorlesungen benötigte Zeit frei für die Vertiefung des Stoffes und für kritische Wertung und Diskussion, also für einen Gedankenaustausch zwischen Lehrenden und Lernenden, der der Hochschule angemessen ist.

Die schwierigste Aufgabe, der wir uns dabei gegenüber sahen, war die Festlegung der L e r n z i e l e. Zwei bisher im akademischen Unterricht weitgehend vernachlässigte Probleme waren anzupacken: einmal war festzulegen, welche neurophysiologischen Kenntnisse von einem Studenten mit Physiologie im Nebenfach (Psychologen, Biologen, Zoologen, Chemiker, Physiker) unbedingt, welche bedingt und welche nicht erworben werden müssen, und zum zweiten war zu definieren, welche Verhaltensweisen der Student zum Nachweis der von ihm erworbenen Kenntnisse demonstrieren soll. Diese Verhaltensweisen haben wir als "Lernziele" jedem Kapitel vorangestellt. Diese Lernziele sind natürlich auch für Medizinstudenten verbindlich, sie sind aber zumindest in Richtung Neuroanatomie, Pathophysiologie und klinische Nutzanwendung nicht vollständig.

Soweit wir sehen können, hat damit ein deutsches biologisch-medizinisches Lehrbuch seine Lernziele zum erstenmal ausführlich definiert. Bei der Beurteilung unserer Auswahl bitte ich zu berücksichtigen, daß sie das erste und keineswegs das letzte Wort in dieser Sache ist. Wahrscheinlich sind wir an manchen Stellen über das unbedingt Notwendige herausgeschossen, an anderen Stellen vielleicht zurückgeblieben. Es ist aber zu hoffen, daß wir zumindest eine gute Grundlage gelegt haben, mit allen Interessierten in eine fruchtbare Diskussion über die Lernziele einzutreten und diese im Laufe der Zeit zu optimieren. Gegenwärtig ist jedenfalls für alle am Neurophysiologieunterricht Beteiligten die Möglichkeit gegeben, an Hand der Lernziele durch entsprechende Absprachen zwischen Lehrenden und Lernenden abzugrenzen, was jeder vom anderen erwarten kann und darf.

Die von uns gewählte Form der linearen Programmierung ist die einfachst mögliche. Sie ist nicht notwendigerweise die beste, aber da es keine sicheren experimentellen Befunde über die Verbesserung des Lerneffektes durch andere Programmiermethoden gibt, sahen wir keinen Anlaß, eine aufwendigere Form zu wählen. Auch hier ist zu sagen, daß wir erst lernen müssen, die von den Psychologen und Pädagogen erarbeiteten neuen Methoden für die Hochschuldidaktik nutzbringend einzusetzen. Zweifellos läßt sich auch denken, ein Programm der vorliegenden Art in eine Maschine zu programmieren. Aber zumindest unter den derzeitigen Umständen überwiegen die Vorteile des Buches, vor allem die beim Buch gewährleistete Unabhängigkeit von Ort und Zeit für den Studierenden.

Als Abbildungen haben wir entsprechend den Lernzielen praktisch ausschliesslich schematische Darstellungen benutzt. Bewußt haben wir auch auf jedes Literaturzitat verzichtet: solange man sich in ein neues Gebiet einarbeitet, sind Namen nur Schall und Rauch. Schliesslich haben wir auch keine weiterführenden Lehrbücher empfohlen: jede Auswahl hängt von einer so großen Zahl von Voraussetzungen ab, daß sie nur an Ort und Stelle zu treffen ist. Wir haben aber, zu Wiederholungszwecken und für den, der der programmierten Darstellung ablehnend gegenübersteht, den Inhalt dieses Buches auch in konventioneller Form geschrieben. Diese konventionelle Form wird in Kürze als "Heidelberger Taschenbuch" im Springer-Verlag erscheinen. Ferner ist vorgesehen, das vorliegende Buch durch eine programmierte Einführung in die Sinnesphysiologie zu ergänzen.

Seit die erste Zeile für dieses Buch geschrieben wurde, ist wenig mehr als ein Jahr vergangen. Nur eine enorme Anstrengung aller Beteiligten hat es möglich gemacht, das Buch nach so kurzer Zeit erscheinen zu lassen. Ich habe vorweg vor allem Herrn Dr. Frederich zu danken, der uns mit den Grundlagen, Absichten und Methoden der programmierten Instruktion vertraut machte und die schwierige Aufgabe übernahm, unsere Beiträge zu programmieren und ihre Erprobung zu leiten und auszuwerten. Ohne ihn wäre dieses Buch nicht entstanden.

Wenn fünf Mitglieder eines Instituts intensiv an einem Lehrbuch arbeiten, wird vielen anderen wichtigen Aufgaben des Instituts nicht immer die Aufmerksamkeit gewidmet, die ihnen zukommen sollte. Die anderen Institutsmitglieder, insbesondere Herr Prof. Dr. W. Trautwein, der Direktor des Instituts, mußten uns in dieser Zeit manche Arbeit abnehmen und uns vieles verzeihen. Im Namen aller Autoren möchte ich mich für diese Hilfsbereitschaft und das großzügige Verständnis herzlich bedanken.

Unser Dank gilt auch allen technischen Mitarbeitern des Instituts, die bei der Herstellung der Abbildungsvorlagen und bei der Vervielfältigung und Verteilung der Testmanuskripte unermüdlich mithalfen. Besonderer Dank gebührt Frau S. Steinbach, die die zahlreichen Manuskriptversionen ebenso wie die Reinschrift der Offset-Vorlage mit großer Effizienz schrieb.

Herr Verleger Dr. H. Götze hat unserem Vorhaben von Anfang an mit grossem Interesse gegenüber gestanden und ihm jede mögliche Unterstützung gewährt. Ihm und allen anderen beteiligten Mitarbeitern des Springer-

Verlags sei dafür ebenso gedankt, wie für die sorgfältige und sachgerechte Ausstattung des Buches.

Für fachliche Beratung bezüglich der Programmgestaltung sind wir Herrn Prof. Corell, Gießen, und Herrn Dr. Strittmacher, Mannheim, verpflichtet. Schliesslich danken wir allen Studenten, die sich freiwillig und mit großem Eifer der Mühe unterzogen, unsere Texte durch ihre Mitarbeit beim Testen, durch ihre Kritik und ihre Kommentare zu verbessern.

Buffalo, N.Y. im Februar 1971 Robert F. Schmidt

Hinweise zur Benutzung dieses Buches

Den Lernstoff dieses Buches haben wir in 8 Kapiteln dargestellt (A - H). Jedes Kapitel ist in mehrere, in sich geschlossene Lektionen gegliedert; diese sind durchgehend numeriert (1 - 38). Der Umfang einer einzelnen Lektion ist so bemessen, daß er ohne Unterbrechung in etwa einer Stunde bearbeitet werden kann. Jede Lektion beginnt mit einer Einleitung, die Sie mit dem Inhalt des folgenden programmierten Textes vertraut macht. Der Einleitung folgen die Lernziele. Hier haben wir festgelegt, was Sie nach Durcharbeiten der betreffenden Lektion unbedingt beherrschen sollen (s.a. Vorwort). Der Lernstoff der Lernziele ist in den Lernschritten enthalten. Die hin und wieder zwischen den Lernschritten eingeschobenen nicht programmierten Texte enthalten "Kann-Wissen"; sie dienen der Ergänzung und Überleitung. Soweit Sie Schulwissen vergessen haben, also nicht mehr wissen, was z.B. Osmose und Molarität ist, was log bedeutet, so frischen Sie bitte Ihre Kenntnisse in einem einschlägigen Lehrbuch auf.

Jede Lektion setzt sich aus rund 3o-4o Lernschritten, die wiederum numeriert sind, zusammen. 8.15 bedeutet demnach: Lektion 8, Lernschritt 15. In jedem Lernschritt erfahren Sie etwas Neues, das auf dem vorher gewonnenen Wissen aufbaut. Außerdem finden Sie in jedem Lernschritt eine bis mehrere Aufgaben, die Sie aufgrund der bis dahin gegebenen Informationen lösen können. Ihre Aufgabe ist es, die durch .... gekennzeichneten Lücken mit dem richtigen Wort zu füllen, ... bedeutet, daß hier zwei Worte ergänzt werden müssen. Oft werden Ihnen nach einer Lücke zwei oder drei Antworten zur Auswahl angeboten, um Ihnen die Aufgabe zu erleichtern.

Ihre Antworten sollten Sie auf einem beiliegenden Blatt notieren (Sie können dann das Buch wiederholt durcharbeiten), oder in die Lücken dieses Buches eintragen (wonach Sie das Buch wie jedes andere Buch durchlesen können). Die Lösungen zu den Lücken stehen in dem grau gerasterten Feld, das jedem Lernschritt folgt. Decken Sie, wie in Abbildung 0-0 gezeigt, die Buchseite mit einem Blatt Papier so ab, daß die Antworten zu dem Lernschritt, den Sie gerade bearbeiten, nicht sichtbar sind. Es ist gestattet, bei der Bearbeitung eines Lernschrittes in vorausgegangenen Lernschritten nachzusehen. Durch die am Ende jeder Lektion gestellten Fragen können Sie testen, ob Sie die Lernziele erreicht haben. Sie haben damit eine ständige Kontrolle über Ihren Lernerfolg. Bei der Beantwortung dieser Fragen sollten Sie sich allein auf Ihr neu erworbenes Wissen verlassen.

Die Abbildungen sind nach denjenigen Lernschritten numeriert, in denen sie zuerst erwähnt werden. Beispielsweise bezeichnet Abb. 8-12 (acht Strich zwölf) eine Abbildung, die in Lernschritt 8.12 (acht Punkt zwölf) zum erstenmal angesprochen wird. Da die Abbildungen oft über mehrere Lernschritte oder auch Lektionen benötigt werden, haben wir sie in einem Beiheft zusammengefaßt.

Der von den Autoren erarbeitete Text wurde in einer ersten Fassung programmiert und in einem Kleingruppentest (face-to-face Test) 4 Studenten vorgelegt (darunter eine Krankenschwesterschülerin). Es wurden die von den Probanden gemachten Fehler sowie kritische Äußerungen über die logische Folge und die Verständlichkeit der Lernschritte ausgewertet. Außerdem wurde darauf geachtet, daß jeder Lernschritt in maximal drei Minuten bewältigt werden konnte und daß dabei keine Unlustgefühle aufkamen.

Auf Grund dieser Testergebnisse wurde eine zweite Fassung hergestellt und diese während zweier Semester einem Studentenkollektiv von durchschnittlich 7o Probanden (Mediziner und Psychologen 1. bis 4. Semester) angeboten. Die schriftlichen Antworten und Kommentare wurden von uns so ausgewertet, daß wir jeden Lernschritt, bei dem mehr als 1o% Fehler gemacht wurden, oder bei dem sich negative Bemerkungen häuften, abänderten. Anschliessend wurden die Lektionen nochmals von 2 Assistenten überprüft und wiederum korrigiert. Bei aufmerksamem und konzentriertem Arbeiten sind Sie jetzt somit in der Lage, die meisten Aufgaben mit 9o%iger Sicherheit richtig zu lösen.

Bernd Frederich

Inhaltsverzeichnis

A Der Aufbau des Nervensystems

Vorbemerkung

Diese anatomisch-histologische Einführung in den Aufbau des Nervensystems ist nur für den bestimmt, der keine neuro-anatomischen Vorkenntnisse hat. Wer über solche Kenntnisse verfügt, kann zu deren Überprüfung sofort die Lerneinheiten 4.14 bis 4.18 durcharbeiten und dann so fortfahren, wie dort angegeben.

Lektion 1 Die Nervenzellen

In dieser Lektion befassen wir uns mit den Bausteinen des Nervensystems, den Nervenzellen. Die verschiedenen Anteile der Nervenzellen und die Verbindungen der Nervenzellen untereinander und mit anderen Zellen des Körpers werden erläutert.

Lernziele: Schematische Zeichnung einer Nervenzelle. Benennung der verschiedenen Abschnitte dieser Zelle. Benennung und schematische Aufzeichnung der 3 möglichen Verbindungen zwischen 2 Nervenzellen. Bezeichnung der Verbindung zwischen Nervenzelle und Muskel- oder Drüsenzelle. Allgemeine Definition einer Rezeptorzelle. Erläuterung des Begriffes "adäquater Reiz" eines Rezeptors anhand von 2 oder 3 Beispielen.

1.1 Die Bausteine des Nervensystems sind die ......, auch Ganglienzellen, meistens aber Neurone genannt. Es ist geschätzt worden, daß das menschliche Gehirn $1o^{1o}$ (1o Milliarden) dieser Zellen besitzt.

Nervenzellen

1.2 Jede dieser $1o^{1o}$ Ganglienzellen oder ...... wird, wie bei allen tierischen Zellen, von einer Zellmembran begrenzt, die den Zellinhalt umschließt. Der Bauplan der Neurone ist immer gleich (Abb. 1-2): a) ein Zellkörper oder Soma, ferner Fortsätze aus diesem Zellkörper, b) die Dendriten und c) das Axon oder der Neurit.

Neurone (oder Nervenzellen)

1.3 Die Einteilung der Fortsätze der Neurone in mehrere ...... und ein ...... erfolgt nach funktionellen Gesichtspunkten: das Axon verbindet die Nervenzelle mit anderen Zellen. An den Dendriten, wie auch am Soma, enden die Axone anderer Neurone.

Dendriten - Axon (oder Neurit)

1.4 In der Abb. 1-4 sind die Bezeichnungen der verschiedenen Neuronenabschnitte einzutragen. Die Dendriten zeigen von allen Neuronenabschnitten die stärkste Variation.

a = Axon - b = Dendrit - c = Axon - d = Axon - e = Soma
f = Dendrit - g = Soma

1.5 In Abb. 1-5 a-c sind einige Variationen von Dendriten-Verzweigungen dargestellt. Es gibt allerdings auch Neurone, die keine ...... haben (Abb. 1-5, d,e). Wie aus allen bisher gezeigten Bildern ersichtlich ist, entspringt aus dem Soma jedes Neurons stets e i n .... Dieses ...... splittert sich dann meist in Verzweigungen auf, die Kollaterale genannt werden.

Dendriten - Axon (Neurit) - Axon (Neurit)

1.6 Wie in 1.3 bereits gesagt, verbindet das Axon und alle seine Verzweigungen, genannt ......, die Nervenzellen mit anderen Zellen. (Nerven-, Muskel- oder Drüsenzellen). Die Verbindungsstelle einer axonalen Endigung mit anderen Zellen wird Synapse genannt.

Kollateralen

1.7 Wir halten also fest: die Verbindungsstelle einer axonalen Endigung mit anderen Zellen wird als ...... bezeichnet. Die Axone bilden ...... mit Neuronen, aber auch mit Muskel- oder Drüsenzellen.

Synapse - Synapsen

1.8 Abb. 1-8 zeigt Verbindungsstellen von Neuronen. Endet ein Axon auf dem Soma eines anderen Neurons, so sprechen wir von einer axo-somatischen Synapse. Entsprechend heißt eine Synapse zwischen Axon und Dendrit eine .....-...... Synapse und eine zwischen zwei Axonen eine .....-...... Synapse.

axo-dendritische - axo-axonische

1.9 Endet ein Axon auf einer Skelettmuskelfaser, so wird diese ...... neuromuskuläre Endplatte genannt (s. Abb. 12-4). Synapsen auf Muskelfasern der Eingeweide (glatte Muskulatur) und auf Drüsenzellen tragen keine besonderen Bezeichnungen.

Synapse

Wir haben also gelernt, daß das Nervensystem aus einzelnen Zellen, den Neuronen, zusammengesetzt ist. Die meisten Neurone haben über Synapsen Verbindungen zu anderen Neuronen, sie bilden neuronale Schaltkreise. Ein kleiner Teil der Neurone tritt über seine Axone nicht mit anderen Neuronen, sondern mit Muskel- oder Drüsenzellen in Kontakt. Die quergestreiften Skelettmuskeln, die glatten Muskeln der Eingeweide und die Drüsen sind also die Befehlsempfänger, die ausführenden Organe oder Effektoren des Nervensystems.

Um sich zweckmässig mit seiner Umwelt auseinandersetzen zu können und zur Überwachung der Tätigkeit der Effektoren braucht das Nervensystem aber auch noch Fühler, die auf Veränderungen in der Umwelt und im Organismus antworten und diese Antworten dem Nervensystem mitteilen. Der Organismus besitzt für diese Aufgabe spezialisierte Nervenzellen, die als Rezeptoren bezeichnet werden. Wir können also festhalten:

1.1o Spezialisierte Nervenzellen, die auf bestimmte Veränderungen im Organismus oder in der Umwelt antworten und diese Antworten dem Nervensystem mitteilen, werden als ...... bezeichnet. Jede dieser spezialisierten Nervenzellen, genannt ......, antwortet praktisch nur auf eine bestimmte Reizform.

Rezeptoren - Rezeptoren

1.11 Die Rezeptoren des Auges reagieren z.B. nur auf Lichtreize, genauer auf elektromagnetische Wellen mit einer Wellenlänge von 400-800 mμ (blauviolett bis rot). Diese für die Rezeptoren des Auges spezifischen Reize nennt man a d ä q u a t e .... Jeder Rezeptor hat also einen für ihn charakteristischen ....

Reize - adäquaten Reiz

1.12 Das Ohr ist auf Schallwellen (longitudinale Luftdruckschwankungen) von 16-16000 Hz (Hertz=Schwingungen pro Sekunde) empfindlich. Schallwellen sind also der .... des Ohres. Für die meisten Rezeptoren des Organismus können wir angeben, auf welche Reize sie besonders empfindlich sind, welches also ihr .... ist.

adäquate Reiz - adäquater Reiz

1.13 Rezeptoren können evtl. auch auf andere als die ihnen ...... Reize reagieren. Diese <u>inadäquaten</u> Reize müssen aber dann mit einer vielfach höheren physikalischen Energie einwirken (Beispiel: "Sternchen" beim Schlag aufs Auge). Der adäquate Reiz eines Rezeptors ist also der, auf den er besonders (spezifisch) .... (empfindlich / unempfindlich) ist.

adäquaten - empfindlich

Über die Rezeptoren nimmt also das Nervensystem von den Vorgängen in unserer Umwelt und in unserem Organismus Notiz. Funktionell gesehen, vermitteln sie Auskünfte über

(a) unsere weitere Umgebung (Auge, Ohr: Telerezeptoren)

(b) unsere nähere Umwelt (Rezeptoren der Haut: Exterozepzoren)

(c) die Stellung und Lage des Organismus im Raum (Rezeptoren der Muskeln, Sehnen und Gelenke: Propriozeptoren) und
(d) Vorgänge in den Eingeweiden (Intero- oder Viscerozeptoren).

Überprüfen Sie bitte anhand der nächsten Lernschritte Ihr neu erworbenes Wissen:

1.14 a) Zeichnen und benennen Sie die einzelnen Abschnitte eines Neurons.
b) Zeichnen und benennen Sie die typischen Verbindungsmöglichkeiten zwischen zwei Nervenzellen.

a) entsprechend Abb. 1-2 - b) entsprechend Abb. 1-8

1.15 Definieren Sie den Begriff Rezeptor!

siehe 1.1o

1.16 Wie bezeichnet man die Synapse eines Axons mit einer Skelettmuskelfaser?

siehe 1.9

1.17 Schreiben Sie die Buchstaben der richtigen Aussagen auf Ihrem Lösungsbogen auf:
a) Rezeptoren reagieren auf alle Reize aus der Umwelt
b) Jeder Rezeptor hat einen adäquaten Reiz
c) Rezeptoren sind spezialisierte Nervenzellen
d) Der Rezeptor ist auf nicht adäquate Reize wesentlich empfindlicher als auf adäquate Reize
e) Muskeln und Drüsen sind die Effektoren des Nervensystems

b - c - e

Lektion 2 Stütz- und Ernährungsgewebe

Diese Lektion beschreibt einige der für die Funktion der Neurone wichtigen Einrichtungen im Aufbau des Nervensystems. Die Bedeutung der Gliazellen, des Extrazellulärraums und der Blutgefäße des Gehirns werden besprochen.

Lernziele: Angeben, welches die beiden Hauptfunktionen der Gliazellen sind. Anhand einer Schemazeichnung erläutern, daß die Nährstoffe bei ihrem Weg aus dem Blut in das Neuron die Wand des Blutgefäßes, den Extrazellulärraum und die Zellmembran durchwandern müssen.

2.1 Die Bausteine des Nervensystems sind die .... Sie sind von Stützgewebe, den Gliazellen umgeben. In anderen Organen des Organismus wird das Stützgewebe meist als Bindegewebe bezeichnet. Die ......zellen sind also die Bindegewebszellen des Nervensystems.

Neurone (Nervenzellen, Ganglienzellen) - Glia-

2.2 Neben der beschriebenen ......funktion der ......zellen schreibt man den ......zellen auch Aufgaben bei der Ernährung der Neuronen zu, doch stehen definitive Beweise dafür noch aus.

Stütz- - Glia- - Glia-

2.3 Die Neurone und Gliazellen liegen bis auf einen schmalen Spalt (durchschnittliche Breite 2oo Å = 2o mμ = $2x1o^{-5}$mm) dicht nebeneinander. Alle diese Zwischenräume sind untereinander verbunden, sie bilden den flüssigkeitsgefüllten Extrazellulärraum der ...... und ....

Neurone - Gliazellen

2.4 Jeglicher Stoffaustausch der Neurone erfolgt also in den und aus dem .... Die Flüssigkeit im Extrazellulärraum heißt Cerebrospinalflüssigkeit oder Liquor cerebrospinalis (Cerebrum = Gehirn, spina = Wirbelsäule).

Extrazellulärraum

2.5 Der Extrazellulärraum umgibt auch die dünnen Abschnitte (Kapillaren) der Blutgefäße des Gehirns, mit denen er ebenfalls im Stoffaustausch steht. Die Abb. 2-5 erläutert schematisch den Weg des Sauerstoffs (O_2) und der Nährstoffe aus dem Blut in das Neuron und des CO_2 und anderer Stoffwechselendprodukte aus dem Neuron in das Blut. Welche beiden Wände (Membranen) muß also ein intravenös injiziertes Medikament überwinden, um in einem Neuron wirken zu können?

1) Gefäßwand (Kapillarmembran) - 2) Zellwand (Zellmembran)

2.6 Die Neurone sind auf eine ständige Sauerstoffversorgung angewiesen. Unterbrechung der Blutzufuhr (z.B. Herzstillstand) für 8-12 sec führt bereits zu Bewußtlosigkeit, nach 8-12 min ist das Gehirn meist irreversibel geschädigt. Werden diese Zeiten bei Atemstillstand gleich, verkürzt oder verlängert sein? (Bedenken Sie, wie lange Sie den Atem anhalten können, ohne bewußtlos zu werden.)

Bei Atemstillstand verlängern sich die Zeiten, da der Sauerstoffvorrat des zirkulierenden Blutes ausgenützt werden kann.

Lektion 3 Die Nerven

Gehirn und Rückenmark werden üblicherweise als Zentralnervensystem zusammengefaßt. Alles übrige nervöse Gewebe wird als peripheres Nervensystem bezeichnet. Die Nerven in der Peripherie des Organismus sind Bündel von Axonen, die durch Bindegewebshüllen eingescheidet werden. Ihr Aufbau, ihre Herkunft und ihre Klassifizierung nach morphologischen und funktionellen Gesichtspunkten sollen im folgenden erläutert werden.

Lernziele: Schematische Zeichnung einer markhaltigen Nervenfaser im Längsschnitt, Benennung der verschiedenen Abschnitte. Zeichnung im Querschnitt einer markhaltigen und einer marklosen Faser samt ihren Umhüllungen. Erläutern, welcher Parameter der Einteilung der Nervenfasern in Gruppen I - IV zugrunde liegt; wodurch hebt sich Gruppe IV weiter von Gruppen I - III ab? Definieren, in welcher Richtung afferente und efferente Nervenfasern Informationen übermitteln. Tabellarisch darstellen, welche Typen von afferenten und efferenten Nervenfasern in Haut-, Gelenk-, Muskel- und Eingeweidenerven enthalten sind.

3.1 In der Peripherie des Organismus, d.h. außerhalb von ...... und ......, bilden Bündel von Axonen die .... Einzelne Axone im peripheren Nerven werden meist als Nervenfasern bezeichnet.

Gehirn - Rückenmark - Nerven

3.2 Umgibt sich ein Axon, bzw. eine ...... nach dem Ursprung aus dem Soma mit einer Schicht aus einem Lipoid-Protein (Fett-Eiweiß)-Gemisch, dem Myelin, so bezeichnet man sie als myelinisierte ...... oder markhaltige ...... (Abb. 3-2).

Nervenfaser - Nervenfaser - Nervenfaser

3.3 Aus Abb. 3-2 ist ersichtlich, daß das Myelin die Nervenfaser nicht fortlaufend umhüllt, sondern in regelmässigen Abständen .... ist. Nach ihrem Entdecker werden diese myelinfreien Stellen Ranvier'sche Schnürringe genannt.

unterbrochen (oder sinngemäß)

3.4 Eine solche myelin...... Stelle, genannt ...... Schnürring, findet sich etwa alle 1-2 mm. Bitte zeichnen Sie eine markhaltige Nervenfaser mit ihrem Ursprung und benennen Sie die einzelnen Teile.

-freie - Ranvier'scher - Zeichnung wie Abb. 3-2

3.5 Nervenfasern ohne Markscheide nennt man ......lose, oder, da sie nicht von Myelin umscheidet sind, unmyelinisierte Nervenfasern. Markhaltige und ...... Nervenfasern kommen in etwa gleich großer Zahl in peripheren Nerven vor.

marklose - marklose (oder unmyelinisierte)

3.6 Beide Typen von Nervenfasern, die ...... und die ...... sind von Gliazellen eingescheidet, die nach ihrem Entdecker Schwann-Zellen genannt werden. Das Axon ist also 1. von Myelin (falls vorhanden) und 2. stets von Schwann-Zellen umhüllt. Querschnitte durch eine markhaltige und marklose Nervenfaser und ihre zugehörigen Schwann-Zellen zeigt Abb. 3-6.

markhaltigen (myelinisierten) - marklosen (unmyelinisierten) oder umgekehrt

3.7 Markhaltige Fasern werden oft A-Fasern genannt, marklose Fasern C-Fasern. Neben der Einteilung in markhaltige A-Fasern und marklose C-Fasern werden die Nervenfasern auch nach ihrem Durchmesser unterschieden. Die gebräuchlichste Einteilung zeigt Tab. 3-7.

Tabelle 3-7

Fasergruppe			Durchmesser in µ
markhaltige Fasern (Durchmesser = Axon+Markscheide)	I	A-Fasern	18 - 1o
	II		1o - 5
	III		5 - 1
marklose Fasern (Axondurchmesser)	IV	C-Fasern	≦ 1

3.8 Demnach haben die marklosen Fasern (Gruppe ...... oder ...... Fasern) stets einen Durchmesser der gleich oder kleiner ist als .... Der Durchmesser der markhaltigen Gruppe ...... bis ..... oder ......-Fasern bewegt sich zwischen ...... und ....

IV oder C - 1µ - I-III oder A-Fasern - 1µ bis 18µ

3.9 Eine weitere wichtige Klassifizierung der Nervenfasern ergibt sich aus ihrer Funktion. Die Nervenfasern der Rezeptoren nennt man afferente Nervenfasern, oder abgekürzt ...... (siehe links in Abb. 3-9). Sie vermitteln dem Nervensystem von den Rezeptoren Veränderungen (Informationen) aus der Umwelt und aus dem Organismus.

Afferenzen

3.1o Abb. 3-9 zeigt weiter, daß die afferenten Nervenfasern aus den Eingeweiden als ...... Afferenzen bezeichnet werden, alle anderen Afferenzen des Organismus, z.B. von den Muskeln, Gelenken, der Haut und den Sinnesorganen des Kopfes (Auge, Ohr, etc.) als ..... Afferenzen.

viscerale - somatische

3.11 Die rechte Seite der Abb. 3-9 zeigt, daß die Informationsleitung aus dem ZNS in die Peripherie über efferente Nervenfasern, abgekürzt ...... erfolgt. Efferenzen zu den Skelettmuskelfasern heissen ...... Efferenzen, alle übrigen gehören zum vegetativen oder autonomen Nervensystem und werden deswegen ...... Efferenzen genannt.

Efferenzen - motorische - vegetative

3.12 Die motorischen Efferenzen ziehen also zu den ...... (Skelettmuskeln / glatten Muskeln). Die glatten Muskeln in den Eingeweiden und den Gefäßwänden, die Herzmuskulatur und alle Drüsen werden von den ...... Efferenzen versorgt.

Skelettmuskeln - vegetativen

3.13 Unter einer Nervenfaser versteht man immer, das / den einzelne(n) ...... (Axon / Dendrit) eines Neurons. In einem N e r v e n sind dagegen zahlreiche, oft viele zehntausende von Nervenfasern enthalten. Beispiel: der Nervus ischiadicus, der den größten Teil des Beines nervös versorgt. In einem Nerven sind immer afferente und efferente Nervenfasern gebündelt. Die Zusammensetzung hängt dabei vom Versorgungsgebiet (Haut, Muskeln, Eingeweide) des Nerven ab.

Axon

3.14 In den peripheren Nerven laufen immer ...... und ...... Nervenfasern. Die Nerven zur Haut, zu den Muskeln und zu den Gelenken faßt man als s o m a t i s c h e Nerven zusammen. Beachte den Unterschied zwischen somatischer Nerv (= afferente + efferente Nervenfasern) versus somatische Afferenzen (= ...... Nervenfasern), ... (die / die nicht) aus den Eingeweiden kommen.

afferente und efferente (oder umgekehrt) - afferente - die nicht

3.15 Die Nerven zu den Eingeweiden, in denen ...... Afferenzen und ...... Efferenzen laufen, heißen Eingeweidenerven (Synonyme: autonome Nerven, viscerale Nerven, vegetative Nerven).

viscerale - vegetative

3.16 Nach den in den Lernschritten 3.9 bis 3.15 gegebenen Erläuterungen ist zu erwarten, daß die verschiedenen Nerven unterschiedliche Typen von Nervenfasern enthalten: in den Hautnerven laufen beispielsweise ...... (von den Rezeptoren der Haut) und vegetative Efferenzen (zu den Blutgefäßen, Schweißdrüsen und Haaren der Haut).

somatische Afferenzen

3.17 In den Skelettmuskelnerven laufen ...., ferner somatische Afferenzen (von den Rezeptoren der Muskeln) und vegetative Efferenzen (zu den Blutgefäßen); in den Gelenknerven laufen .... (von den Rezeptoren der Gelenke) und vegetative Efferenzen (zu den Blutgefäßen der Gelenke und der Gelenkkapsel). Die Nerven der Eingeweide enthalten ...... Afferenzen und ...... Efferenzen.

motorische Efferenzen - somatische Afferenzen - viscerale - vegetative

3.18 Tragen Sie in die Tabelle ein, welche Typen von Nervenfasern in folgenden Nerven enthalten sind:

a) Hautnerv c) Gelenknerv

b) Muskelnerv d) Eingeweidenerv

Was ist der Oberbegriff für a - c?

	som.Aff.	mot.Eff.	visc.Aff.	veg.Eff.
a) Haut				
b) Muskel				
c) Gelenk				
d) Eingeweide				

Oberbegriff: somatische Nerven

	som.Aff.	mot.Eff.	visc.Aff.	veg.Eff.
a) Haut	+			+
b) Muskel	+	+		+
c) Gelenk	+			+
d) Eingeweide			+	+

Lektion 4 Die Anatomie des Zentralnervensystems

Nachdem bisher der Aufbau einzelner Neurone und ihrer Hilfseinrichtungen besprochen wurde, wird jetzt gezeigt, wie diese Neurone im ZNS (Gehirn und Rückenmark) angeordnet sind. In dieser Lektion wird hauptsächlich auf das Rückenmark eingegangen und dabei der Aufbau eines Rückenmarksegmentes besprochen.

Lernziele: Erläutern können, welche Abschnitte des Nervensystems als Zentralnervensystem zusammengefaßt werden; Lage des ZNS im Körper; was ist ein Rückenmarksegment? Schematische Zeichnung eines Rückenmarkquerschnittes, auf dem die Lage der Neurone, der auf- und absteigenden Nervenfasern, der aus- und eintretenden (efferenten und afferenten) Nervenfasern und deren Neurone (Motoneurone, Hinterwurzelganglien) angegeben wird.

4.1 Gehirn und Rückenmark werden üblicherweise als ...... zusammengefaßt. Das ...... der Wirbeltiere und damit des Menschen ist in den Wirbelkanal der Wirbelsäule und in den Schädel eingebettet, Abb. 4-1.

ZNS - ZNS -(oder Zentralnervensystem)

4.2 Als Rückenmark bezeichnen wir denjenigen Abschnitt des ZNS, der im ...... verläuft. Jedem Wirbelkörper entspricht ein Abschnitt des Rückenmarks, ein Rückenmarksegment. Dieser gleichförmige Aufbau ist entwicklungsgeschichtlich bedingt.

Wirbelkanal

4.3 Dem gleichförmigen Aufbau des Rückenmarks in Längsrichtung, nämlich in Rückenmarks-......, entspricht ein gleichförmiger Aufbau des Querschnittes in allen Abschnitten. Die Abb. 4-3 zeigt einen Querschnitt durch das .... Die Zellkörper der Neurone liegen im Inneren des Rückenmarks, die auf- und absteigenden Nervenfasern in den Außenbezirken.

-segmente - Rückenmark

4.4 Der Bereich der im Inneren des Rückenmarks liegenden .... (Axone / Zellkörper) erscheint im frischen Schnitt von grauer Farbe und wird daher graue Substanz genannt. An welches Insekt erinnert der Querschnitt der grauen Substanz?

Zellkörper - Schmetterling

4.5 Der vordere (ventrale) Abschnitt jedes Schmetterlingsflügels wird Vorderhorn genannt, der seitliche (laterale) ......, der hintere (dorsale) .... Der Abschnitt der grauen Substanz medial (nach der Mitte hin) vom Seitenhorn heißt Zwischenhorn.

Seitenhorn - Hinterhorn

4.6 Die im Inneren eines Rückenmarksegmentes liegende ......-förmige .... ist in den Außenbezirken von den auf- und absteigenden Nervenfasern umgeben. Das Myelin läßt die Nervenfasern im Querschnitt weiß erscheinen, daher werden diese Bezirke .... genannt. Wo liegen die Zellkörper der Neurone im Rückenmark?

Schmetterlings- - graue Substanz - weiße Substanz - in der grauen Substanz

4.7 Die Zellkörper der Neurone liegen also ...... (stets / gelegentlich) im ...... (inneren / äußeren) Bereich des Rückenmarks. In jedem Segment treten auf der dorsalen (hinteren) Seite Nervenfasern in das Rückenmark ein und auf der ventralen (vorderen) Seite

Nervenfasern aus dem Rückenmark aus. Jedes Segment hat also eine Vorderwurzel und eine ...... (Fig. 4-7).

stets - inneren - Hinterwurzel

4.8 Die afferenten (somatische und ....) Fasern treten nur über die Hinterwurzel in das Rückenmark ein. Die efferenten (....... und ......) treten nur über die ...... aus dem Rückenmark aus.

viscerale - motorische und vegetative - Vorderwurzeln

4.9 Die Zellkörper der efferenten Fasern liegen in der ...... (grauen / weißen) Substanz des Rückenmarks. Im Vorderhorn liegen die Zellkörper der motorischen Nervenfasern. Sie werden daher ...... (Vorderhorn- / Hinterhorn-)zellen oder Motoneurone genannt. Die motorischen Nervenfasern werden oft auch als Motoaxone bezeichnet.

grauen - Vorderhorn-

4.1o Im Gegensatz zu den efferenten Fasern, deren Zellkörper in der .... liegen, befinden sich die Zellkörper der afferenten Fasern außerhalb des Rückenmarks, nahe der Durchtrittsstelle der Wurzeln aus dem Wirbelkanal. Eine solche lokale Anhäufung von Nervenzellen außerhalb des ZNS wird Ganglion genannt. Welche Bezeichnung trägt das Ganglion der Hinterwurzelfasern (s. Abb. 4-7)?

grauen Substanz - Hinterwurzelganglion

4.11 Die Neurone der afferenten Axone des Rückenmarks liegen also in den .... Diese Neurone weisen drei Besonderheiten auf:
(a) ihre Axone teilen sich kurz nach dem Austritt in den zentralwärts (Hinterwurzelfaser) und in den nach peripher (afferente Faser) ziehenden Ast, (b) das Soma hat keine Dendriten, (c) auf

dem Soma gibt es keine Synapsen. Abb. 1-5 zeigt in d eine solche Hinterwurzelganglienzelle.

Hinterwurzelganglien

4.12 Eine dreidimensionale Zeichnung zweier Rückenmarkssegmente zeigt Abb. 4-12. Tragen Sie an den Stellen a - e die korrekten Bezeichnungen ein.

a) Hinterwurzel - b) Vorderwurzel - c) Hinterwurzelganglion - d) Vorderwurzel - e) ventral

4.13 Zum Verständnis der Kapitel "Erregung", "Synaptische Übertragung" und "Physiologie kleiner Neuronenverbände, Reflexe" genügt das bis jetzt erlernte anatomische Wissen. In den übrigen Kapiteln wird die jeweils notwendige Anatomie miterarbeitet. Zur Überprüfung der Kenntnisse aus den Lektionen 1 - 4 dienen die folgenden Testschritte.

4.14 Zeichnen Sie schematisch eine Nervenzelle und benennen Sie schriftlich die verschiedenen Abschnitte dieser Zelle. Zeichnen Sie schematisch und benennen Sie die möglichen Verbindungen zwischen zwei Nervenzellen.

Nervenzellen wie Abb. 1-2 - Verbindungen zwischen Nervenzellen wie Abb. 1-8 (bei Fehlern Lektion 1 wiederholen)

4.15 Die Zellen des Gehirns sind voneinander und von den Blutkapillaren durch einen schmalen Spalt getrennt. Wie wird dieser Spalt bezeichnet? Wie nennt man die in ihm enthaltene Flüssigkeit?

Extrazellulärraum - Cerebrospinalflüssigkeit

4.16 Welche Typen von afferenten und efferenten Nervenfasern enthält der Nervus ischiadicus des Menschen?

Somatische Afferenzen - Motorische Efferenzen - Vegetative Efferenzen (bei Fehlern Lektion 3 wiederholen)

4.17 Welche Relation haben Wirbelkörper und Rückenmarkssegment zueinander? Zeichnen Sie schematisch einen Querschnitt durch das Rükkenmark. Die graue Substanz soll eingetragen und ihre Abschnitte bezeichnet werden. Erläutern, in welchem Abschnitt die Motoneurone liegen und wo die Zellen der afferenten Fasern zu finden sind.

Relation 1 : 1 - Zeichnung entsprechend Abb. 4-3 und 4-7 - Motoneurone liegen im Vorderhorn - Die Zellen (das Soma) der afferenten Fasern liegen in Hinterwurzelganglien (bei Fehlern Lektion 4 wiederholen).

4.18 Erläutern Sie anhand einer Skizze die Form der im Hinterwurzelganglion liegenden Neurone der afferenten Fasern. Nennen Sie 3 Besonderheiten dieser Neurone im Vergleich zu anderen Neuronen.

Abb. 1-5 und Lernschritt 4.11

Bei korrekter Beantwortung der Testeinheiten 4.14 - 4.18 weiter zur Lektion 5.

B Erregung von Nerv und Muskel

Vorbemerkung

Zwischen dem Inneren einer Zelle und der sie umgebenden extrazellulären Flüssigkeit besteht in der Regel eine Potentialdifferenz, das Membranpotential. Über die Größe dieses Potentials kann bei vielen Zelltypen, z.B. bei Muskel- oder Drüsenzellen, die Funktion der Zelle gesteuert werden. Das Nervensystem hat sich sogar darauf spezialisiert, Änderungen des Membranpotentials innerhalb seiner Zellen fortzuleiten und an andere Zellen weiterzugeben. Die Potentialänderungen haben den Charakter von Informationen, mit deren Hilfe der Organismus die aus der Umwelt eintreffenden Reize in einem Zentrum verarbeiten und entsprechend auf die Umwelt zurückwirken kann. Das Membranpotential ist somit die Grundlage der Funktion des Nervensystems, und seine Entstehung wie auch die Bedingungen seiner Änderung sollen im Folgenden ausführlich dargestellt werden.

Lektion 5 Das Ruhepotential

Diese Lektion gibt vom Gesichtspunkt der Ionenverteilung über die Zellmembran eine Erklärung des Ruhepotentials der Zelle.

Lernziele: Schematische Zeichnung des Versuchsaufbaues zur intrazellulären Ableitung des Ruhepotentials einer Zelle. Auswendig wissen, welche Polarität und welche Größenordnung das intrazelluläre Potential unter Ruhebedingungen gegenüber dem Extrazellulärraum aufweist. Anhand einer Skizze darstellen, an welcher Zellstruktur das Membranpotential erzeugt wird. Erläutern, welche Eigenschaften der Zellmembran es erlauben, die Membran als Kondensator aufzufassen, und zeigen, daß die Membran durch Paare von Anionen und Kationen aufgeladen werden kann. Auswendig wissen, welche Größenordnung die Verhältnisse der intrazellulären Kalium- und Natrium-Ionen haben. Begründung des Ladungsungleichgewichts an der Membran durch die verschiedene Verteilung des Kaliums in- und außerhalb der Zelle. Definition, nicht notwendigerweise mathematische Formulierung, des Begriffs "Gleichgewichtspotential" am Beispiel des Kaliums. Erläuterung des Zusammenhangs von Kalium-Gleichgewichtspotential und Ruhepotential; wie weit sind Cl^--Ionen am Ruhepotential beteiligt?

5.1 Zwischen dem Inneren einer Zelle und der sie umgebenden extrazellulären Flüssigkeit besteht in der Regel eine elektrische Spannung, eine Potentialdifferenz. Die schematische Versuchsanordnung zur Messung dieser Potential......... zeigt Abb. 5-1A.

Potentialdifferenz

5.2 Zur Messung wird der eine Pol eines Spannungsmessers mit dem Extrazellulärraum, der andere Pol mit dem .....raum der Zelle verbunden. Die leitende Verbindung zwischen dem Zellinneren und dem Spannungsmesser nennt man eine intrazelluläre Elektrode.

Intrazellulär-

5.3 Meist wird eine Glaskapillare, die mit einer leitenden Lösung gefüllt ist, als intrazelluläre .... verwandt. Um die Zellen nicht zu schädigen, haben diese Glaskapillaren sehr feine Spitzen (dünner als 1µ).

Elektrode

5.4 Solange die Elektrodenspitze außerhalb der Zelle (im Extrazellulärraum) liegt besteht .... (keine / eine) Potentialdifferenz zwischen den Polen des Spannungsmessers. Das Potential des Extrazellulärraums wird als Potential 0 festgelegt. In Abb. 5-1B ist dieses Potential Null zu Beginn der Messung links eingetragen.

keine

5.5 Sobald die Elektrodenspitze durch die .... der Zelle geschoben wird, springt das Potential in negative Richtung auf etwa -75 mV wie die Abb. 5-1 zeigt. Da das Potential beim Durchdringen der ...... auftritt, wird es Membranpotential genannt.

Membran - Membran

5.6 Das so abgeleitete .... bleibt bei den meisten Zellen über längere Zeit konstant, wenn nicht besondere Einflüsse von außen auf die Zelle einwirken. Wenn die Zelle sich in einem solchen Zustand der Ruhe befindet, bezeichnet man das Membranpotential als ..... .

Membranpotential - Ruhepotential

5.7 Das Ruhe...... ist an Nerven und Muskelzellen immer negativ und hat für die einzelnen Zelltypen eine charakteristische konstante Größe. An Nerven- und Skelettmuskelfasern von Warmblütern liegen die Ruhepotentiale zwischen -55 und -1oo mV, an glatten Muskelfasern kommen auch .... (negativere / positivere) ...... zwischen -55 und -3o mV vor.

-potential - positivere - Ruhepotentiale

5.8 Wenn das Zellinnere negativer ist als die Umgebung der Zelle, so muß in der Zelle gegenüber dem Extrazellulärraum ein Überschuß an ...... (positiven / negativen) elektrischen Ladungen herrschen.

negativen

5.9 Diese elektrischen Ladungen sind Ionen, denn in wässrigen Salzlösungen kommen keine anderen Ladungsträger vor. Sie werden sich erinnern, daß Ionen durch die Dissoziation von Molekülen in positive und negative Anteile entstehen. Positive Ionen heißen Kationen, negative heißen Anionen, weil sie im elektrischen Feld zur Kathode (negativer Pol) bzw. zur .... (....... Pol) wandern.

Anode - positiver

5.1o Wird Kochsalz (NaCl) in Wasser gelöst, so dissoziiert es in Na^+ und Cl^-. Das Anion ist ...., das Kation ist ....

Anion = Cl^- - Kation = Na^+

5.11 Ein Überschuß an negativen Ladungen in der Zelle gegenüber dem Extrazellulärraum bedeutet also einen Überschuß von .... (Anionen / Kationen) in der Zelle und einen entsprechenden Überschuß von ...... außerhalb der Zelle.

Anionen - Kationen

5.12 Da die Ionen in den wässrigen Lösungen innerhalb und außerhalb der Zelle frei beweglich sind, kann in diesen Räumen kein Ladungsungleichgewicht bestehen. Das Ladungsungleichgewicht muß deshalb an der Zellmembran lokalisiert sein. Das Membranpotential entsteht folglich an der ...., die auf der Innenseite mit einem Überschuß von .... besetzt ist, denen auf der Außenseite .... gleicher Anzahl gegenüber stehen.

Zellmembran - Anionen - Kationen

5.13 Man kann die Zellmembran als einen elektrischen Kondensator auffassen, bei dem zwei leitende Medien durch eine nicht leitende Schicht voneinander isoliert sind. Dies ist in Abb. 5-13 dargestellt. Tragen Sie bitte in die Klammern die entsprechenden Gewebstrukturen (Zellmembran, Extrazellulärraum, Zellinneres) ein. Die am Kondensator bestehende elektrische Potentialdifferenz ist proportional der Zahl der Ladungen, die ihn besetzen.

1. Leiter: Zellinneres - 2. Leiter: Extrazellulärraum - nicht leitende Schicht - Zellmembran

5.14 Um die Zellmembran, die wir hier als elektrischen .... betrachten, auf -9o mV aufzuladen, muß sie mit etwa 6ooo Ionenpaaren pro μ^2 Zelloberfläche besetzt werden. Die Zahlenverhältnisse der Ionen auf beiden Seiten der Membran werden in Abb. 5-14 für einen sehr kleinen Raum von 1μ mal 1μ mal 1/1oooμ dargestellt.

Kondensator

5.15 Bei einem Membranpotential von -9o mV werden nur je 6 Anionen (in Abb. 5-14 als A^- bezeichnet) und Kationen benötigt, um die Membran aufzuladen (Fläche 1μ mal 1/1oooμ). In den entsprechenden Räumen auf beiden Seiten der Membran befinden sich dagegen je 22o ooo Ionen. Das Ungleichgewicht der Ladungsverteilung ist also sehr .... (geringfügig / groß) und trotzdem Grundlage des Ruhepotentials und damit der Funktion des Nervensystems.

geringfügig

5.16 Bei Änderungen der Membranpotentials ändern sich also die intrazellulären Gesamtkonzentrationen .... (beträchtlich / praktisch nicht). Ist das Membranpotential -75 mV, so müßte der Membranabschnitt im Schema der Abb. 5-14 statt mit 6 mit .5.. Ionenpaaren besetzt werden. Bei +3o mV wären es ..2... Ionenpaare, und bei umgekehrter Polarität würden die Kationen auf der ...... (Innen / Außen)-seite der Membran liegen.

praktisch nicht - 5 Ionenpaare - 2 Ionenpaare - Innen-

5.17 Das Membranpotential entsteht also durch die Trennung von positiven und negativen Ladungen an der Zellmembran. Es soll jetzt erläutert werden, welche treibende Kraft für diese Ladungstrennung verantwortlich ist. Dafür ist es zunächst notwendig, die Verteilung der verschiedenen Ionenarten innerhalb und außerhalb der Zelle zu betrachten.

5.18 Aus Abb. 5-14 läßt sich ersehen, daß die K^+-Konzentration in der Zelle .50.. mal größer ist als im Extrazellulärraum, während die Natriumkonzentration in der Zelle .11.. mal geringer ist als im Extrazellulärraum. Cl^- sind in der Regel genau umgekehrt verteilt wie die .K^+.. Ionen. Außerhalb der Zelle sind fast alle Anionen Cl^--Ionen, in der Zelle herrschen große Eiweißanionen (A^- in Abb. 5.14) vor.

5o - ca. 11 - K^+

5.19 Die Konzentrationsverteilungen sind für bestimmte Zelltypen konstant. Für K^+ finden sich in der Zelle 2o-1oo mal ..... (höhere / niedere) Konzentrationen als im Extrazellulärraum. Na^+ ist im

Extrazellulärraum 5-15 mal .... konzentriert als in der Zelle. Cl^- ist im Extrazellulärraum 2o-1oo mal .... konzentriert als in der Zelle. Die Konzentrationsverteilung der Cl^- ist also .... (gleich wie die / reziprok der) der K^+.

höhere - höher - höher - reziprok der

5.2o Die absoluten Konzentrationen sind für Warmblütermuskelzellen in Tabelle 5-2o angegeben. Welche Verteilungsverhältnisse außen gegen innen liegen für K^+ und Na^+ vor? K^+ ...., Na^+ .... Die NaCl Konzentration der Extrazellulärflüssigkeit entspricht einer Kochsalzlösung von 9g Salz pro Liter Wasser. Diese Lösung schmeckt genauso salzig wie Blut.

Tabelle 5 - 2o

Ionenkonzentrationen in Säugetiermuskelzellen und in der extrazellulären Flüssigkeit

intrazellulär		extrazellulär	
Na^+	12 mM	Na^+	145 mM
K^+	155 mM	K^+	4 mM
		andere Kationen	5 mM
Cl^-	4 mM	Cl^-	12o mM
HCO_3^-	8 mM	HCO_3	27 mM
A^-	155 mM		
Ruhepotential -9o mV			

K^+ 1:39 - Na^+ 12,1:1

5.21 Wir kommen jetzt auf die Frage zurück, wie aufgrund der verschiedenen Ionenkonzentrationen im Extra- und Intrazellulärraum das Ruhepotential entsteht. Die unterschiedlichen Ionenkonzentrationen (s. Abb. 5-21) würden sich durch Diffusion der beweglichen Teilchen bald ausgleichen, wenn dieser Ausgleich nicht durch die Zellmembran verhindert würde. Die Abbildung zeigt jedoch, daß die Membran nicht vollkommen undurchlässig, impermeabel, ist, sondern Poren hat. Durch diese Poren können aufgrund ihrer Größe nur die kleinen ....-Ionen durchtreten. Die Membran ist also für ......-Ionen gut ....

K^+-Ionen - K^+-Ionen - permeabel oder durchlässig

Die "Grösse" der Ionen in Abb. 5-21 entspricht nicht dem Ionenradius. In wässriger Lösung liegen den Ionen Wassermoleküle an, sie werden "hydratisiert". Die hydratisierten K^+ sind kleiner als die Na^+, und diese Verhältnisse sind in Abb. 5-21 dargestellt.

5.22 Da nur K^+ durch die Membran .... können, sind in Abb. 5-22 nur die Diffusionsbedingungen für K^+ dargestellt. Die K^+ werden sowohl von innen nach außen als auch von außen nach innen diffundieren. Aufgrund der höheren Konzentration werden aber auf der Innenseite die K^+ etwa 3o mal häufiger auf eine Pore auftreffen und durchtreten als auf der Außenseite. Es resultiert ein Netto-Ausstrom.

diffundieren (oder entsprechend)

5.23 Die treibende Kraft für den Netto-....... wird als osmotischer Druck bezeichnet. Der von .... nach .... gerichtete osmotische Druck würde sehr bald zu einem Ausgleich der K^+ führen, wenn nicht eine gleich große und entgegen gerichtete Kraft dies verhindern würde.

Ausstrom - innen - außen

5.24 Diese Gegenkraft wird durch ein elektrisches Feld geliefert, dessen Entstehung jetzt verdeutlicht werden soll. Es wurde bisher vernachlässigt, daß die K^+ .... (keine / positive) Ladungen tragen. Die Verschiebung eines Kations über die Zellmembran bedeutet, wie wir in Lernschritt und Abbildung 5-14 gesehen haben, eine Aufladung des Membrank....... und es entsteht ein Membranp........ .

positive - kondensators - potential

5.25 Das so entstandene Membran....... ist nun so gerichtet, daß es dem Ausstrom weiterer Kationen entgegenwirkt. Der Ausstrom von positiven Ladungen baut also selber ein elektrisches Potential auf, das den Ausstrom weiterer .... (positiver / negativer) Ladungen behindert. Das elektrische Potential wächst soweit an, daß seine dem K^+-Ausstrom entgegenwirkende Kraft gleich groß ist wie der osmotische Druck der K^+-Ionen.

Potential - positiver

5.26 Bei diesem Potential sind Ein- und Ausstrom von K^+ gleich groß, man nennt es deshalb K^+-........-gewichts-........, E_K.

K^+-Gleichgewichtspotential

5.27 E_K, das .... wird bestimmt durch das Konzentrationsverhältnis der K^+-Ionen in der Zelle und außerhalb der Zelle (K^+_i / K^+_a). E_K ist proportional dem Logarithmus dieses Konzentrationsverhältnisses. Der genaue Zusammenhang wird Nernst'sche Gleichung genannt:

$$E_K = -61 \text{ mV} \cdot \log \frac{K^+_i}{K^+_a},$$

wobei im Faktor -61 mV eine Reihe von Konstanten zusammengefaßt sind.

K^+-Gleichgewichtspotential

5.28 Ist K^+_i / K^+_a = 3o (wie bei der in Abb. 5-22 dargestellten Zelle) so ist E_K = -61 mV · log 3o = -61 mV · 1.48 = -9o mV, das heißt so groß wie das Ruhepotential. Das Ruhepotential ist also (in erster Näherung) das Gleichgewichtspotential, bei dem die Konzentrationsdifferenz der K^+-Ionen über die Membran trotz guter Membrandurchlässigkeit für K^+ unverändert bestehen bleibt. Wie groß ist E_K, wenn K^+_i / K^+_a = 1o und wenn K^+_i / K^+_a = 1oo?

E_K = -61 mV · log 1o = -61 mV · 1 = -61 mV

E_K = -61 mV · log 1oo = -61 mV · 2 = -122 mV

5.29 In Abb. 5-29 sind die Kräfte, die am K^+-Gleichgewichtspotential, ..., Ionen in die Zelle und aus der Zelle bewegen, durch Pfeile (Vektoren) dargestellt. Tragen Sie bitte in A und B die Bezeichnungen ein.

E_K - A = osmotischer Druck der K^+ - B = E_K

5.3o Die Darstellung des Ruhepotentials als ein .... muß erweitert werden in Hinsicht auf eine Beteiligung der Chlorid-Ionen. Die Membranen sind nämlich auch durchlässig für Cl^--Ionen, ihre Permeabilität für Cl^- ist dabei an Nervenzellen weit geringer als für K^+, an Muskelzellen jedoch größer als für K^+.

K^+-Gleichgewichtspotential

5.31 Das Konzentrationsverhältnis der Chlorid-Ionen in- und außerhalb der Zelle Cl^-_i / Cl^-_a hat nun in der Regel den .... (gleichen / reziproken) Wert des entsprechenden Konzentrationsverhältnisses K^+_i / K^+_a (siehe Lerneinheit 5-18). Für diese ..... (reziproke / gleiche) Verteilung des Anions ergibt sich nach der

Nernst-Gleichung (für Anionen kehrt sich das Vorzeichen um) das gleiche Potential für Cl^- wie für das K^+-Gleichgewichtspotential. Das Ruhepotential ist also Gleichgewichtspotential für die K^+ und auch die ......-Ionen.

reziproken - reziproke - Cl^-

5.32 Die reziproke Verteilung der Cl^- und K^+ über die Zellmembran ist nicht zufällig. Die intrazelluläre Cl^--Konzentration kann durch Einstrom oder Ausstrom von Cl^- leicht variiert werden, sie richtet sich entsprechend dem Membranpotential ein. Wenn das Membranpotential mit E_K übereinstimmt, so stellt sich also für eine zur K^+-Verteilung .... Cl^--Verteilung ein, und E_{Cl} wird ...... (kleiner / gleich / größer) E_K.

reziproke - gleich

5.33 Im Unterschied zur Cl^--Konzentration kann sich die intrazelluläre K^+-Konzentration nicht wesentlich ändern, K^+ muß nämlich in der Zelle das Ladungsgleichgewicht zu den großen Anionen herstellen. Diese vorwiegend Eiweiß-Anionen liegen in hoher Konzentration vor (siehe Tabelle 5-2o), sie können die Membran nicht passieren, sodaß ihre Konzentration .... (schwanken kann / konstant ist).

konstant ist

5.34 Wegen der notwendigen Ladungsneutralität in der intrazellulären Lösung müssen diesen großen Anionen in gleicher Menge Kationen gegenüber stehen. Es folgt, daß die K^+-Konzentration in der Zelle etwa .... wie die Konzentration der großen .... sein muß und sich ebenfalls kaum ändern kann.

gleich groß (oder entsprechend) - (Eiweiß)-Anionen

5.35 Die hohe intrazelluläre K^+-Konzentration ist also indirekt durch die Anwesenheit der großen ......-........ erzwungen; und aus der hohen intrazellulären K^+-Konzentration folgt weiter das negative E_K. Die Cl^--Konzentration in der Zelle richtet sich nach dem Membranpotential und ist damit eine sekundäre Folge der K^+-Verteilung.

Eiweiß-Anionen

5.36 Zeichnen Sie schematisch den Versuchsaufbau zur intrazellulären Ableitung des Membranpotentials einer Zelle. Zeichnen Sie zugleich an der Membran der Zelle die Aufladung des Membranpotentials mit den für das Ruhepotential wesentlichen Kationen und Anionen.

Abbildung 5-36

5.37 Tragen Sie in folgende Tabelle das Verhältnis der intrazellulären zur extrazellulären Ionen-Konzentration für K^+, Na^+ und Cl^--Ionen ein.

Ion	innen / aussen
K^+	....-..... / 1
Na^+	1 / .....-.....
Cl^-	1 / .....-.....

Die Verteilung von K^+- und Cl^--Ionen ist ....

K^+ = 2o - 1oo / 1 - Na^+ = 1 / 5 - 15 - Cl^- = 1 / 2o - 1oo reziprok (siehe Lerneinheiten 5.19 und 5.2o)

5.38 Am Gleichgewichtspotential für ein Ion stehen folgende Größen im Gleichgewicht (mehrere Antworten können richtig sein):
a) Die intra- und extrazelluläre Konzentration des Ions

b) Osmotischer Druck und elektrisches Feld
c) Ein- und Ausstrom des Ions durch die Zellmembran
d) Die Na^+-Konzentration außerhalb der Zelle und die K^+-Konzentration in der Zelle

richtig sind b und c.

Lektion 6 Ruhepotential und Na^+–Einstrom

Die in Lektion 5 gegebene Erklärung des Ruhepotentials ging von der vereinfachenden Annahme aus, daß die Zellmembran nur für K^+- und Cl^--Ionen permeabel ist. Es wird jetzt dargestellt, daß auch andere Ionen die Membran passieren können und daß die Zellen allein durch Diffusionsprozesse kein konstantes Ruhepotential aufrecht erhalten können.

Lernziel: Darstellen der Abweichung des Ruhepotentials von E_K als verursacht durch kleinen Na^+-Einstrom. Auswendigwissen der Definition der Membranleitfähigkeit und des Verhältnisses von g_K und g_{Na} in Ruhe. Schilderung der Folgen des passiven Na^+-Einstroms in die Zelle falls dieser nicht kompensiert wird.

6.1 Die Erklärung, das Ruhepotential stimme mit dem ......-Gleichgewichtspotential überein, läßt sich durch ein Experiment überprüfen, indem man die Abhängigkeit des Ruhepotentials von der extrazellulären Kalium-Konzentration K^+_a bestimmt. Nach der Nernst-Gleichung ist E_K umgekehrt ...... zu log K^+_a.

K^+- - proportional

6.2 In Abb. 6-2 wurde deshalb als Abscissenmaßstab log K^+_a gewählt. Die Ordinate von Abb. 6-2 ist das Ruhepotential bzw. E_K. Durch welche Kurvenform wird dann in Abb. 6-2 die theoretische Beziehung von E_K und K^+_a dargestellt?

Gerade (oder entsprechend)

6.3 Neben der theoretischen Beziehung von E_K und K^+_a sind in Abb. 6-2 auch die Ruhepotentiale einer Muskelfaser eingetragen (Kreise), die nach Einstellung von K^+_a auf den jeweiligen Abscissenwert gemessen wurden. (Messanordnung wie in Abb. 5-1, extrazelluläre

Ionenkonzentrationen außer K^+_a normal und konstant, d.h. entsprechend Tabelle 5-2o). Die Meßpunkte stimmen im wesentlichen mit der theoretischen Kurve überein. Die Messung ...... (widerlegt / bestätigt) also in erster Näherung die Erklärung des Ruhepotentials als ....

> bestätigt - K^+-Gleichgewichtspotential

6.4 Es fällt jedoch in Abb. 6-2 auf, daß nur im oberen Kurvenbereich, bei hohen K^+_a, die Meßwerte sehr gut mit der theoretischen Beziehung übereinstimmen, während sie bei niedrigen Werten von K^+_a zunehmend mehr nach oben ....

> abweichen (oder entsprechend)

6.5 Bei niedrigen extrazellulären K^+-Konzentrationen ist somit das Ruhepotential ...... (negativer / weniger negativ) als das entsprechende Kalium-Gleichgewichtspotential. Dies trifft auch für den Bereich der normalen K^+_a (siehe Abb. 6-2) und damit das normale Ruhepotential zu. Wie für die Muskelfaser gilt auch für die meisten Zelltypen, daß das Ruhepotential bis zu 3o mV ...... ist als E_K.

> weniger negativ - positiver (oder "weniger negativ". "Höher" ist wohl richtig gemeint, bei einem negativen Wert jedoch nicht eindeutig.)

6.6 Ein Hinweis auf die Ursache der Abweichung des Ruhepotentials von ...... gibt eine Variation des in Abb. 6-2 dargestellten Experimentes: ersetzt man bei der Messung des Membranpotentials bei verschiedenen K^+_a die Na^+ in der Außenlösung durch ein großes Kation, für das die Membran absolut nicht permeabel ist, so stimmen Ruhepotential und E_K auch bei niedrigen K^+_a exakt überein. Die Abweichung des Ruhepotentials von E_K in Na^+-haltiger Lösung muß folglich durch den Einstrom von .$Na^{\oplus}$...-Ionen in die Zelle verur-

verursacht werden.

E_K - Na^+-Ionen

6.7 In Ruhe ist also die Membran nicht nur semipermeabel für K^+-Ionen, sondern auch in geringem Maße für .... Dadurch strömen die ..... (innen / außen) sehr viel höher konzentrierten Na^+-Ionen langsam in die Zellen ein, entladen zum Teil den Membrank....... und machen das Membranpotential ...... negativ.

Na^+-Ionen - außen - Kondensator - weniger (oder ähnlich)

6.8 Bei der Erzeugung des Ruhepotentials kommt es daher nicht nur auf ein Gleichgewichtspotential an, sondern auf quantitative Unterschiede in der Membrandurchlässigkeit für K^+ und .... Das Ruhepotential liegt nämlich nahe bei E_K, weil die Membrandurchlässigkeit für K^+ sehr viel .... (größer / kleiner) ist als für Na^+.

Na^+ - größer

6.9 Ein übliches Maß der Membrandurchlässigkeit für ein bestimmtes Ion ist seine Membranleitfähigkeit g. Leitfähigkeiten sind Reziproke des elektrischen Widerstandes. Der elektrische Widerstand ist bestimmt durch den Quotienten Spannung / Strom. Folglich ist g = Strom / ....

Spannung

6.1o Um also die Membranleitfähigkeit g für ein bestimmtes Ion zu erhalten, muß der betreffende Ionenstrom durch die Membran geteilt werden durch das Potential, das ihn antreibt. Dieses treibende Potential ist 0 am Gleichgewichtspotential, denn am Gleichgewichtspotential ist der Nettoionenstrom .... (groß / gleich Null). Das Gleichgewichtspotential wird daher als Bezugspunkt für die Bestimmung von g gewählt.

gleich Null

6.11 Mit zunehmendem Abstand des Membranpotentials vom Gleichgewichtspotential ...... (wächst / fällt) das treibende Potential für den Ionenstrom. Es gilt dann z.B. für die K^+-Leitfähigkeit: $g_K = I_K / (E_K - E)$. Dabei ist I_K der Netto-Kaliumstrom und E das Membranpotential. Geben Sie bitte die Definition von g_{Na}.

wächst - $g_{Na} = I_{Na} / (E_{Na} - E)$

6.12 Experimentelle quantitative Bestimmungen von g_K und g_{Na} haben ergeben, daß an Nerven- und Muskelzellen bei Ruhebedingungen g_K 1o - 25 mal .... ist als g_{Na}.

größer (oder entsprechend)

6.13 Formt man die Definitionsgleichung für g_{Na} in 6.11 um, so heißt es: I_{Na} = ... · $(E_{Na} - E)$. Die Tatsache, daß die Größe des Na^+-Stromes der Leitfähigkeit .... und dem Abstand des Membranpotentials von E_{Na} proportional ist, ist der Grund dafür, daß in Abb. 6-2 die Abweichung des gemessenen Ruhepotentials von ...... mit negativer werdenden Potentialen .... (größer / kleiner) wird. Dies zeigen die Lerneinheiten 6.14 - 6.16.

g_{Na} - g_{Na} - E_K - größer

6.14 Das Natriumgleichgewichtspotential E_{Na} liegt bei positiven Potentialen, denn die Na^+-Konzentration in der Zelle ist .... als außerhalb. Der Quotient Na^+_i / Na^+_a ist .... (kleiner / grösser) als 1 und damit log Na_i / Na_a negativ. Bei einer Relation Na_i zu Na_a = 1:12 ergibt sich nach der Nernst-Gleichung E_{Na} = -61 mV x log $\frac{1}{12}$ = -61 mV x (-1.08) = +65 mV.

kleiner - kleiner

6.15 Unterhalb von E_{Na} = ... strömt Nettonatriumstrom ...... (in die / aus der) Zelle. Dies trifft für den ganzen Potentialbereich der Abb. 6-2 zu. Ist g_{Na} in diesem Potentialbereich konstant, so wird der Natriumeinstrom mit wachsendem Abstand von E_{Na} .... Je negativer also in Abb. 6-2 das Membranpotential ist, desto größer der ....-Einstrom.

+65 mV - in die - größer (oder ähnlich) - Na^+

6.16 Ursache der Abweichung des Ruhepotentials von E_K in Abb. 6-2 ist der .... Wenn dieser mit negativ werdendem Potential ......, so muß ebenso die Abweichung des Ruhepotentials von E_K ...., wie dies Abb. 6-2 zeigt.

Na^+-Einstrom - wächst (oder entsprechend) - zunehmen (o.e.)

6.17 Das Ruhepotential wird also vorwiegend durch das ......-Gleichgewichtspotential bestimmt, weicht aber entsprechend einem Verhältnis von g_K / g_{Na} von etwa 2o in Richtung auf das Natriumgleichgewichtspotential von E_K ab.

Kalium

6.18 Am Ruhepotential ist dann ein Netto-Kalium-Ausstrom im Gleichgewicht mit einem Netto-Natrium-........ . Der Kalium-Ausstrom wird bestimmt durch g_K und den Abstand des Ruhepotentials von .... Entsprechendes gilt für den Natriumstrom. Da g_K zu g_{Na}

= 2o, ist das Ruhepotential um 1/2o der Potentialdifferenz E_{Na} - E_K ....(positiver / negativer) als E_K.

Einstrom - E_K - positiver

6.19 Die Tatsache, daß bei Ruhebedingungen dauernd Na^+ .... strömen, und entsprechend K^+ .... müssen, hat weitreichende Folgen. Das System kann nämlich nicht durch Diffusion und Aufbau von Membran-Ladung ins Gleichgewicht bei Ruhebedingungen gebracht werden, das heißt die intrazellulären Ionen-Konzentrationen können nicht konstant bleiben.

in die Zelle (oder entsprechend) - verlassen (o.e.)

6.2o Wenn zu den genannten passiven Ionenflüssen nicht andere Prozesse hinzukommen (siehe Lektion 7), so gewinnt die Zelle langsam .... und verliert .... Folge der sinkenden intrazellulären K^+-Konzentration ist .... (Abnahme / Zunahme) des Ruhepotentials.

Na^+ - K^+ - Abnahme

6.21 Bei sinkendem Ruhepotential erhöht sich die intrazelluläre Cl^--Konzentration, da sich diese Konzentration entsprechend dem Ruhe.......-Potential einstellt. Die großen intrazellulären Anionen können die Zelle .... verlassen, mit der Zunahme der intrazellulären Cl^--Konzentration erhöht sich also die intrazelluläre Gesamt-Anionen-Konzentration, und damit die Gesamt-Ionen-Konzentration. Zum Ausgleich des osmotischen Druckes dringt Wasser in die Zelle ein und ihr Volumen ....

Ruhe (oder Membran) - nicht - schwillt an (oder entsprechend)

6.22 Die Wasseraufnahme der Zelle vermindert wieder die intrazelluläre K^+-Konzentration und setzt in der Folge das .... herab. So sollte sich unter Wasseraufnahme und Abnahme des Ruhepotentials die intrazelluläre Ionenkonzentration der extrazellulären weitgehend ....

Ruhepotential (oder Membranpotential) - angleichen (o.e.)

6.23 Einige Fragen sollen Ihnen eine Kontrolle des in dieser Lektion Erarbeiteten ermöglichen.
Welche der im Folgenden aufgeführten Tatsachen weisen darauf hin, daß neben K^+- und Cl^--Ionen auch Na^+-Ionen das Ruhepotential beeinflussen?
a) Das Ruhepotential ist weniger negativ als E_K.
b) Das Ruhepotential ändert sich etwa proportional zum Logarithmus der extrazellulären K^+-Konzentration.
c) In Abwesenheit von extrazellulärem Na^+ stimmen Ruhepotential und E_K überein.
d) Das Natriumgleichgewichtspotential ist positiv, das Kaliumgleichgewichtspotential ist negativ.

richtig a und c - b und d sind in sich korrekt, zeigen jedoch nicht eine Beteiligung von Na^+ am Ruhepotential

6.24 Durch welche Gleichung wird die Chloridleitfähigkeit der Membran definiert?

$$g_{Cl} = \frac{I_{Cl}}{E_{Cl} - E}$$

6.26 Wo läge das Membranpotential wenn die Membran nur für Na^+ durchlässig wäre? Geben Sie die Bezeichnung und den ungefähren Wert dieses Potentials an.

$E_{Na} = +65$ mV

6.26 Welche der folgenden Sätze sind Gründe für die Tatsache,daß durch Na^+-Einstrom in Ruhe das Membranpotential positiver wird?

a) Außerhalb der Zelle sind mehr Na^+ als innerhalb.

b) Wegen des Na^+-Einstromes verliert die Zelle K^+.

c) Wegen des Na^+-Einstromes wird die negative Ladung der Membraninnenseite vermindert.

d) Wegen des Na^+-Einstromes gewinnt die Zelle auch Chlor.

b, c, und d

Lektion 7 Die Natriumpumpe

Lektion 6 hat ergeben, daß die in Ruhe einströmenden Na^+-Ionen das Gleichgewicht der Ionenflüsse soweit stören, daß die normalen Konzentrationsgradienten und das Ruhepotential langsam verschwinden. Es wird nun gezeigt, wie unter Aufwendung von Stoffwechselenergie der Na^+-Einstrom durch einen Na^+-Ausstrom kompensiert wird. Dadurch wird die normale Ionenverteilung in der Zelle gewährleistet und das Ruhepotential konstant gehalten.

Lernziele: Erläutern der Funktion der Na^+-Pumpe, wobei die Gesichtspunkte Ionenverschiebung gegen den Potential- und Konzentrationsgradienten, sowie Energieverbrauch berücksichtigt werden müssen. Darstellen der relativen Bedeutung der verschiedenen passiven und aktiven Ionenflüsse über die ruhende Membran anhand einer schematischen Zeichnung.

7.1 Die passiv einströmenden Na^+-Ionen müssen wieder aus der Zelle gelangen, denn sonst könnte die intrazelluläre Na^+-Konzentration nicht konstant bleiben. Da die eingeströmten Na^+-Ionen die Zelle nicht durch Diffusion gegen den Potential- und ....-Gradienten verlassen können, müssen sie aktiv, unter Aufwand von Energie entfernt werden.

Konzentrations-

7.2 Der passive Na^+-Einstrom wird also durch .... Transport von Na^+ aus der Zelle ausgeglichen. Dieser Transport wird auch Na^+-Pumpe genannt. Die Natriumpumpe befördert Na^+-Ionen unter Aufwendung von Stoffwechsel-......... gegen den ....- und Potential-Gradienten aus der Zelle.

aktiven - Energie - Konzentrations-

7.3 Ionenverteilung, Zellvolumen und Ruhepotential können also nur durch aktiven .... konstant gehalten werden. Wenn die Na^+-Pumpe ausfällt, z.B. durch extremen Sauerstoffmangel oder Vergiftung, so gleichen sich die Ionen-Konzentrationen aus und die Zelle wird nach gewisser Zeit funktionsunfähig und schliesslich irreversibel geschädigt. (Siehe z.B. Lerneinheit 2.6)

Transport

7.4 Der aktive Transport von Na^+ aus der Zelle kann durch Messung des Na^+-Ausstroms aus der Zelle nachgewiesen werden. Die Zahl der Na^+ die passiv gegen den ......- und .....-Gradienten die Zelle verlassen können, ist vernachlässigbar klein. Der Na^+-Ausstrom aus der Zelle ist also mit dem .... Na^+-.......... identisch.

Konzentrations- - Potential- - aktiven - Transport

7.5 Um die ausgeströmten Na^+ im Extrazellulärraum zu messen, müssen diese von den vielen extrazellulären Na^+ unterschieden werden werden können. Dies geschieht, indem man die Zelle mit radioaktivem $^{24}Na^+$-Isotop auflädt und das Auftreten dieses Isotops im Extrazellulärraum mißt. In der Ordinate der Abb. 7-5 ist der bei einer solchen Messung gefundene .... eingetragen.

$^{24}Na^+$-Ausstrom

7.6 Die Abscisse der Abb. 7-5 enthält die Zeit in Minuten. In der ersten Meßperiode in A bei 18,3° C nimmt der $^{24}Na^+$-Ausstrom langsam ......, da durch den Ausstrom selbst die intrazelluläre $^{24}Na^+$-Konzentration sinkt. Wird nun die Temperatur des Nerven plötzlich auf o,5° C herabgesetzt, so fällt der .... sofort auf etwa 1/1o ab. Nach Wiedererwärmen setzt der vorher bestehende $^{24}Na^+$-Ausstrom wieder ein.

ab - $^{24}Na^+$-Ausstrom

7.7 Die starke Abhängigkeit des Na^+-Ausstromes von der .... zeigt, daß es sich um einen aktiven chemischen Prozess und nicht um eine passive Diffusion handelt. Diffusionsvorgänge würden durch Temperaturerniedrigungen nur unwesentlich verlangsamt werden. Es muß sich also beim Na^+-Ausstrom um einen .... Transport handeln.

Temperatur - aktiven

7.8 Der aktive Transport benötigt Stoffwechsel........ . Dies wird in Abb. 7-5B durch Blockade des energieliefernden Stoffwechsels mit Hilfe eines Giftes, des Dinitrophenols (DNP) gezeigt. In Anwesenheit von DNP sinkt der .... innerhalb einer Stunde fast auf 0. Nach Auswaschen des Giftes setzt der Na^+-Ausstrom schnell wieder ein.

-energie - $^{24}Na^+$-Ausstrom

7.9 Dies zeigt, daß die Na^+-Pumpe für den Na^+-Transport .... benötigt, die Pumpe kommt in Dinitrophenol mangels Energie zum .... Diffusionsvorgänge durch die Membran werden durch DNP nicht beeinflußt.

Energie - Stillstand (oder entsprechend)

7.1o Der aktive Transport hängt von der ....-Versorgung ab. Daneben wird er auch von der extrazellulären K^+-Konzentration stark beeinflußt. In Abwesenheit von extrazellulärem K^+ fällt der Na^+-Ausstrom auf 3o%.

Energie

7.11 Der Grund für die Abhängigkeit des ...... Na^+-Ausstroms von der K^+-Konzentration in der extrazellulären Lösung ist ein Austauschvorgang: für je ein aus der Zelle transportiertes .... wird ein K^+-Ion in die Zelle hereingenommen. Diese Pumpe bezeichnet man als gekoppelte Na^+-K^+-Pumpe.

aktiven - Na^+-Ion

7.12 In den Zellen kommen sowohl reine Na^+-Pumpen wie gekoppelte .... vor. Für die Arbeitsweise der gekoppelten Pumpe wurde das in Abb. 7-12 dargestellte Modell entwickelt. Danach verbinden sich intrazelluläre Na^+ an der ......seite der Membran mit einem Trägermolekül Y.

Na^+-K^+-Pumpen - Innen-

7.13 Für den Komplex NaY besteht ein Diffusionsgleichgewicht zwischen ....- und Außenseite der Membran. Ein Nettostrom von NaY nach .... entsteht durch spontanes Zerfallen des Komplexes ...... in Na^+ und Y an der Außenseite der Membran, wodurch die Außenkonzentration von NaY geringer wird als die Innenkonzentration. Mit Hilfe des Trägermoleküls Y ist also .... gegen das Konzentrations- und Potentialsgefälle diffundiert.

Innen - außen - NaY - Na^+

7.14 An der Außenseite der Membran wird Y durch ein Enzym in ein Trägermolekül X verwandelt. X verbindet sich mit .... (intrazellulärem / extrazellulärem) K^+ zu KX und diffundiert als solches nach Innen. Dort zerfällt KX, Resultat ist ein ....-Transport nach Innen sowie eine Wanderung von X zur Innenseite der Membran.

extrazellulärem - K^+

7.15 An der Innenseite der Membran wird nun das Trägermolekül X unter Energieaufwand in das Trägermolekül Y zurückverwandelt. Y steht nun wieder für den .... zur Verfügung. Wo ist in diesem Modell der eigentlich aktive Schritt des Transportvorganges?

Na^+-Transport - Umwandlung X zu Y

7.16 Der Komplex NaY ist gewöhnlich elektroneutral. Während des Transportvorganges fließt also ...... (keine / etwas) elektrische Ladung über die Membran. Die Natriumpumpe wird deshalb auch elektroneutral genannt.

keine

7.17 Für den Betrieb der Na^+-Pumpe verbrauchen die Zellen beträchtliche Stoffwechsel......... . Es wird geschätzt, daß 1o - 2o% des Ruhestoffwechsels einer Muskelzelle für den ....-Transport aufgewendet werden.

-energie - Na^+

7.18 Der Energiebedarf einer Muskelzelle wäre noch viel höher, wenn der größere Teil des Na^+-Transportes nicht durch eine gekoppelte ...... Pumpe geleistet würde. Bei einer gekoppelten .... Pumpe wird .... (viel / keine) Energie für den Rücktransport des Trägermoleküls nach Innen verbraucht und damit etwa die Hälfte der Energie eingespart.

Na^+-K^+- (oder umgekehrt) - Na^+-K^+- (oder umgekehrt) - keine

7.19 Mit Hilfe der Abb. 7-19 sollen die wichtigsten Ionenflüsse durch die Membran zusammengefaßt werden. In dieses Schema der Membran sind für die verschiedenen Ionenbewegungen in jede Richtung Kanäle eingezeichnet. Die Breite der Ionenkanäle entspricht der .... des Ionenstromes.

Größe (oder entsprechend)

7.2o Die Neigung der Kanäle entspricht .... (dem treibenden Potential / der Konzentrationsdifferenz) für die entsprechende Ionenbewegung. Das Ruhepotential E liegt bei -8o mV. Wo liegt E_K, wenn das treibende Potential für die Kalium-Ionenbewegung mit -11 mV angegeben wird?

treibendes Pot. = $E_K - E$

treibenden Potential - E_K = -91 mV

7.21 Die Kalium-Ionen werden also aufgrund der Abweichung des Ruhepotentials von E_K .... der Zelle getrieben. Der passive K^+-Ausstrom überwiegt also den passiven K^+-........, d.h. es können mehr K^+-Ionen "bergab" .... als "bergauf". Die Differenz der passiven K^+-Ströme wird durch aktiven K^+-Transport ausgeglichen.

aus - Einstrom - diffundieren (oder ähnlich)

7.22 Der aktiven K^+-Transport .... Zelle ist durch rote Farbe gekennzeichnet. Mit roter Farbe sind in Abb. 7-19 alle aktiven Transportvorgänge gekennzeichnet, für deren Ablauf Stoffwechsel-......... benötigt wird.

in die - -energie

7.23 Im Falle des Kaliums ist der aktive K^+-Strom .... (klein / groß) gegenüber den passiven Strömen. Ursache dafür ist die .... Abweichung des Ruhepotentials von E_K, sodaß die passiven K^+-Ströme fast im .... sind.

klein - geringe - Gleichgewicht

7.24 Im Gegensatz dazu wird der passive Na^+-Einstrom durch .... (praktisch keinen / einen noch größeren) passiven Na^+-Ausstrom kompensiert. Ursache ist die große Abweichung des Ruhepotentials von .... Na^+-Ionen diffundieren mit der treibenden Kraft von 155 mV in die Zelle.

praktisch keinen - E_{Na}

7.25 Der Natriumeinstrom in die Zelle ist trotz der sehr viel grösseren treibenden Kraft kleiner als der K^+-Ausstrom, weil die K^+-........fähigkeit 2o mal größer ist als die Na^+-............. .

Leit- - Leitfähigkeit

7.26 Der passive Na^+-Einstrom wird durch einen .... Na^+-Ausstrom in gleicher Größe kompensiert. Der letztere wird auch als Na^+-Pumpe bezeichnet, die durch .... angetrieben wird. In der Abbildung ist die Na^+-Pumpe als .... (gekoppelte / ungekoppelte) Na^+-K^+-Pumpe eingezeichnet.

aktiven - Stoffwechselenergie - gekoppelte

7.27 Der Na^+-Ausstrom läßt sich unterdrücken, indem man die Bereitstellung von .... in der Zelle verhindert. Da der aktive Na^+-Transport chemische Bindungsvorgänge einschließt, kann er durch ...... stark verlangsamt werden.

Stoffwechselenergie - Temperaturerniedrigung (o.e.)

7.28 Mit Hilfe welcher Methoden kann der aktive Transport, der Na^+-Ausstrom aus der Zelle gemessen werden? Aufladung der Zelle mit .... Messung der Konzentration des .... in der ....

radioaktivem Isotop - Na^+-Isotop - extrazellulären Lösung (o.e.)

Lektion 8 Das Aktionspotential

Das Ruhepotential ist Vorbedingung für die Fähigkeit von Nervenzellen und Muskelfasern, ihre spezifische Funktion zu erfüllen. Nervenzellen verbreiten Information im Körper und Muskelzellen kontrahieren sich. Wenn sie so "arbeiten",so treten, vom Ruhepotential ausgehend, kurze positive Potentialänderungen auf, die "Aktionspotentiale". Der Zeitverlauf und die Entstehung solcher Aktionspotentiale soll im Folgenden dargestellt werden.

Lernziele: Zeichnen des Zeitverlaufs von Aktionspotentialen mit Angabe des Potential- und Zeitmaßstabes, Unterscheidung des Aufstrichs, des Überschusses und der Repolarisationsphase. Fähigkeit, das Aktionspotential etwa wie folgt zu definieren: das Aktionspotential ist ein für jede Zelle konstanter Ablauf von Depolarisation und Repolarisation der Membran, der immer selbsttätig auftritt, wenn die Membran über ein bestimmtes Schwellenpotential depolarisiert wird. Darstellen der während des Aktionspotentials auftretenden Ladungsverschiebungen an der Membran. Schildern der Rolle der Erhöhung von g_{Na} und g_K während des Aktionspotentials. Erklären des Einflusses einer Verminderung der extrazellulären Na^+-Konzentration auf das Aktionspotential.

8.1 Die Aktionspotentiale können, genau wie das Ruhepotential, durch intrazelluläre .... gemessen werden, so wie dies in Abb. 5-1A für das Ruhepotential gezeigt ist. Ergebnisse solcher Messungen an Nerven-, Muskel- und Herzmuskelzellen zeigt Abb. 8-1.

Elektroden

8.2 Bei all diesen ....potentialen springt das Potential, vom ....potential ausgehend, sehr schnell auf einen .... (positiven / negativen) Wert und kehrt danach langsam zum ......-potential zurück.

Aktions- - Ruhe- - positiven - Ruhe-

8.3 Die Spitze des .... liegt bei allen Beispielen der Abb. 8-1 in der Nähe von +3o mV. Die Dauer der Aktionspotentiale ist in den Beispielen .... (sehr verschieden / ähnlich). Am Nerven dauert das Aktionspotential nur etwa .... ms, am Herzmuskel dagegen mehr als .... ms.

Aktionspotentials - sehr verschieden - 1 - 2oo-3oo

8.4 Die Bezeichnungen der verschiedenen Phasen des Aktionspotentials sind in Abb. 8-4 eingetragen. Das Aktionspotential beginnt mit einer sehr schnellen .... (positiven / negativen) Potentialänderung, dem ...., er dauert o.2 - o.5 ms.

positiven - Aufstrich

8.5 Während dieser Phase verliert die Zelle ihre ...... (negative / positive) Ruheladung oder Polarisation. Deshalb wird der Aufstrich des .... auch "Depolarisationsphase" genannt. Die Depolarisation geht bei den meisten Zellen über Null hinaus zu positiven Potentialen.

negative - Aktionspotentials

8.6 Der .... Anteil des Aktionspotentials wird Überschuß (Overshoot) genannt. Von der Spitze des Aktionspotentials kehrt das Potential wieder zum .... zurück, man bezeichnet dies als "............" (s. Abb. 8-4).

positive - Ruhepotential - "Repolarisation"

8.7 Gegen Ende des Aktionspotentials kann sich die .... sehr verlangsamen, das Potential kann auch den Ruhewert für gewisse Zeit in .... Richtung überschreiten. Diese Potentialverläufe am Ende oder nach der Repolarisation werden "Nachpotentiale" genannt.

Repolarisation - negativer

8.8 Bleibt das Membranpotential am Ende des Aktionspotentials für gewisse Zeit etwas positiver als das Ruhepotential, so wird dies als depolarisierendes Nachpotential bezeichnet; geht das Membranpotential dagegen für gewisse Zeit über den Wert des Ruhepotentials hinaus, so wird dies hyperpolarisierendes ...... genannt.

Nachpotential

8.9 Charakteristisch für Aktionspotentiale ist, daß sie trotz der schnellen Folge von .....- und Repolarisations-Phase eine sehr konstante Form haben. An einer Nervenzelle können z.B. im Verlaufe von Stunden Hunderttausende von Aktionspotentialen gemessen werden, die im Zeitablauf und Amplitude praktisch nicht unterschieden werden können.

Depolarisations-

8.1o Wie wird das stereotyp ablaufende .... ausgelöst? Aktionspotentiale entstehen immer dann, wenn die Membran, vom .... ausgehend, auf etwa -5o mV .... (depolarisiert / repolarisiert) wird. Dieses Potential wird .... genannt (s. Abb. 8-4). (Die Prozesse, die zur Depolarisation bis zur Schwelle führen können, werden später besprochen).

Aktionspotential - Ruhepotential - depolarisiert - Schwelle

8.11 An dem Potential, an dem die Aktionspotentiale ausgelöst werden, dem ....potential, ist die Membranladung instabil. Sie baut sich selbsttätig schnell ab, ja kehrt ihre Polarität um. Die Spitze des Aktionspotentials erreicht deshalb meist ...... Werte.

Schwellen- - positive

8.12 Der nach Überschreiten der .... eintretende Zustand des selbsttätigen Ladungsabbaues wird "Erregung" genannt. Die Erregung hält nur kurze Zeit, meist weniger als 1 ms an. Sie ist damit einer Explosion vergleichbar, die schnell verpufft. Die Depolarisationsphase des Aktionspotentials setzt selbst Prozesse in Gang, die die Ruhemembranladung wiederherstellen.

Schwelle

8.13 Auf die durch die Erregung erzeugte Depolarisationsphase des Aktionspotentials folgt also selbsttätig die .... zum Ruhepotential. Der zyklische Ablauf des Aktionspotentials könnte mit dem Arbeitszyklus eines Zylinders am Benzinmotor verglichen werden:

Repolarisation

8.14 Ein Zündfunken erwärmt das Gasgemisch so stark (entsprechend der Schwelle des Aktionspotentials), daß es explodiert (entsprechend ....). Die Explosion setzt ihrerseits Mechanismen in Gang, die den Zustand vor der Explosion wiederherstellen (entsprechend ....): Abgase werden entfernt und neues Gasgemisch angesaugt.
Bei 10^{10} Nervenzellen des Menschen wäre er also mit einer ......-Maschine zu vergleichen.

Erregung - Repolarisation (oder Ruhepotential) 10^{10}-Zylinder (wenn falsch, bitte nicht ernst nehmen)

8.15 Wenn die Schwelle überschritten wird, so baut sich die Membranladung selbst......... ab. Dieser Prozess der Erregung kommt erst zum Stillstand, wenn ein bestimmtes positives Potential erreicht ist. Dies wird als "Alles- oder- Nichts"-Gesetz der Erregung bezeichnet. Auch in dieser Hinsicht ist die ...... einer Explosion vergleichbar.

-tätig - Erregung

8.16 Zusammenfassend kann man definieren: Das Aktionspotential ist ein für jede Zelle .... (konstanter / variabler) Ablauf von Depolarisation und .... der Membran, der immer selbsttätig auftritt, wenn die Membran über das .... depolarisiert wird.

konstanter - Repolarisation - Schwellenpotential

8.17 Zellen, an denen .... ausgelöst werden lönnen, nennt man erregbar. Erregbarkeit ist eine typische Eigenschaft von ....- und Muskelzellen.

Aktionspotentiale - Nerven-

8.18 Das Schema der Abb. 8-18 versucht, die während des Aktionspotentials auftretenden Änderungen der Ladung des Membrankondensators zu verdeutlichen. Die schwarz gezeichneten Anteile der Abbildung sind eine Wiederholung der Abb. 5-14, die für eine kleine Membranfläche die Ionenverteilung über die Zellmembran und ihre Umgebung für das Ruhe........... angab.

-potential

8.19 Das Ruhepotential war gekennzeichnet durch eine hohe .....-Leitfähigkeit der Membran. Aufgrund des Konzentrationsgradienten traten solange .....-Ionen aus der Zelle aus, bis die dadurch erzeugte .... (Membranladung / Verdünnung) einen weiteren Ausstrom verhinderte.

K^+ - K^+ - Membranladung

8.2o Die Zellmembran hat nun die Eigenschaft, daß durch die Depolarisation ihre Leitfähigkeit für Na^+-Ionen g_{Na} erhöht wird. Damit strömen, in Abb. 8-18 rot gezeichnet, ...-Ionen in die Zelle ein. Die dadurch erzeugte Membranladung kompensiert nun teilweise die ....ladung, das Potential wird also .... (negativer / weniger negativ).

Na^+ - Ruhe- - weniger negativ

8.21 Durch diese Depolarisation steigt g_{Na} noch weiter an und weitere .....-Ionen strömen in die Zelle ein. g_{Na} erreicht schliesslich mehr als das Hundertfache ihres Ruhewertes. Wenn der Zustand der erhöhten g_{Na} lange genug anhält, so kehrt sich die Membranladung um.

Na^+

8.22 Das Membranpotential kann während der Erregung jedoch höchstens das ....-Gleichgewichtspotential erreichen, bei dem das ..... (positive / negative) Membranpotential den osmotischen Druck der Konzentrationsdifferenz für .....-Ionen aufhebt.

Na^+ - positive - Na^+

8.23 Das ......-Gleichgewichtspotential liegt bei etwa +6o mV. Wie groß müßte bei diesem Potential der Überschuß der Na^+ über die A^- an der Innenseite der Membran in Abb. 8-18 sein? (Im Beispiel der Abb. 8-18 ändert die Verschiebung einer Ladung über die Membran deren Potential um 15 mV).

Natrium - 4 Na^+, da 4 · +15 mV = +6o mV

8.24 Nach der eben gegebenen Darstellung des Na^+-Einstromes während der .... müßte die Spitze des Aktionspotentials beim ......-Gleichgewichtspotential liegen. Wie Abb. 8-1 zeigte, liegen die Spitzen der Aktionspotentiale bei .... und erreichen das ...-Gleichgewichtspotential nicht. Dies hat zwei Gründe:

Erregung (oder Depolarisation) - Na^+ - +3o mV - Na^+

8.25 Die Erhöhung der ....-Leitfähigkeit während der Erregung hält nicht lange genug an, um die Membranumladung bis ganz zu E_{Na} zu gestatten. Im Schema der Abb. 8-18 haben also nur ..... (2 / 8 / 1o) Na^+ Zeit, nach Innen zu strömen, und es entsteht nur ein Überschuß von ..... Na^+, die ein Spitzenpotential von +3o mV erzeugen.

Na^+ - 8 Na^+ - 2 Na^+

8.26 Der zweite Grund für das Nicht-Erreichen von ..... durch die Spitze des Aktionspotentials ist die Tatsache, daß die Depolarisation der Membran neben der beschriebenen Erhöhung von .... auch mit knapp 1 ms Verzögerung kräftig die K^+-Leitfähigkeit g_K der Membran erhöht.

E_{Na} - g_{Na}

8.27 Nach weniger als 1 ms Erregung ist die ...... des Aktionspotentials erreicht. Zu diesem Zeitpunkt beginnen die ..... vermehrt aus der Zelle zu strömen und kompensieren schnell den Einstrom positiver Ladungen in Form von Na^+-Ionen. Schliesslich wird g_K größer als g_{Na}, der Ausstrom positiver Ladungen überwiegt den Einstrom und die Membranladung wird .... (negativer / positiver).

Spitze - K^+-Ionen - negativer

8.28 Die Erhöhung der negativen Membranladung durch überwiegenden K^+-Ausstrom verursacht die ......-Phase des Aktionspotentials. Am Nerven ist die volle negative Aufladung der Innenseite der Membran und damit das .... innerhalb von 1 ms wieder erreicht.

Repolarisations- - Ruhepotential

8.29 Das Aktionspotential entsteht also folgendermaßen: Durch überschwellige Depolarisation wird schnell die ......-Leitfähigkeit und verzögert die ......-Leitfähigkeit der Membran erhöht. Dadurch bewegt sich das Membranpotential zunächst schnell in Richtung auf das ....-Gleichgewichtspotential bei .... mV und kehrt dann langsamer in die Nähe des ...., auf das Ruhepotential, zurück.

Na^+ - K^+ - Na^+ - +6o - K^+-Gleichgewichtspotentials

8.3o Trotz der großen Änderungen der Leitfähigkeit der Membran während des Aktionspotentials sind die Ionenverschiebungen durch die Membran relativ zu den die Membran umgebenden Ionenmengen klein. Im Schema der Abb. 8-18 müssen während der Erregung nur 8 Na^+ einströmen, und entsprechend würde die Repolarisation durch Ausstrom von .... erreicht.

8 K^+

8.31 Die intra- und extrazellulären .... werden also durch ein Aktionspotential nur in ganz unwesentlichem Umfang ausgeglichen. Z.B. ändert sich die intrazelluläre Na^+-Konzentration in dem in Abb. 8-18 betrachteten Raum nur etwa .....% (o.1%, 1%, 1o%). Das während der Erregung eingeströmte Na^+ wird durch die Na^+-Pumpe aus der Zelle entfernt.

Ionenkonzentrationen - o.1%

8.32 Wird die ...., die die im Aktionspotential eingeströmten Na^+ aus der Zelle schafft, vergiftet (z.B. durch durch DNP, siehe Lernschritt 7.8), so können noch einige Tausend Aktionspotentiale ablaufen, bis die intrazelluläre Na^+-Konzentration so hoch wird, daß die Zelle unerregbar ist. Denn der Na^+-Einstrom ist relativ zur intrazellulären Na^+-Konzentration sehr ....

Na^+-Pumpe - klein (oder entsprechend)

8.33 Das Aktionspotential entsteht also aus passiven Bewegungen der Ionen entlang ihrer ....-Gradienten. Energieverbrauchende Prozesse wie die .... sind nur insoweit notwendig, als sie die ....-Gradienten aufrecht erhalten.

Konzentrations - Na^+-Pumpe - Konzentrations

8.34 Die Rolle der Na^+-Ionen für die Erregung kann durch ein einfaches Experiment gezeigt werden. Vermindert man langsam die extrazelluläre Na^+-Konzentration (unter Ausgleich der Osmolarität), so wird das Ruhepotential, wie früher besprochen, dadurch .... (kaum verändert / wesentlich positiver).

kaum verändert

8.35 Bei den Aktionspotentialen nimmt dagegen die Posivitität des Spitzenpotentials ab und der Aufstrich wird langsamer. Dies deutet auf einen im Natrium-Mangel verminderten Einstrom positiver .... hin.

Ladungen (oder Na^+)

8.36 Sinkt die extrazelluläre Na^+-Konzentration unter etwa 1/1o der Norm, siehe Tabelle 5-2o, so werden die Zellen schliesslich unerregbar. Dieser Befund ist so zu erklären, daß während der Erregung unter Normalbedingungen ein .... stattfindet, der durch zu geringe Na^+-Konzentration .... (verstärkt / verhindert) wird.

Na^+-Einstrom - verhindert

8.37 Die hohe intrazelluläre ....-Konzentration ist also Voraussetzung für das Ruhepotential, während die hohe extrazelluläre .... Voraussetzung für die ....barkeit ist. Daneben hängt die .... auch von der .... (niedrigen / hohen) intrazellulären Na^+-Konzentration ab, damit .... in die Zelle einströmen kann.

K^+ - Na^+-Konzentration - Erreg- - Erregbarkeit - niedrigen - Na^+

8.38 Mit den folgenden Fragen können Sie prüfen, ob Sie den Stoff dieser Lektion beherrschen.
Zeichnen Sie bitte das Aktionspotential eines Nerven mit Amplituden- und Zeitmaßstab. Benennen Sie dabei die verschiedenen Phasen.

Abb. 8-4

8.39 Welche der folgenden Aussagen gelten für die Schwelle des Aktionspotentials?

a) Das Membranpotential ist positiv und nahe E_{Na}

b) Das Membranpotential ist etwa 2o-3o mV positiver als das Ruhepotential

c) Die Membranladung ist instabil und baut sich selbsttätig ab

d) Der Kalium-Ausstrom ist größer als der Natrium-Einstrom

b und c

8.4o Die Repolarisation des Aktionspotentials wird bewirkt durch

a) Die sehr kleine Erhöhung der intrazellulären Na^+-Konzentration durch die Erregung

b) Kalium-Ausstrom, der verzögert nach der Depolarisation einsetzt

c) Das Ende des Natrium-Einstromes während der Erregung

d) Das Entfernen des eingeströmten Na^+ durch die Natrium-Pumpe

b

Lektion 9 Kinetik der Erregung

Das Aktionspotential wird durch die Aufeinanderfolge eines Na^+-Stromes in die Zelle und eines K^+-Stromes aus der Zelle verursacht, die beide durch überschwellige Depolarisation hervorgerufen werden. Die Ströme hängen sowohl vom Ausmaß der Depolarisation, wie von der Zeit seit dem Beginn der Depolarisation ab. Diese Kinetik des Na^+- und K^+-Stromes soll nunmehr im Einzelnen dargestellt werden. Dies dient nicht nur einer Analyse des Aktionspotentials, sondern ist auch Voraussetzung für das Verständnis der Fortleitung des Aktionspotentials und der Vorgänge, mit denen die Schwelle des Aktionspotentials erreicht wird.

Lernziele: Beschreiben des Prinzips der Spannungsklemme als Messung des Zeitverlaufs des Membranstromes nach Einstellung eines festgehaltenen Potentials. Zeichnen der Abhängigkeit der Amplitude des Natriumstromes vom Potential und Zeichnen des Zeitverlaufs von I_{Na} bei einem bestimmten Potential. Zeichnen des Zeitverlaufs des Kaliumstromes. Darstellen der zeitlichen Aufeinanderfolge von Natriumstrom und Kaliumstrom im Aktionspotential. Fähigkeit, die Refraktärität nach dem Aktionspotential zu beschreiben und durch Inaktivation des Natriumsystems zu erklären.

9.1 Das ....potential wird ausgelöst durch eine überschwellige Depolarisation. Bei Potentialen, die positiver sind als das Schwellenpotential, nimmt zuerst die ....-Leitfähigkeit, danach die ....-fähigkeit stark zu.

Aktions- - Natrium- - Kaliumleit-

9.2 Die Natrium- und Kaliumströme, die während des Aktionspotentials fliessen, sind also stark ....- und Zeit-abhängig. Da sich während des Aktionspotentials das Potential dauernd schnell ändert, kann die ....-Abhängigkeit der Ströme während des Aktionspotentials selbst nicht analysiert werden.

Potential- - Potential-

9.3 Diese Analyse gelingt, wenn das .... der Zelle nach Einsatz der Erregung künstlich konstant gehalten wird. Eine Versuchsanordnung, mit der dies erreicht werden kann, nennt man eine Spannungsklemme (englisch: voltage clamp).

Potential

9.4 Bei der Spannungs...... muß verhindert werden, daß z.B. der nach überschwelliger Depolarisation in die Zelle fliessende Na^+-Strom die Zelle weiter .... Der Na^+-Strom wird dazu durch einen entgegengesetzten, durch eine intrazelluläre Elektrode zugeführten Klemmstrom gleicher Amplitude kompensiert, wie dies Abb. 9-4 zeigt.

Spannungsklemme - depolarisiert

9.5 Die Größe des Klemm-........ wird von einem elektronischen Regelverstärker bestimmt, der Abweichungen des Membranpotentials von dem gewünschten Klemmpotential verhindert. Der Zeitverlauf des .... bei einem bestimmten Potential ist also Spiegelbild des Verlaufs der Ionenströme durch die Membran bei diesem Potential.

Stromes - Klemmstromes

9.6 Mit der Spannungsklemme gelingt es also, das Membranpotential auf einen gewünschten Wert zu verschieben und dort .... zu halten. Die Stromelektrode liefert den Strom, der für die Verschiebung des Membranpotentials erforderlich ist, sowie den Strom, der die danach auftretenden Ionen-........ kompensiert.

konstant - Ströme

9.7 Spannungsklemmen werden vor allem an Tintenfisch-Riesennervenfasern durchgeführt. Abb. 9-7 zeigt an einer solchen Faser in der obersten Zeile den Zeitverlauf einer Spannungsklemme: ausgehend vom Ruhepotential bei ..... mV wird das Membranpotential auf dem Wert E (siehe Wert am rechten Rand von Abb. 9-7) festgehalten.

-6o

9.8 In den Zeilen darunter sind die bei den jeweiligen Potentialen E gemessenen Ströme I dargestellt. Wird die Zelle auf -33 mV depolarisiert, so fließt für etwa 1 ms ein kleiner .... (negativer / positiver) Strom, der in einen anhaltenden ...... Strom übergeht. Bei dem nächstgrößeren Depolarisationsschritt auf 0 mV sind beide Stromkomponenten .... (vergrößert / verkleinert).

negativer - positiven - vergrößert

9.9 Bei stärkerer ...... auf +26 mV wird die anfängliche negative Stromkomponente wieder kleiner, sie verschwindet bei E = +4o mV ganz. Bei noch weiterer .... auf +55 mV erscheint an Stelle der bisherigen negativen Stromkomponente eine positive.

Depolarisation - Depolarisation

9.1o Die anfängliche in der Spannungsklemme gemessene Stromkomponente erscheint also bei gerade überschwelligen Depolarisationen, ... (wächst / fällt) bis zu Potentialen um 0 mV, wird bei weiterer Depolarisation .... und kehrt bei etwa +4o mV ihre Richtung um.

wächst - kleiner

9.11 Die Umkehr der Stromrichtung bei +4o mV identifiziert den anfänglichen Strom als Natriumstrom, denn beim Tintenfisch-Riesen-Axon liegt die E_{Na} bei +4o mV. Bei seinem Gleichgewichtspotential muß ein Ionenstrom seine Richtung ...., bei Potentialen negativer als das E_{Na} fließt Na^+ .... Zelle, bei Potentialen positiver als E_{Na} .... Zelle.

umkehren (oder entsprechend) - in die - aus der - (siehe Lernschritt 6.26)

9.12 Der anfängliche negative Klemmstrom kann auch dadurch als ein .... Strom identifiziert werden, daß er bei Ersatz des Na^+ in der extrazellulären Lösung durch ein impermeables Ion ..... . Bei überschwelliger Depolarisation auf ein festgehaltenes Potential fließt also für 1 - 2 ms ein .... Strom.

Na^+ - verschwindet (o.e.) - (siehe Lernschritt 8.34 - 8.36)
Na^+

9.13 Die dem Na^+-Strom folgende positive Stromkomponente ist K^+-Strom. Der Zeitverlauf des K^+-Stromes ist klar ersichtlich bei E = +4o mV, dem Na^+-Gleichgewichtspotential E_{Na}. Denn bei E_{Na} fliesst .... Netto-Natriumstrom, der gemessene Strom muß also insgesamt K^+-Strom sein.

kein

9.14 Im Gegensatz zu dem schnell einsetzenden und nur kurze Zeit fliessenden I_{Na} beginnt .... mit Verzögerung, erreicht in 4-1o ms sein Maximum und fällt nicht ab, solange die Depolarisation anhält. Die Amplitude von .... wächst etwa proportional zur Depolarisation.

I_K - I_K

9.15 Durch Messung des K^+-Stromes in Na^+-freier extrazellulärer Lösung läßt sich auch für normale extrazelluläre Ionenkonzentrationen der Membranstrom bei jedem Klemmpotential in die ...... und die ....-Komponente aufteilen. Dies ist in Abb. 9-15 für E = 0 mV geschehen.

Na^+ - K^+

9.16 Bei dem Klemmpotential E = 0 mV erreicht I_{Na} sein Maximum in weniger als .... ms und ist bei ..... ms fast ganz abgeklungen. Zu dieser Zeit hat I_K sein Maximum ...... (schon lange / noch nicht) erreicht.

1 ms - 4 ms - noch nicht

9.17 Bei einem jeweils festgehaltenen Potential E ist ein Ionenstrom .... der Leitfähigkeit g für diesen Strom. Es gilt nämlich z.B. für Na^+: I_{Na} = ... x (E_{Na} - .....). (Siehe Lernschritt 6.11)

proportional - $I_{Na} = g_{Na} \times (E_{Na} - E)$

9.18 Wenn man E_{Na} und E_K kennt, so kann man also für ein bestimmtes Potential E aus dem Zeitverlauf von I_{Na} und I_K den Zeitverlauf von ...... und ..... berechnen. Dieser ist für E = 0 mV in der untersten Zeichnung von Abb. 9-15 dargestellt.

g_{Na} - g_K

9.19 g_{Na} erreicht in weniger als 1 ms sein .... und ist nach etwa 4 ms fast ...., obgleich die Depolarisation anhält. Das Letztere wird "Inaktivation" der g_{Na} genannt. g_K steigt dagegen nach Beginn der Depolarisation viel .... an und bleibt auf dem Maximalwert solange die .... dauert.

Maximum - verschwunden (o.e.) - langsamer - Depolarisation

9.2o Nach einem Depolarisationsschritt bestimmen also zwei zeitabhängige Vorgänge die g_{Na}: zuerst .... g_{Na} schnell an, nach ...... ms fällt sie jedoch schon wieder ab. Dieser zeitbedingte Abfall der g_{Na} wird Inaktivation genannt. Das Na^+-System geht also nach kurzer, großer "Aktivität" in den Zustand der Inaktivation über. Ist Ihnen ein ähnliches Verhalten bei sich selbst schon begegnet? .... (ja / nein).

steigt (oder ähnlich) - 1 ms - ja (selten nein)

9.21 Der Zeitverlauf von g_{Na} und g_K nach einer Depolarisation unterscheidet sich also im wesentlichen dadurch, daß g_{Na} .... (schnell / langsam) und g_K .... (schnell / verzögert) ansteigt. Bei anhaltender Depolarisation wird g_{Na} ...... (aktiviert / inaktiviert) und g_K .... (fällt ab / bleibt konstant).

schnell - verzögert - inaktiviert - bleibt konstant

9.22 Die Inaktivation der nach einer Depolarisation angestiegenen .... hält an, solange die Membran depolarisiert bleibt. Sie wird nur dann abgebaut, wenn das Membranpotential in die Nähe des Ruhepotentials oder zu noch negativeren Potentialen zurückkehrt.

g_{Na}

9.23 Der Abbau der .... der g_{Na} bei Potentialen in der Nähe des .... dauert 1 bis einige ms. Nach dieser Zeit ist das Natriumsystem wieder a k t i v i e r b a r, d.h. g_{Na} kann nach einer neuen Depolarisation wieder .... (stark ansteigen / fallen).

Inaktivation - Ruhepotentials - stark ansteigen

9.24 Das Natriumsystem ist also nur ...., wenn das Membranpotential für 1 bis einige ..... einen ausreichenden negativen Wert hatte. Bei Potentialen positiver als etwa -5o mV bleibt am Warmblüternerv g_{Na} inaktiviert, ausgehend von diesem Potential ist also .... Erregung auslösbar.

aktivierbar - ms - keine

9.25 Wenn man nun für bestimmte festgehaltene Klemmpotentiale die Potential- und ....-Abhängigkeit der Membranleitfähigkeit kennt, so kann auch der Zeitverlauf von g_{Na} und g_K während des Aktionspotentials berechnet werden. Das Ergebnis einer solchen Rechnung zeigt Abb. 9-25.

Zeit

9.26 g_{Na} steigt zu Beginn des Aktionspotentials steil an und erreicht ihr Maximum ...... (vor / nach) der Spitze des Aktionspotentials (gestrichelte Vertikale in Abb. 9-25). Nach ihrem Maximum fällt g_{Na} zuerst auf Grund der .... (Potentialabhängigkeit / Inaktivation) und wenn die Membran schon weitgehend repolarisiert ist, auch auf Grund der ....-Abhängigkeit.

vor - Inaktivation - Potentialabhängigkeit

9.27 g_K kann zu Beginn des Aktionspotentials auf Grund seiner .... (Potential / Zeit)-Abhängigkeit nur langsam ansteigen und (siehe Abb. 9-14) erreicht deshalb sein Maximum erst während des steilsten Abschnittes der ....polarisation. Danach fällt es auf Grund seiner .... (Potentialabhängigkeit / Inaktivation) langsam ab. d.h., daß g_K b. anhaltender Depolarisation bestehen bleibt!

Zeit- - Re- - Potentialabhängigkeit

9.28 Die Depolarisationsphase des Aktionspotentials wird beendet (gestrichelte Vertikale in Abb. 9-25) nach Abfall von g_{Na} durch .... und das ...... von g_K. An der Spitze des Aktionspotentials ist g_{Na} noch .... als g_K. I_{Na} und I_K sind trotzdem gleich, weil das Potential weiter vom .... als vom ....-Gleichgewichtspotential entfernt ist.

Inaktivation - Ansteigen - größer - Kalium- - Natrium-

9.29 Die ...... von g_{Na} nach dem schnellen Anstieg der Depolarisation kann sich nur dann zurückbilden, wenn das Potential gewisse Zeit etwa so negativ wird wie das .... g_{Na} ist also während der Repolarisation und auch noch für kurze Zeit danach inaktiviert.

Inaktivation - Ruhepotential

9.3o Im Zustand der Inaktivierung des Natriumsystems kann durch eine neue Depolarisation g_{Na} nicht wesentlich ...... (gesteigert / vermindert) werden. Durch eine solche Depolarisation kann also kein schneller ....-Einstrom ausgelöst werden, d.h. die Zelle ist unerregbar.

gesteigert - Na^+

9.31 Durch Inaktivation von .... ist die Zelle während der Repolarisation und kurze Zeit darauf ....bar. Diese Phase wird absolute Refraktärphase genannt. Wie Abb. 9-31 zeigt, können während der absoluten Refraktärphase durch noch so große Depolarisationen (gestrichelte Kurve) .... Aktionspotentiale ausgelöst werden.

g_{Na} - unerregbar - keine

9.32 Abb. 9-31 zeigt weiter, daß für einige ms nach Beendigung der ...... Refraktärphase die Schwelle für die Auslösung von Aktionspotentialen .... (positiver / negativer) liegt als beim ersten Aktionspotential. Die Zeit bis zur Normalisierung der Schwelle wird relative Refraktärphase genannt.

absoluten - positiver

9.33 Weil während der .... die Inaktivation der g_{Na} noch nicht völlig zurückgebildet ist, sind in dieser Phase die Amplituden der Aktionspotentiale .... (kleiner / größer) als nach ihrer Beendigung.

relativen Refraktärphase - kleiner

9.34 Die absolute Refraktärphase begrenzt die maximale Frequenz, mit der in der Zelle Aktionspotentiale ausgelöst werden können. Ist die absolute Refraktärphase 2 ms nach dem Beginn des Aktionspotentials beendet, so ist die maximale Frequenz der Aktionspotentiale dieser Zelle ....../s.

5oo /s

9.35 Die folgenden Fragen sollen Ihnen eine Überprüfung Ihres Wissens ermöglichen: Zeichnen Sie bitte in das Diagramm der Abb. 9-35 die ungefähre Potentialabhängigkeit des maximalen, nach einer Depolarisation fliessenden Natriumstromes. Zur Erleichterung sind zwei Kurvenstücke (rot) schon vorgegeben. Beachten Sie, daß beim E_{Na} der Natriumstrom seine Richtung .... d.h. die Kurve die X-Achse (Abscisse) kreuzen muß.

umkehrt - Lösung Abb. 9-35A

9.36 Während der steilen Phase der Repolarisation fließt durch die Membran

a) vorwiegend Na^+-Strom
b) vorwiegend K^+-Strom
c) etwa gleichviel Na^+- und K^+-Strom

b

9.37 Zeichnen Sie den ungefähren Zeitverlauf von g_{Na} und g_K während des Aktionspotentials.

Abb. 9-25

9.38 Während der absoluten Refraktärphase nach einem Aktionspotential ist

a) die Zelle unerregbar
b) der Natriumeinstrom größer als der Kaliumausstrom
c) die Natriumleitfähigkeit nicht aktivierbar
d) die Natriumpumpe nicht aktiv
e) das Natriumgleichgewichtspotential negativ

a und c

Lektion 10 Elektrotonus und Reiz

Nach Depolarisation der Membran zur Schwelle entsteht eine Erregung. Bisher wurde noch nichts darüber ausgesagt, wie das Membranpotential die Schwelle erreicht. Die Depolarisation der Membran zur Schwelle wird auch Reizung genannt, und diese Lektion wird die Charakteristika solcher Reize besprechen. In den meisten Fällen ist der Reiz ein elektrischer Strom, der nicht an der zu reizenden Membranstelle erzeugt wird, sondern von "Aussen" kommt. Bei Nervenzellen kommt der Reizstrom von benachbarten Membranbezirken, von Synapsen oder Rezeptoren. Im neurophysiologischen Experiment wird der Reizstrom meist durch Elektroden zugeführt, weil er so in Größe und Zeitdauer leicht kontrolliert werden kann. Im folgenden wird deshalb zuerst die Reaktion der Membran auf zugeführten Strom besprochen, und danach die Bedingungen dargestellt, unter denen ein solcher Strom als Reiz wirkt.

Lernziele: Zeichnen des Zeitverlaufs der Aufladung des Membrankondensators durch einen in die Zelle applizierten Strom. Schildern, in welcher Hinsicht sich der Zeitverlauf dieses Elektrotonus ändert, wenn der Strom an einer Stelle in eine langgestreckte Zelle fließt. Zeichnen, wie die maximale Amplitude des Elektrotonus sich mit dem Abstand vom Orte der Stromapplikation ändert. Darstellen, wie durch depolarisierende Stromstöße verschiedener Dauer und Amplitude die Schwelle für die Erregung erreicht wird. Zeichnen der Reizzeitspannungskurve mit Rheobase und Chronaxie.

1o.1 Abb. 1o-1A zeigt, wie durch eine ...... (intra / extra)-zelluläre Elektrode Strom in eine Zelle geleitet werden kann. Dieser Strom I verläßt die Zelle wieder, indem er die .... kreuzt. Der Strom fließt erstens über die Membrankapazität (Lernschritte 1o.2 bis 1o.5) und zweitens als Ionenstrom durch die Membran (Lernschritte 1o.7 bis 1o.13). Dabei wird das Membranpotential verändert, es bildet sich ein elektrotonisches Potential.

intrazelluläre - Membran

1o.2 Die mit dem applizierten Strom in die Zelle gelangten überschüssigen Ladungen können je nach Polarität die .... (negative / positive) Aufladung der Innenseite der Membran vergrößern oder verkleinern. Eingeströmte positive Ladung wird die Ladung der Membraninnenseite .... (siehe Abb. 5-14).

negative - herabsetzen (oder entsprechend)

1o.3 Wird die negative Aufladung der Membraninnenseite vermindert, so nimmt auch die .... Aufladung der Membranaußenseite entsprechend ab. Es werden also an der Außenseite der Membran ..... (so viele / mehr) positive Ladungen frei, wie innen zur Verminderung der negativen Ladung verbraucht wurden.

positive - so viele

1o.4 Damit ist durch die Membran ein Strom geflossen, ... (ohne daß / wobei) Ladungsträger die Membran wirklich gekreuzt haben. Da dieser Strom durch Ladungsverschiebungen an der Membrankapazität erzeugt wird, wird er kapazitiver Strom genannt.

ohne daß

1o.5 Das Membranpotential ist der Ladung des Membrankondensators .... (proportional / umgekehrt proportional). Bei konstanter Ladungszufuhr, d.h. nach Einschalten eines konstanten Stromes, sollte sich die Ladung des Membrankondensators und das Membranpotential mit .... (konstanter / absinkender) Geschwindigkeit ändern.

proportional - konstanter

1o.6 Wie Abb. 1o-1B zeigt, ist dies .... (auch / nicht) der Fall.

Die Geschwindigkeit der Potentialänderung .... mit der Zeit, das Potential erreicht schliesslich einen konstanten Wert. Der Verlauf der Potentialänderung nach Einschalten eines Stromes ist also nicht allein durch das Fliessen eines .... Stromes erklärbar.

nicht - sinkt (oder entsprechend) - kapazitiven

1o.7 Wir wissen, daß die Membran für einige Ionen permeabel ist, bei Ruhebedingungen ist die Membranleitfähigkeit relativ hoch für .... und ....-Ionen. Diese Ionen können durch die Membran fliessen und Ladung durch sie transportieren. Dies ist der zweite Weg auf dem Ladung die Membran kreuzen kann.

K^+ und Cl^-

1o.8 Die Größe des Ionenstromes durch die Membran ist proportional der Membranleitfähigkeit für das Ion und dem Abstand des Potentials vom ....potential (siehe Lernschritt 6.11). Entsprechend ändert sich der Ionenstrom durch die Membran, wenn das Potential vom Ruhepotential entfernt wird.

Gleichgewichts-

1o.9 Wenn also wie in Abb. 1o-1B die Membranladung durch applizierten Strom vermindert wird, so fließt mit wachsendem Abstand vom .... proportional mehr Ionenstrom in Form von ....- und ....-Ionen durch die Membran.

Ruhepotential - K^+ und Cl^-

1o.1o Mit wachsender Depolarisation steht also immer weniger Strom für die Entladung des Membran......... zur Verfügung. Deshalb ändert sich mit der Zeit das Membranpotential immer langsamer, schließlich wird es konstant, wenn der applizierte Strom .... (völlig / fast nicht) als Ionenstrom durch die Membran fließt.

-Kondensators - völlig

1o.11 Es resultiert der in Abb. 1o-1B gezeigte exponentielle Zeitverlauf des elektrotonischen Potentials. Zu Beginn dieses elektrotonischen Potentials fließt fast nur .... Strom, am Plateau nur .... durch die Membran.

kapazitiver - Ionenstrom

1o.12 Das elektrotonische Potential hat einen .... (linearen / exponentiellen) Zeitverlauf. Die Steilheit dieses Zeitverlaufs wird durch die Membran-Zeitkonstante τ angegeben, d.h. der Zeit bis zur Änderung des Potentials auf 37% (1/e) des Endwertes. τ hat an verschiedenen Membranen Werte von 1o - 5o ms.

exponentiellen

1o.13 Die Endamplitude des Plateaus des elektrotonischen Potentials ist umgekehrt proportional der Membranleitfähigkeit und proportional dem zugeführten ....

Strom

Elektrotonische Potentiale werden in der Neurophysiologie viel dazu verwendet, Widerstand und Kapazität der Membran zu bestimmen. Der Membranwiderstand r_m einer Zelle ist der Quotient aus der Endamplitude des elektrotonischen Potentials und dem zugeführten Strom. Der Zeitverlauf des elektrotonischen Potentials stellt die Ladekurve eines Kondensators über einen Widerstand dar, wobei die Zeitkonstante τ das Produkt von Widerstand und Kapazität ist. Die Membrankapazität c_m läßt sich also als Quotient von T und r_m berechnen. Diese einfachen Beziehungen gelten allerdings nur für Zellen, in denen sich applizierter Strom homogen verteilen kann.

1o.14 Das .... Potential hat nur dann einen exponentiellen Zeitverlauf, wenn der in die Zelle applizierte Strom durch alle Abschnitte der Membran gleichmässig fließt. Dies trifft für angenähert kugelförmige Zellen zu (siehe Abb. 1o-1A).

elektrotonische

1o.15 Fast alle Nerven- und Muskelzellen sind sehr .... (langgestreckt / kurz), und an einer Stelle zugeführter Strom fließt natürlich in der Nähe der Stromelektrode mit viel .... (größerer / kleinerer) Dichte durch die Membran als in entfernteren Membranbezirken.

langgestreckt - größerer

1o.16 Wie Abb. 1o-16 zeigt, lassen sich die elektrotonischen .... in einer langgestreckten Muskelfaser durch intrazelluläre Elektroden messen, die in verschiedener Entfernung von der Stromelektrode (hier 0 mm, ... mm und ..... mm) eingestochen werden.

Potentiale - 2.5 und 5 mm

1o.17 Der gemessene Potentialverlauf ist nicht mehr einfach ...., wie bei der kugelförmigen Zelle der Abb. 1o-1A. Am Orte der Stromzuführung steigt in Abb. 1o-16 das elektrotonische Potential (E_0) steiler an als bei gleichmässiger Stromverteilung, sichtbar daran, daß es zum Zeitpunkt der Membranzeitkonstante T schon bei 16% anstatt 37% (in Abb. 1o-1A) angelangt ist.

exponentiell

1o.18 Der ...... (steilere / flachere) Anstieg des elektrotonischen Potentials in der Nähe der Stromelektrode bei einer langgestreckten Zelle wird verursacht durch eine schnellere Entladung der Membrankapazität nahe der Stromzuführung. Erst wenn die nahe gelegenen Kapazitäten entladen sind, fließt Strom durch das Zellinnere zu entfernteren Membranbezirken.

steilere

1o.19 Deshalb wird der Zeitverlauf des elektrotonischen Potentials mit wachsender Entfernung vom Orte der Stromzuführung .... (schneller / langsamer). In der Entfernung von 5 mm beginnt das elektrotonische Potential (E_5) mit Verzögerung und hat seinen Endwert E_{max} nach 12o ms .... (noch nicht ganz / schon lange) erreicht.

langsamer - noch nicht ganz

1o.2o Auch wenn der Strom längere Zeit geflossen ist und eine neue Ladungsverteilung sich eingestellt hat, fließt immer noch ..... (mehr / weniger) Strom durch die nahe der Stromzuführung liegende Membran als durch entferntere Membranbezirke.

mehr

1o.21 Die Amplituden E_{max} der Endwerte der elektrotonischen Potentiale sind in Abb. 1o-16 unten gegen den Abstand von der .... eingetragen. Die Amplitude der E_{max} .... (fällt / steigt) exponentiell mit dem Abstand.

Stromelektrode - fällt

1o.22 Die Steilheit des ...... Abfalles von E_{max} mit der Entfernung wird durch die Membranlängskonstante λ gekennzeichnet, bei der E_{max} auf 37% (1/e) abgefallen ist. λ ist in Abb. 1o-16 .... mm, an verschiedenen Zellen hat λ Werte zwischen o,1 und 5 mm.

exponentiellen - 2,5 mm

1o.23 Das elektrotonische Potential hat an langgestreckten Zellen also die folgenden wesentlichen Eigenschaften: die Endamplitude E_{max} .... (steigt / fällt), wenn der zugeführte Strom vergrößert wird. E_{max} nimmt .... (exponentiell / linear) mit der Entfernung von dem Orte der ....zuführung ab. Nahe der Stromzuführung steigt das elektrotonische Potential ...... (steil / langsam), mit wachsender Entfernung vom Orte der Stromzuführung wird sein Zeitverlauf ....

steigt - exponentiell - Strom- - steil - langsamer (o.e.)

Bei den elektrotonischen Potentialen ist die Polarität des zugeführten Stromes im Prinzip gleichgültig, es ergeben sich entsprechend positive und negative elektrotonische Potentiale von spiegelbildlichem Verlauf. Wir kommen nun zu der Besonderheit, daß depolarisierende elektrotonische Potentiale, wenn sie den Schwellenbereich erreichen, zu Reizen werden.

1o.24 Das elektrotonische Potential ist eine rein passive Reaktion der Membran auf die Zuführung von ...., d.h. die Membran ändert während des elektrotonischen Potentials ihre Leitfähigkeit .... (stark / nicht).

Strom - nicht

1o.25 Das elektrotonische Potential kann übergehen in eine Erregung, wenn das Potential die .... (Schwelle / Null-Linie) überschreitet. Ein Stromstoß, der ein elektrotonisches Potential erzeugt, das die Membran bis zur .... depolarisiert, ist ein Reiz.

Schwelle - Schwelle

1o.26 Um eine Erregung auszulösen, muß also ein Strom die Zelle ..... (depolarisieren / hyperpolarisieren) bis die Schwelle überschritten wird. Der Stromstoß dient dann als .... Er wird deshalb als ....-Strom bezeichnet.

depolarisieren - Reiz - Reiz-

1o.27 Neben der Amplitude des Reizstromes ist auch seine Flußdauer für die Auslösung der .... wesentlich. Ein Reizstrom, der gerade ausreicht, die Membran zur .... zu depolarisieren, erzeugt ein elektrotonisches Potential, das die Schwelle erst bei seinem Maximalwert erreicht, d.h. im Falle der Muskelzelle der Abb. 1o-16 (siehe Zeitverlauf bei E_0) nach mehr als .... ms.

Erregung - Schwelle - 5o ms

1o.28 Durch einen größeren Reizstrom wird das erzeugte .... Potential die Schwelle früher erreichen, der Reizstrom muß also für .... (kürzere / noch längere) Zeit fliessen. Die Beziehung zwischen minimaler Reizstromstärke und Reizdauer ist für die gleiche Muskelzelle wie in Abb. 1o-16 in Abb. 1o-28A dargestellt. Sie wird Reizzeit-Spannungskurve genannt.

elektrotonische - kürzere

1o.29 Die Beziehung zwischen Reizstromstärke und erforderlicher Reizdauer wird ....-Spannungskurve genannt. Die minimale Stromstärke I_R, mit der nach beliebig langem Stromfluß gerade noch eine .... erzeugt werden kann, heißt Rheobase. Bei kürzerer Reizdauer nimmt die erforderliche Stromstärke schnell .... (zu / ab) (Abb. 1o-2oA).

Reizzeit- - Erregung - zu

1o.3o Die Reizzeitspannungskurve nähert sich bei langen Reizzeiten assymptotisch der .... Die bei einem Reizstrom von doppelter Rheobasenstärke notwendige Reizzeit heißt Chronaxie. Die Chronaxie kennzeichnet das Ausmaß der .... (Zunahme / Abnahme) der Reizstromstärke bei kurzen Reizen.

Rheobase - Zunahme

1o.31 Die Reizzeit-Spannungskurve wird also für lange Reizzeiten durch die ...., bei kurzen Reizzeiten durch die .... charakterisiert. Die Letztere ist eine .... (Zeit / Stromstärke), sie wird bei einer Stromstärke von der .... Amplitude der .... gemessen.

Rheobase - Chronaxie - Zeit - doppelten - Rheobase

1o.32 Die Reizzeit-Spannungskurve wird bestimmt durch den Zeitverlauf der elektrotonischen Potentiale. In Abb. 1o-28B wird die Kurve in Abb. 1o-28A aus den elektrotonischen Potentialen (schwarz), die nach Einschalten des jeweiligen Reizstromes (rot ausgezogen) auftreten, konstruiert. Wenn jeweils das elektrotonische Potential die Schwelle (schwarz gestrichelt) erreicht, entsteht eine .... Der Schnittpunkt von elektrotonischem Potential und Schwelle bestimmt also die minimale Reizdauer.

Erregung

1o.33 Abb. 1o-28B zeigt, daß ein Reizstrom mit der Amplitude 1,1 I_R 36 ms lang fliessen muß, bis das zugehörige elektrotonische Potential die .... erreicht. Die minimale Flußdauer des Reizstromes 2 I_R ist dagegen etwa ..... ms, bei 4 I_R etwa .... ms.

Schwelle - 6 - 1.5 (etwa)

1o.34 Die Stromstärke, bei der das elektrotonische Potential nach längerer Zeit noch die Schwelle erreicht (unterste rote und schwarze Kurve in Abb. 1o-28B), wird .... genannt. Die Chronaxie wird gemessen, indem die Stromstärke gegenüber der Rheobasenstromstärke I_R .... wird, wo die minimale Stromfluß-......... abgelesen wird, nach der eine Erregung ausgelöst wird.

Rheobase - verdoppelt - Dauer (oder Zeit)

1o.35 Die Chronaxie ist ein Maß der Erregbarkeit einer Zelle. Da sie nach Abb. 1o-28 wesentlich von der Anstiegsteilheit der ...... Potentiale abhängt, ist sie der Membranzeitkonstante τ proportional. Die Chronaxie wächst weiter, wenn das Schwellenpotential positiver wird.

elektrotonischen

1o.36 Das Erregbarkeitsmaß Chronaxie hat den Vorteil, daß es zu seiner Bestimmung nicht notwendig ist, die absolute Amplitude des Reizstromes der Zelle zu kennen. Es muß nur die .... (Rheobasen / Maximale)-Stromstärke gemessen werden.

Rheobasen

1o.37 Wenn durch Bestimmung der minimalen Stromstärke bei beliebig .... Reizdauer die Rheobase bekannt ist, so muß zur Messung der Chronaxie die Rheobasenstromstärke nur ...... werden.

langer - verdoppelt

1o.38 Da man die absoluten in die Zelle fliessenden Ströme zur Bestimmung der Chronaxie .... (genau / nicht) kennen muß, kann die Chronaxie auch in Situationen gemessen werden, in denen nur ein unbekannter Teil des z.B. auf die Hautoberfläche des Armes applizierten Stromes in einen Hautnerven fließt.

nicht

1o.39 Die .... eignet sich also als Maß der Erregbarkeit besonders für klinisch-diagnostische Untersuchungen, in denen der Strom nicht mit intrazellulären Elektroden zugeführt werden kann. Mit Hilfe der Messung der Chronaxie können deshalb Erkrankungen von Nerven- und Muskelfasern erkannt werden.

Chronaxie

In der Neurologie wird die Messung der Chronaxie vor allem für die Diagnose und Verlaufskontrolle von Muskellähmungen verschiedener Genese (Ursache) angesetzt. Bei der Messung der motorischen Chronaxie werden die Reizelektroden auf die Haut über dem Muskel gesetzt, der Reizerfolg wird mit Hilfe der sichtbaren oder tastbaren Muskelkontraktionen beurteilt. Normalerweise werden Rheobasen von 2 - 1o mA gefunden, die Chronaxie liegt bei fast allen Muskeln unter 1 ms. Bei Erkrankungen oder Durchtrennungen der motorischen Nerven kann die Chronaxie stark ansteigen, bei schweren Lähmungen kommen Werte von 2o - 1oo ms vor.

Lektion 11 Fortleitung des Aktionspotentials

Wir kommen jetzt zur Besprechung der eigentlichen Aufgaben der Nervenfasern und der Membran der Muskelfasern, nämlich zur Fortleitung der Erregung. Um diese verstehen zu können, mußte zuerst in den Lektionen 8 und 9 der Mechanismus der Erregung an der Membran behandelt werden. Dann wurde in der vorausgehenden Lektion gezeigt, wie durch Ströme, die durch das Faserinnere fließen, Potentialänderungen sich über die Länge einer Faser ausbreiten. Für das Verständnis der Fortleitung eines Aktionspotentials gilt es, die Aussagen über die Erregung und über den Elektrotonus miteinander zu kombinieren.

Ausgehen wollen wir von der einfachen Beobachtung, daß ein Nerv Aktionspotentiale fortleitet: wird das Aktionspotential einer Nervenfaser an zwei nicht zu nahe beieinander liegenden Stellen gemessen, und wird der Nerv an einem Ende gereizt, so erscheint jeweils zuerst an der näher am Reizort liegenden Meßstelle ein Aktionspotential, danach erscheint auch an der zweiten Meßstelle ein Aktionspotential. Dies zeigt, daß das Aktionspotential vom Reizort an der ersten und zweiten Elektrode vorbei fortgeleitet wurde.

Lernziele: Zeichnen der Stromlinien durch die Membran, in der Zelle und außerhalb der Zelle bei einem fortgeleiteten Aktionspotential. Angeben, wie sich auf Grund der Ströme durch die Membran das Membranpotential entlang der Faser einstellt, Diskussion der Art der jeweiligen Stromträger. Schilderung des Einflusses des Innenlängswiderstandes und der Membrankapazität auf die Fortleitung. Daraus Ableiten der Beschleunigung der Fortleitung bei vergrößertem Faserdurchmesser und bei Myelinisation. Darstellen der saltatorischen Fortleitung an myelinisierten Fasern.

11.1 In Nerven- und Muskelfasern werden Aktionspotentiale ....geleitet. Die Leitungsgeschwindigkeit kann aus dem Abstand zweier Meßstellen, die das Aktionspotential passiert, geteilt durch die Leitungs....... zwischen den Meßstellen, bestimmt werden. Wie groß ist z.B. die Leitungsgeschwindigkeit (in m/s) bei einem Meßstellenabstand von 5 cm und einer Leitungszeit von 2,5 ms?

fort- - -zeit - 2o m/s

11.2 Die an Nervenfasern gemessene Leitungs........ des Aktionspotentials liegt je nach Art der Faser (siehe unten) zwischen etwa 1 mm pro Sekunde und mehr als 1oo m pro Sekunde. Kennzeichnend für die Fortleitung des Aktionspotentials ist, daß das Signal "Aktionspotential" durch die Fortleitung nicht verkleinert wird.

-geschwindigkeit

11.3 Das fortgeleitete Aktionspotential ist an jeder Stelle des Nerven .... (verschieden / gleich) groß. Es kann sich deshalb bei der Fortleitung .... (nicht / nur) um eine elektrotonische Ausbreitung handeln. Elektrotonische Potentiale werden mit dem Abstand vom Ort der Stromzuführung ....

gleich - nicht - kleiner

11.4 Die Amplitude des Aktionspotentials bleibt auf dem Leitungsweg ...., weil an jeder Membranstelle jeweils eine Erregung abläuft. Erregungen folgen dem "Alles-oder-......." Gesetz.

konstant (oder entsprechend) - Nichts

11.5 Als Reiz für die Auslösung des Aktionspotentials dient Strom, der von einer benachbarten bereits erregten Faserregion zu der bislang unerregten fließt. Dort .... (depolarisiert / hyperpolarisiert) dieser Strom die Membran bis zur Schwelle und eine neue .... beginnt.

depolarisiert - Erregung

11.6 Das fortgeleitete Aktionspotential beginnt also mit einem elektrotonischen Potential, das durch ....fluß von einer benachbarten, erregten Stelle erzeugt wird. Überschreitet das elektrotonische Potential die ...., so geht der Elektrotonus in eine Erregung über.

Strom- - Schwelle

11.7 Die Zusammenhänge zwischen Membranspannung und Strömen bei fortgeleitetem Aktionspotential zeigt Abb. 11-7. Die Abbildung stellt eine Momentaufnahme des Spannungs- und Stromverlaufs entlang der Faser dar. Bei einem mit 1oo m/s leitenden Axon hätte die Gesamtdauer des Aktionspotentials von 1 ms auf einer Länge von ..... cm Platz.

1o

Da sich das Aktionspotential mit der Fortleitungsgeschwindigkeit auf der Faser verschiebt, kann man Abb. 11-7 auch als den Zeitverlauf des Aktionspotentials sowie der Leitfähigkeiten und Ströme an einer Stelle auffassen.

11.8 Die oberste Kurve in Abb. 11-7 zeigt den Verlauf des Membran....., die beiden Kurven darunter den der Membran......; sie sind schon in Abb. 9-25 bei der Diskussion der Erregung besprochen worden. Auf Grund der Änderung von g_{Na} und g_K fliessen ......- und Kaliumströme, deren Summe als Gesamtionenstrom i_i unter den Leitfähigkeitskurven gezeigt wird.

-potentials - -leitfähigkeiten - Natrium

11.9 Die durch den Ionenstrom i_i durch die Membran transportierte Ladung fließt auf 2 Wegen weiter: 1) lokal in die Membrankapazität, wobei diese umgeladen wird. Diese Stromkomponente ist in

Abb. 11-7 als kapazitiver Strom i_c bezeichnet.

11.1o Neben diesem .... Strom fließt zweitens bei langgestreckten Fasern ein Teil des Stromes die Faser entlang, da längs der Faser, z.B. zwischen erregten und unerregten Stellen, Potentialdifferenzen bestehen. Die Stromlinien dieses Membranstromes i_m sind in Abb. 11-7 unten dargestellt.

kapazitiven

11.11 Die erste Stromkomponente ist der kapazitive Strom .... Er ist der Geschwindigkeit der Änderung des Membranpotentials .... (umgekehrt proportional / proportional) (siehe Lernschritt 1o.2). Die zweite Stromkomponente, der Membranstrom ...., ist proportional der Potentialdifferenz längs der Faser, die er .... (vergrößert / ausgleicht).

i_c - proportional - i_m - ausgleicht

11.12 Es soll jetzt das Verhalten der verschiedenen Stromkomponenten während des Ablaufes des fortgeleiteten Aktionspotentials diskutiert werden. Wie Abb. 11-7 zeigt, fließt zu Beginn des Aktionspotentials ...... (noch kein / schon ein) wesentlicher Ionenstrom i_i. Die Membran wird in dieser Phase durch den ausfliessenden Membranstrom i_m depolarisiert, der an der benachbarten erregten Stelle (rechts der Vertikale A) in die Faser eingetreten ist.

noch kein

11.13 Wenn durch elektro......... Depolarisation der Schwellenbereich erreicht wird, steigt $g_{...}$ und durch ......-Einstrom entsteht negativer Ionenstrom. i_i bleibt zunächst noch kleiner als i_c, denn bis zur steilsten Stelle des Aktionspotentials (Vertikale

A) hilft immer noch i_m vom benachbarten voll erregten Bezirk mit, die Membran-......... zu entladen.

-tonische - g_{Na} - Na^+ - -kapazität

11.14 Im zweiten Teil des Aufstrichs des Aktionspotentials, zwischen A und B, ist i_c .... (kleiner / größer) als i_i. Der Ionenstrom fließt in wachsendem Ausmaß als i_m durch die Membran und dient dazu, benachbarte Membranbezirke zu ....

kleiner - depolarisieren ("erregen" ist nicht ganz richtig, denn nicht jeder depolarisierende Strom führt zur Erregung)

11.15 Schliesslich fließt auf der Spitze des Aktionspotentials (B) .... (der gesamte / ein Teil des) Ionenstromes i_i als i_m .... Membran. Auf der Spitze des fortgeleiteten Aktionspotentials ist also der Natriumeinstrom .... (noch beträchtlich groß / schon sehr klein).

der gesamte - durch die - noch beträchtlich groß

11.16 Nach der Spitze des Aktionspotentials nimmt der negative Ionenstrom i_i schnell ab, da g_{Na} .... und g_K.......... . Aus dem Bezirk mit positiven Potentialen fließt viel Strom in die benachbarten Bezirke. i_i wird kleiner als i_m und das Membranpotential muß ....

fällt (oder entsprechend) - steigt (oder entsprechend) - fallen (oder entsprechend)

11.17 Schliesslich überwiegt durch das Ansteigen von $g_{....}$ und den Abfall von $g_{....}$ der positive Kaliumausstrom. Der Nettoionenstrom i_i wird positiv und für einen Moment bei C gleich groß wie der Strom i_c, der die negative Membranladung wieder herstellt.

g_K - g_{Na}

11.18 In der letzten Phase des Aktionspotentials, nach C, wird die Repolarisation durch Stromfluß i_m aus dem voll .... Bezirk wieder verlangsamt. i_m depolarisiert hier die Membran (siehe Abb. 11-7 unten), was jedoch durch Kaliumausstrom bei hoher $g_{.....}$ mehr als kompensiert wird.

erregten (oder depolarisierten) - g_K

Wenn am Ende der Repolarisation der Kaliumausstrom nicht mehr genügt, um den depolarisierenden i_m zu kompensieren, so kann die Membran nach der Repolarisation wieder zur Schwelle depolarisiert werden, und sich eine weitere Erregung anschliessen. Solche repetitive Erregungen werden leicht dann ausgelöst, wenn i_m noch durch dauernden depolarisierenden Stromfluß aus einer weiteren Stromquelle, z.B. aus einer erregenden Synapse oder einem Rezeptor (siehe unten) verstärkt wird.

11.19 Während der verschiedenen Phasen des fortgeleiteten Aktionspotentials herrschen also die folgenden Stromkomponenten vor: während der ersten Hälfte des Aufstriches Membranstrom, der aus dem benachbarten schon .... Membranbezirk als elektro-...... Strom fließt und die Membran-........ bis zur Schwelle entlädt.

erregten - -tonischer - -kapazität

11.2o Im Bereich der Spitze des Aktionspotentials fließt vorwiegend ...... (Na^+ / K^+)-Strom in die Faser, der zum ..... (größeren / kleineren) Teil als i_m zu benachbarten Faserbezirken fließt und diese ....

Na^+ - größeren - depolarisiert

11.21 Während der zweiten Hälfte der Repolarisation fließt vorwiegend .... aus der Faser. Dieser lädt die Membran-....... wieder auf den Ruhewert auf und wirkt dem .... (hyperpolarisierenden / depolarisierenden) Membranstrom, der im erregten Bezirk erzeugt wird, entgegen.

K^+-Strom - -kapazität - depolarisierenden

Der Zeitverlauf des kapazitiven Stromes i_c und des Membranstromes i_m läßt sich mathematisch sehr einfach beschreiben. i_c ist proportional der ersten Ableitung des Zeitverlaufs des Membranpotentials (siehe Lernschritt 11.11). i_m entspricht der Änderung von i_c längs der Faser und damit auch der Zeit. i_m ist also proportional der zweiten Ableitung des Membranpotentials nach der Zeit. Eine außen an die Nervenfaser gelegte Elektrode mißt während eines Aktionspotentials in der Badelösung Spannungsänderungen, die i_m proportional sind. Solche extrazellulärem Registrierungen eines Aktionspotentials haben dann den gleichen triphasischen Zeitverlauf wie i_m in Abb. 11-7, das Potential wird zuerst positiv, dann stark negativ, und dann wieder positiv.

Nach der Besprechung der Art der Fortleitung des Aktionspotentials kommen wir zur Leitungsgeschwindigkeit. Diese läßt sich mit großem Aufwand berechnen aus der Potential- und Zeitabhängigkeit der Ionenströme, sowie aus den die Ausbreitung elektrischer Potentiale bestimmenden Größen Faserdurchmesser, Membrankapazität und Membranwiderstand. Wir wollen hier nur qualitativ die Faktoren besprechen, die die Leitungsgeschwindigkeit beeinflussen:

11.22 Die Leitungsgeschwindigkeit wird vergrößert mit der Amplitude des depolarisierenden ...... (Na^+-Einstromes / K^+-Ausstromes). An allen Zellen mit normalem Ruhepotential ist die Stromdichte des .... (Na^+-Einstromes / K^+-Ausstromes) etwa gleich, so daß dieser Faktor die Leitungsgeschwindigkeit nur unwesentlich beeinflußt. Wie im Lernschritt 9.24 gezeigt, nimmt bei erniedrigtem Ruhepotential der Na^+-Einstrom stark ab. Bei erniedrigtem Ruhepotential .... (fällt / steigt) deshalb die Leitungsgeschwindigkeit.

Na^+-Einstromes - Na^+-Einstromes - fällt

11.23 Wesentlichen Einfluß auf die Fortleitungsgeschwindigkeit hat ferner die elektrotonische Ausbreitung der Membranströme. Die Fortleitung wird umso schneller, je .... (schneller / langsamer) die elektrotonischen Potentiale ansteigen und je weniger sie mit der Entfernung .... (abfallen / steigen).

schneller - abfallen

11.24 Das elektrotonische Potential steigt umso schneller an, je .... (geringer / größer) die Membrankapazität ist (Lernschritt 1o.11). Vergrößerung der Membrankapazität .... also die Fortleitung, und Verkleinerung der Membrankapazität .... die Fortleitung.

geringer - verlangsamt (oder entsprechend) - beschleunigt (oder entsprechend)

11.25 Diese Abhängigkeit der Fortleitungsgeschwindigkeit von der Membran-........ erklärt weitgehend die relativ hohen Leitungsgeschwindigkeiten an markhaltigen oder myelinisierten Nervenfasern (siehe Lernschritt 3.2). Durch die Auflagerung von isolierenden Myelinschichten wird die Membran verdickt und damit ihre Kapazität .... (erhöht / vermindert).

-kapazität - vermindert

11.26 In den von Mark umschlossenen Anteilen dieser Nervenfasern, den Internodien, erreicht also wegen der .... (niedrigen / hohen)

Membrankapazität das elektrotonische Potential sein Maximum fast ohne Verzögerung. Das Aktionspotential wird deshalb über die Internodien mit sehr .... (hoher / niedriger) Geschwindigkeit fortgeleitet.

niedrigen - hoher

11.27 Dies ist auch aus der in Abb. 11-27 dargestellten Messung der Leitungszeiten an einer markhaltigen Nervenfaser ersichtlich. In jedem Internodium, zwischen den Ranvier'schen Schnürringen R_1 und R_2, R_2 und R_3, usw., wurde an 3 Stellen das Aktionspotential abgeleitet und der Zeitverlauf jeweils links dargestellt. Zwischen den Aktionspotentialen innerhalb der jeweiligen Internodien ist ...... (kaum eine / eine wesentliche) Verzögerung sichtbar.

kaum eine

11.28 Verzögerungen in der Fortleitung treten dagegen an der Ranvier'schen .... ein. Hier ist die Membrankapazität normal und das elektrotonische Potential steigt .... an, sodaß die Schwelle erst nach einer gewissen kleinen Zeit erreicht wird.

Schnürringen (auch Knoten) - verlangsamt (oder entsprechend)

11.29 Bei markhaltigen Nervenfasern springt also die Erregung von Schnürring zu ......, die Erregungsleitung wird deshalb dort "saltatorisch" genannt. Da zwischen den .... kaum Leitungszeit verbraucht wird, ist insgesamt die Leitungsgeschwindigkeit an markhaltigen Fasern wesentlich höher als an marklosen Fasern gleicher Dicke.

Schnürring - Schnürringen

11.3o Wegen des Gewinns an Fortleitungsgeschwindigkeit an markhaltigen Fasern durch den Mechanismus der .... Erregungsleitung von Schnürring zu Schnürring sind bei Vertebraten alle Fasern, die schneller als mit 3 m/s leiten, ... (marklos / markhaltig).

saltatorischen - markhaltig

11.31 Neben der .... der Leitungsgeschwindigkeit durch Myelinisation ist der Faserdurchmesser der wichtigste Faktor, der die Leitungsgeschwindigkeit bestimmt. Mit dem Quadrat des inneren Faserdurchmessers ...... (steigt / fällt) der Leitungswiderstand für elektrotonischen Strom längs der Faser.

Erhöhung - fällt

11.32 Wenn bei größerem Faserdurchmesser dem Strom längs der Faser ein geringerer Widerstand entgegengesetzt wird, so kann der Elektrotonus die benachbarte Stelle schneller depolarisieren. Deshalb .... (steigt / fällt) die Leitungsgeschwindigkeit mit Vergrößerung des Faserdurchmessers.

steigt

11.33 Die Abhängigkeit der .... vom Faserdurchmesser ist in Tabelle 11-33 dargestellt. Die Nervenfasern sind in die Gruppen I - IV eingeteilt. I - III stellen .... (markhaltige / marklose), IV .... (markhaltige / marklose) Fasern dar. (Siehe Lernschritt 3.7) Letztere werden häufig als C-Fasern bezeichnet.

Leitungsgeschwindigkeit - markhaltige - marklose

Tabelle 11-33

Fasergruppen in afferenten Nerven der Katze

Gruppen	Funktion z.B.	mittlerer Faserdurchmesser	mittlere Leitungsgeschwindigkeit
I	primäre Muskelspindelafferenzen und Sehnenspindelafferenzen	13 µ	75 m/s
II	Dehnungsrezeptoren der Haut	9 µ	55 m/s
III	tiefe Drucksensibilität des Muskels	3 µ	11 m/s
IV	marklose Schmerzfasern	1 µ	1 m/s

11.34 Tabelle 11-33 zeigt, daß bei den markhaltigen Fasern (Gruppen ....) die Leitungsgeschwindigkeit etwa proportional zum Faserdurchmesser ansteigt. Die marklose Gruppe ...... Fasern haben sehr geringe Leitungsgeschwindigkeiten .... (unter / über) 2 m/s.

I - III - IV - unter

Gemischte Nerven der Körperperipherie, z.B. der Nervus ischiaticus, der Muskulatur und Haut des Beines versorgt, enthalten alle diese Fasergruppen. Wenn ein solcher Nerv an einem Ende gereizt wird, so wird die Erregung in den verschiedenen Fasergruppen mit sehr unterschiedlicher Geschwindigkeit fortgeleitet. Wird nun das Aktionspotential des gemischten Nerven in einiger Entfernung vom Reizort gemessen, so wird zuerst das Aktionspotential der schnellsten Gruppe I Fasern eintreffen, danach das langsamere der Gruppe II Fasern, dann der Gruppe III Fasern und zuletzt das der Gruppe IV Fasern.

11.35 Mit welcher Verzögerung nach dem Reiz treffen die Aktionspotentiale der unten genannten Fasergruppen an einer 1 m vom Reizort entfernten Stelle ein, wenn sie mit den in Tabelle 11-33 angegebenen Geschwindigkeiten geleitet werden?
Gruppe I ....
Gruppe II ....
Gruppe III ......
Gruppe IV ....

13,3 ms - 18,2 ms - 9o,9 ms - 1ooo,o ms

Die folgenden Fragen sollen die Beherrschung des Stoffes dieser Lektion prüfen:

11.36 Zeichnen Sie an einer langgestreckten Zelle den Verlauf der Stromlinien (i_m) von einer erregten Stelle in die Nachbarschaft. Tragen Sie unter dieser Zeichnung den Potentialverlauf des Aktionspotentials ein.

Abb. 11-7, unterste und oberste Kurve

11.37 Wo liegt die Stromquelle für den Strom, der beim fortgeleiteten Aktionspotential die Membran an einer noch nicht erregten Stelle bis zur Schwelle depolarisiert?
a) in der treibenden Kraft für die Kalium-Ionen
b) in dem Natrium-Einstrom der noch nicht erregten Membranstelle
c) im Natrium-Einstrom einer benachbarten schon erregten Membranstelle
d) im Axoplasma der Zelle

c

11.38 Welche der folgenden Aussagen trifft für den Stromfluß zum Zeitpunkt der Spitze des fortgeleiteten Aktionspotentials zu? Sie können zur Lösung dieser Aufgabe Abb. 11-7 zu Hilfe nehmen.

a) Der Na^+-Einstrom ist gleich groß wie der K^+-Ausstrom

b) Der Na^+-Einstrom überwiegt den K^+-Ausstrom,der Differenzstrom lädt die Membrankapazität um

c) Der Na^+-Einstrom überwiegt den K^+-Ausstrom, der Differenzstrom fließt in benachbarte Membranbezirke und depolarisiert diese

d) Der K^+-Ausstrom überwiegt den Na^+-Einstrom, der Differenzstrom depolarisiert benachbarte Membranbezirke

e) An der Spitze des Aktionspotentials fließt kein Strom in die Membrankapazität

c und e

11.39 Durch welche der folgenden Faktoren wird die Leitungsgeschwindigkeit eines Nerven herabgesetzt?

a) Verkleinerung des Faserdurchmessers

b) Abnahme des Ruhepotentials um 1o mV

c) Verlust der Myelinscheide (bei Degeneration)

d) Erhöhung der extrazellulären Na^+-Konzentration

e) Erniedrigung der extrazellulären K^+-Konzentration auf die Hälfte

a, b und c

C Synaptische Übertragung

Vorbemerkung

Die Verbindungsstelle einer axonalen Endigung mit einer Nerven-Muskel- oder Drüsenzelle hat SHERRINGTON Synapse genannt (siehe auch Lernschritt 1.7). An den Synapsen wird das fortgeleitete Aktionspotential auf die nächste Zelle übertragen. Ursprünglich wurde fälschlich geglaubt, daß das Axon immer fest mit der Zelle, an der es endigt, verwachsen sei, sodaß die fortgeleitete Erregung ohne Unterbrechung auf diese Zellen übertragen werde. Elektrophysiologische und histologische Untersuchungen haben aber gezeigt, daß diese Form der Synapse, die heute als *elektrische Synapse* bezeichnet wird, selten vorkommt. Insbesondere beim Säugetier, d.h. auch beim Menschen, ist ein anderer Typ von Synapsen viel häufiger. Bei ihr setzt die axonale Endigung bei Erregung einen chemischen Stoff frei, der dann an der benachbarten Zellmembran eine Erregung oder Hemmung bewirkt. Dieser Typ von Synapse wird *chemische Synapse* genannt. Aufbau und Arbeitsweise der erregenden und hemmenden chemischen Synapse werden Sie in den nächsten 4 Lektionen kennen lernen.

Lektion 12 Die neuromuskuläre Endplatte: Beispiel einer chemischen Synapse

In dieser Lektion werden Sie zunächst den Aufbau einer chemischen Synapse kennenlernen. Mikroskopische Untersuchungen zeigten, daß synaptische Verbindungen eine große Mannigfaltigkeit in ihren Formen aufweisen; funktionell lassen sich aber alle Anteile chemischer Synapsen auf die in den nächsten Lernschritten besprochenen und definierten Grundelemente zurückführen. Erregende und hemmende Synapsen lassen sich mikroskopisch nicht voneinander unterscheiden. Diese Unterscheidung kann nur durch physiologische Messungen getroffen werden (siehe Lektion 15).

Am Beispiel einer experimentell leicht zugänglichen und deswegen gut erforschten Synapse, der n e u r o m u s k u l ä r e n E n d p l a t t e (s. Lernschritt 1.9), werden Sie anschliessend die p o s t s y n a p t i s c h e n Vorgänge bei der Erregungsübertragung und das Schicksal der Überträgersubstanz nach ihrer Freisetzung im Detail studieren. Die präsynaptischen Vorgänge bei der Erregungsübertragung werden in der darauffolgenden Lektion behandelt.

Lernziele: Schematische Zeichnung und korrekte Benennung der verschiedenen Anteile einer chemischen Synapse. Schildern, welche Membranveränderungen an der subsynaptischen Membran der Endplatte das Entstehen eines Endplattenpotentials ermöglichen. Auswendig wissen, welche Ionenverschiebungen zu einem Endplattenpotential führen und aus welchen Gründen das Endplattenpotential länger dauert als diese Ionenverschiebungen. Die Überträgersubstanz an der neuromuskulären Endplatte benennen können und ihr Schicksal nach der Freisetzung etwa wie in Abb. 12-25 darstellen können. Drei verschiedene pharmakologische Methoden der neuromuskulären Blockade erläutern können.

12.1 Die Verbindungsstelle einer axonalen Endigung mit einer anderen Zelle wird .... genannt. Die Abb. 12-1 zeigt einen schematischen Schnitt durch eine solche Verbindungsstelle. Das Axon endet in der .... Diese ist durch den .... von der postsynaptischen Seite getrennt.

Synapse - präsynaptischen Endigung - synaptischen Spalt

12.2 Die postsynaptische Membran, die der präsynaptischen Endigung genau gegenüber liegt, also auf der postsynaptischen Seite den synaptischen ...... begrenzt, wird .... genannt. Elektronenmikroskopisch erscheint die subsynaptische .... meist etwas ...... (dicker / dünner) als die übrige postsynaptische Membran.

Spalt - subsynaptische Membran - Membran - dicker

12.3 Die präsynaptische Endigung enthält zahlreiche kleine kugelförmige Strukturen, die als .... oder auch als .... Vesikel bezeichnet werden. Es gibt zahlreiche experimentelle Befunde, die dafür sprechen, daß diese Strukturen, die ...., bei chemischen Synapsen die Überträgersubstanz enthalten.

synaptische Bläschen - synaptische - synaptischen Bläschen

12.4 Die motorischen Nervenfasern, die Motoaxone, bilden Synapsen mit quergestreiften Muskelfasern (Skelettmuskelfasern). Wie Abb. 12-4 zeigt, wird diese Synapse als .... Endplatte bezeichnet. Tragen Sie die in Abb. 12-1 benutzten Bezeichnungen für die verschiedenen Anteile der Synapse auch in die neuromuskuläre .... der Abb. 12-4 ein.

neuromuskuläre - Endplatte

12.5 Die auf der postsynaptischen Seite während der Aktivierung der Synapse auftretenden elektrophysiologischen Veränderungen können mit der in Abb. 12-5 gezeigten Versuchsanordnung studiert werden. In eine Muskelfaser ist eine .... eingestochen, die, wie in Abb. 5-1, das Membran......... und seine Veränderungen messen kann. Als Meßinstrument wird ein Kathodenstrahl-........ benützt.

Mikroelektrode - -potential - Oscillograf

12.6 Beim Einstechen der Mikroelektrode in die .... wird ein Ruhe.......... von etwa 7o mV gemessen (siehe Abb. 5-1). Wird nun das zugehörige Motoaxon durch elektrische Reizung erregt, so läuft auf der p r ä s y n a p t i s c h e n Seite ein Aktionspotential in die Endplatte ein, und löst auf der p o s t s y - n a p t i s c h e n Seite, also an der Membran der ......-Faser, die in Abb. 12-6 in A gezeigten Potentialänderungen aus.

Muskelfaser - -potential - Muskel

12.7 Der Pfeil in Abb. 12-6A bezeichnet den Zeitpunkt der Reizapplikation. Nach einer Latenzzeit von etwa ..... ms .... (depolarisiert / hyperpolarisiert) das Membranpotential zur Schwelle und es erscheint ein typisches ....-potential (vergleiche Abb. 8-1 und 8-2). Es ist deutlich zu sehen wie die anfängliche Depolarisation bei etwa -45 mV in den steilen Aufstrich des .... übergeht (gleichzeitig zuckt die Muskelfaser).

1 - depolarisiert - Aktions- - Aktionspotentials

12.8 Wird der Badelösung eine geringe Menge des indianischen Pfeilgiftes Curare zugesetzt und die Reizung des Motoaxons wiederholt, so werden die in Abb. 12-6B gezeigten Membranpotentialänderungen gemessen: die anfängliche Depolarisation verläuft ..... (steiler / langsamer), das Aktionspotential startet deshalb etwas .... (später / früher) und seine Form ist .... (sehr / wenig) verändert. Auch eine Zuckung ist noch während des Aktionspotentials zu sehen.

langsamer - später - wenig

12.9 Abb. 12-6C zeigt den Reizerfolg bei Zusatz von viel Curare in der Badelösung: die anfängliche Depolarisation geht nicht mehr in ein Aktionspotential über, sondern bleibt .... (überschwellig / unterschwellig) und kehrt nach einigen ms auf das Ruhepotential zurück. (Es tritt jetzt keine Zuckung mehr auf). Wir bezeichnen dieses Potential als E n d p l a t t e n p o t e n t i a l. Durch die gestrichelten Linien in A und B ist angedeutet, daß auch hier Endplattenpotentiale entstanden waren, die aber durch die .... verdeckt wurden. Endplattenpotentiale können also je nach ihrer Amplitude über- oder unterschwellig sein.

unterschwellig - Aktionspotentiale

12.1o Vergiftung mit Curare bewirkt also, daß das normalerweise immer überschwellige Endplatten........ in seiner Amplitude stark verkleinert und schliesslich ....-schwellig wird. Ein ......-schwelliges .... kann kein Aktionspotential der Muskelfaser und damit keine Kontraktion mehr auslösen. Durch Curare wird also die neuromuskuläre Übertragung blockiert. Ein mit Curare vergifteter Mensch erstickt, weil seine Atemmuskulatur .... ist.

-potential - unter- - unter- Endplattenpotential - gelähmt (oder entsprechend)

Allein aus dem in Abb. 12-5 und 12-6 geschilderten Versuch läßt sich nicht schliessen, welche prä- und postsynaptischen Vorgänge zur Entstehung des Endplattenpotentials (EPP) führen und in welcher Weise z.B. Curare die Amplitude des EPP verkleinert. Eine intensive und jahrelange experimentelle Analyse war dazu notwendig. Die Ergebnisse sollen hier zunächst im Überblick beschrieben und danach die wichtigsten Tatsachen in programmierter Form behandelt werden.

Das in die präsynaptische Endigung einlaufende Aktionspotential setzt eine bestimmte Menge Überträgerstoff in den synaptischen Spalt frei. Der Überträgerstoff diffundiert zur subsynaptischen Membran und löst dort Veränderungen aus, die zur Entstehung des EPP führen. An der neuromuskulären Endplatte ist der Überträgerstoff das Acetylcholin (ACh). Es wirkt nur kurze Zeit nach seiner Freisetzung auf die subsynaptische Membran ein, danach wird es durch ein Ferment, die Cholinesterase, in zwei unwirksame Bestandteile, Cholin und Essigsäure, zerlegt. Schon diese kurze Schilderung zeigt, daß es eine ganze Reihe von Möglichkeiten gibt, die chemische synaptische Übetragung zu beeinflussen. Ein Pharmakon kann z.B. auf folgende Weise die Übertragung hemmen: es kann verhindern, daß die Erregung in die präsynaptische Endigung hineinläuft, es kann den Mechanismus blockieren, der bei Einlaufen des präsynaptischen Aktionspotentials Überträgersubstanz freisetzt, es kann die Produktion oder die Speicherung von Überträgersubstanz hemmen, es kann sich am synaptischen Spalt mit der Überträgersubstanz zu einem unwirksamen Komplex verbinden oder die Überträgersubstanz in unwirksame Bestandteile spalten, es kann schliesslich mit der Überträgersubstanz um die Wirkstellen an der subsynaptischen Membran konkurrieren. Beispiele gibt es für fast alle diese Möglichkeiten. Curare z.B. wirkt über den letztgenannten Mechanismus: es verdrängt k o m p e t i t i v das ACh von seinen R e z e p t o r e n an der subsynaptischen Membran.

In den nächsten Lernschritten (12.11 bis 12.22) wenden wir uns zunächst der Frage zu, welche Veränderungen der subsynaptischen Membran zum Auftreten des EPP führen. Danach beschreiben wir das Schicksal des ACh nach seiner Freisetzung in den synaptischen Spalt und schliesslich pharmakologische Methoden, die neuromuskuläre Übertragung zu beeinflussen.

12.11 Abb. 12-11 zeigt die intrazelluläre Ableitung von EPP an einem curarisierten Nerv-Muskelpräparat in verschiedenen Abständen von der Endplatte. Je weiter die Einstichstelle von der Endplatte entfernt ist, desto .... (größer / kleiner) ist die Amplitude des EPP und desto .... (schneller / langsamer) ist sein Anstieg und Abfall. Dieser Befund ist ein Zeichen dafür, daß das EPP sich vom Ort seiner Entstehung .... (aktiv / elektrotonisch) ausbreitet. (Siehe Lektion 1o.)

kleiner - langsamer - elektrotonisch

12.12 Es bleibt also festzuhalten, daß es nach der präsynaptischen Freisetzung der Überträgersubstanz ACh an der subsynaptischen Membran zu einer Depolarisation, dem .... kommt, das sich, solange es kein Aktionspotential auslöst, entsprechend den Kabeleigenschaften der Muskelfasermembran .... entlang der Muskelfaser ausbreitet.

EPP - elektrotonisch

12.13 Die rechnerische Analyse des Zeitverlaufs und der räumlichen Ausbreitung des EPP sowie Spannungsklemmversuche führten zu dem Schluß, daß die anfängliche Phase der Depolarisation, während der ACh mit der subsynaptischen Membran reagiert, nur etwa 1 bis 2 ms dauert, während der weitere Potentialverlauf lediglich durch die passiven elektrischen Eigenschaften der Muskelfasermembran (Kapazität, Widerstand) bestimmt ist. Die Änderung der Membranpermeabilität, die zu einer Ladungsverschiebung am Membrankondensator führt, dauert also etwa ....

1 - 2 ms

12.14 Weitere Messungen ergaben, daß zur Zeit der ACh-Einwirkung auf die subsynaptische Membran, also für etwa 1 - 2 ms, die Permeabilität dieser Membran für kleine Kationen (z.B. Na^+, K^+, Ca^{++}, NH_4^+) stark erhöht ist. Auf Grund der gegebenen Ionenverteilung (siehe Tabelle 5-2o) werden daher während dieser Zeit besonders ....-Ionen .... (in die / aus der) Muskelfaser fliessen und dadurch das Membranpotential ...... (erhöhen / verringern).

Na^+ - in die - verringern

12.15 Eines dieser Experimente, die zu der Schlußfolgerung führten, daß während der ACh-Einwirkung auf die subsynaptische Membran die Permeabilität für kleine Kationen erhöht ist, ist die Bestimmung des Gleichgewichtspotentials für das EPP, d.h. desjenigen Membranpotentials, bei dem während der ACh-Wirkung ...... (eine Hyperpolarisation / eine Depolarisation / keine Potentialänderung) erfolgt.

keine Potentialänderung

12.16 Eine Versuchsanordnung zur Messung des Gleichgewichtspotentials des EPP ist in Abb. 12-16 skizziert. Außer der Registrierelektrode ist eine zweite Mikroelektrode in die Muskelzelle eingestochen, durch die das Membranpotential mit Hilfe einer ....-quelle verändert werden kann.

Strom-

12.17 Die rechte Hälfte der Abb. 12-16 zeigt den Reizerfolg bei vier verschiedenen Membranpotentialen. Wird das EPP von einem Membranpotential von -95 mV ausgelöst, so beträgt seine Amplitude etwa ..... mV in .... (depolarisierender / hyperpolarisierender) Richtung, bei -45 mV sind es .....mV in .... Richtung, bei -15 mV sind es .... mV und bei +3o mV sind es ..... mV in .... Richtung.

15 - depolarisierender - 5 - depolarisierender - 0 - 15 - hyperpolarisierender

12.18 Dieses Versuchsergebnis zeigt, daß das Gleichgewichtspotential des EPP (E_{EPP}) etwa bei ...mV liegt, also zwischen den Gleichgewichtspotentialen für K^+ und Na^+ ($E_K \cong$ .... mV, $E_{Na} \cong$ .... mV). Dies bedeutet, daß während der ACh-Einwirkung die Permeabilität für beide kleine Kationen .... (etwa gleich hoch / stark verschieden) ist.

-15 - ca -9o - ca +65 - etwa gleich hoch

12.19 Für eine gegebene Permeabilitätsänderung der subsynaptischen Membran hängen also Größe und Richtung des EPP vom Membranpotential ab. Bei einem Membranpotential negativer als E_{EPP} (z.B. dem normalen Ruhepotential) registriert man ein .....polarisierendes EPP, bei positiven Membranpotentialen (experimentell erzwungen) ein .....polarisierendes EPP.

de- - hyper-

12.2o Im ersteren Fall (dem Normalfall) ist die treibende Kraft für die Na^+-Ionen .... (größer / kleiner) als die treibende Kraft für die K^+-Ionen und es fließt daher an der subsynaptischen Membran ein von ......-Ionen getragener Netto-.....-strom; im zweiten Fall ist es umgekehrt, und es fließt ein von .....-Ionen getragener Netto-.......-strom. Am Gleichgewichtspotential sind die treibenden Kräfte gleich groß, es fließt daher .... (ein großer / kein) Nettostrom.

größer - Na^+ - einwärts - K^+ - auswärts - kein

12.21 Bei normalem Ruhepotential werden während der durch ACh ausgelösten Permeabilitätsänderung (Dauer ...... ms) ....-Ionen in die Zelle einströmen. Ist die Permeabilitätsänderung groß genug, so wird an der Endplatte die Muskelfasermembran bis zur Schwelle umgeladen und es entsteht ein fortgeleitetes .... (siehe Abb. 12-6), das sich über die gesamte Zelle ausbreitet.

1 - 2 - Na^+ - Aktionspotential

12.22 Fassen wir also zusammen: während der Einwirkung der Überträgersubstanz ACh erhöht sich an der ....synaptischen Membran der Endplatte die Permeabilität für kleine .... (Kationen / Anionen). Es strömen dort ......-Ionen in die Zelle ein, wodurch es zu einer lokalen ......polarisation kommt. Diese lokale ...-polarisation wird ...... genannt. Unter normalen Umständen ist ein solches lokales .... überschwellig und löst ein fortgeleitetes .... aus.

sub- - Kationen - Na^+ - De- - De- - EPP - EPP - Aktionspotential

12.23 Betrachten wir jetzt das Schicksal von ACh nach seiner Freisetzung aus der präsynaptischen Endigung. Im Normalfall diffundiert es durch den .... Spalt auf die .... Membran. Es verbindet sich dort mit "Rezeptoren" und verändert dadurch lokal die Membranpermeabilität für kleine .... Bildlich gesprochen: der Schlüssel ACh wird in das Schloß Rezeptor gesteckt, wodurch sich die Tür Permeabilität für .... weit öffnet.

synaptischen - subsynaptische - Kationen - kleine Kationen

12.24 Das ACh kann aber nur für ...... ms an der subsynaptischen Membran wirken, da es, wie oben schon kurz erwähnt, durch das Ferment Cholinesterase in die unwirksamen Bestandteile Cholin und Essigsäure .... wird.

1 - 2 - gespalten (oder entsprechend, z.B. zerlegt, hydrolisiert)

12.25 Die Spaltprodukte des ACh, ... und ...., werden zum großen Teil von der präsynaptischen Endigung wieder aufgenommen, zu ACh resynthetisiert und bis zur erneuten Freisetzung in der präsynaptischen Endigung gespeichert. Dieser "Kreislauf" des ACh ist in Abb. 12-25 schematisch dargestellt.

Cholin - Essigsäure

12.26 Hemmung der Cholinesterase-Aktivität wird nach Abb. 12-25 zu einem .... (kürzeren / längeren) Verweilen des ACh am subsynaptischen Rezeptor führen. Welche Folge wird dies Ihrer Ansicht nach auf das EPP haben:

1) es wird kleiner
2) es bleibt unverändert
3) es wird größer und dauert länger

längeren - 3)

12.27 Hemmstoffe der Cholinesterase sind bekannt (Beispiele: Prostigmin, E 6o5, Kampfgase). Da durch eine Hemmung der Cholinesterase das ACh .... (langsamer / schneller) gespalten wird, wirkt es länger an der subsynaptischen Membran, die Permeabilität für .... bleibt hoch und das EPP wird größer und dauert wesentlich länger. Da das E_{EPP} etwa bei ...... mV liegt, wird die Muskelfasermembran evtl. so stark depolarisiert, daß sie durch Inaktivation des Natriumtransportsystems unerregbar wird.

langsamer - kleine Kationen - -15

12.28 Eine starke und anhaltende Depolarisation der Muskelfasermembran wird diese also unerregbar machen, da es durch die Depolarisation des Membranpotentials zu einer .... (Aktivierung / Inaktivierung) des Na^+-Transportsystems der Erregung kommt.

Inaktivierung

12.29 Wird einem Menschen ein Cholinesterasehemmstoff in genügender Menge eingespritzt, so wird seine neuromuskuläre Übertragung gehemmt, weil .... (erläutern Sie mit Ihren Worten). Solche Stoffe werden bei Narkosen zur Entspannung der Muskulatur benutzt. Sie werden Relaxantien genannt.

Entsprechend 12.27 und 12.28

12.3o Auch manche Insektizide, z.B. E 6o5, haben diese Wirkung: sie hemmen die Cholinesterase und führen über ein Zwischenstadium erhöhter Erregbarkeit der Muskulatur (Krämpfe) zu Atemlähmung und Tod. E 6o5 blockiert also die neuromuskuläre Übertragung durch eine Hemmung der ...., wodurch es zu einer anhaltenden .... (Depolarisation / Hyperpolarisation) der subsynaptischen Muskelfasermembran kommt.

Cholinesterase - Depolarisation

12.31 Auch Curare und ähnlich wirkende Stoffe sind Relaxantien. Sie wirken aber nicht über eine Hemmung der Cholinesterase, sondern, wie schon erwähnt, durch kompetitive Verdrängung der Überträgersubstanz von ihrem subsynaptischen .... Auch solche Stoffe werden praktisch benutzt.

Rezeptor

12.32 Als Relaxantien bezeichnet man also Stoffe, die die .... Übertragung hemmen. Zwei Mechanismen der neuromuskulären Blokkierung haben wir bisher kennengelernt: (a) .... an der subsynaptischen Membran und (b) Hemmung der Cholinesterase. Eine dritte, ebenfalls praktisch genutzte Gruppe von Relaxantien hat einen anderen Wirkungsmechanismus: diese Stoffe wirken wie ACh auf die subsynaptische Membran, sie können aber von der Cholinesterase nicht gespalten werden (Beispiel: Succinylcholin).

neuromuskuläre - kompetitive Verdrängung

12.33 Injektion von Succinylcholin führt also zu einer lang anhaltenden Depolarisation an der subsynaptischen Membran, weil dieser Stoff wie .... wirkt, aber von der Cholinesterase .... wird.

ACh - nicht gespalten (oder entsprechend)

12.34 Wir haben gesehen, daß an einem normalen Muskel die Hemmung der Cholinesterase zu einer Blockade der neuromuskulären Übertragung führt. Ist das EPP jedoch zu unterschwelligen Werten verkleinert, z.B. durch Curarevergiftung, so kann die Hemmung der Cholinesterase das EPP wieder vergrößern und die neuromuskuläre Übertragung kann .... (völlig blockiert / wieder ermöglicht) werden. Umgekehrt kann eine Blockierung der neuromuskulären Übertragung durch Cholinesterasehemmstoffe durch Gabe von Curare-ähnlichen Stoffen .... (behoben / nicht beeinflußt) werden.

wieder ermöglicht - behoben

12.35 Überprüfen Sie jetzt Ihr neues Wissen: Schildern Sie zunächst anhand einer Skizze den Kreislauf des ACh von der Freisetzung in den synaptischen Spalt bis zur Vorratshaltung.

Vergleichen Sie Ihr Ergebnis mit Abb. 12-25

12.36 Das EPP einer Muskelfaser entsteht durch kurzzeitige Erhöhung der Permeabilität der subsynaptischen Membran für

a) K^+-Ionen, b) Na^+-Ionen, c) Cl^--Ionen,
d) ACh, e) Cholinesterase, f) Curare

a, b

12.37 Depolarisation einer Muskelfasermembran auf etwa -3o mV

a) läßt das EPP unverändert
b) verkürzt die Dauer des EPP beträchtlich
c) verlängert die Dauer des EPP beträchtlich
d) verhindert ein Entstehen des EPP
e) keine der Aussagen a - d ist richtig

e

12.38 Hemmung der Cholinesterase blockiert die neuromuskuläre Übertragung

a) weil ACh von seinem Rezeptor kompetitiv verdrängt wird
b) weil präsynaptisch kein Acetylcholin mehr freigesetzt wird
c) weil ACh nicht gespalten wird und es zu einer Dauerdepolarisation der subsynaptischen Membran kommt
d) weil das EPP in seiner Amplitude zu unterschwelligen Werten reduziert wird
e) keine dieser Mechanismen trifft zu

c

12.39 Wie würden Sie einem Kollegen erläutern, warum Größe und Richtung des EPP vom Membranpotential abhängen (benutzen Sie eine Skizze)?

Skizze entsprechend Abb. 12-16. In Ihrer Erklärung sollten die in Lernschritten 12.17 - 12.2o benutzten Begriffe und Gedankengänge vorkommen.

Lektion 13 Die Quantennatur der chemischen Übertragung

Die schematischen Zeichnungen der Abbildungen 12-1 und 12-4 haben gezeigt, daß die präsynaptische Endigung zahlreiche Bläschen oder Vesikel enthält. Es war bereits erwähnt worden, daß diese Vesikel möglicherweise die Überträgersubstanz (Synonym: Transmitter) enthalten. Im Folgenden sollen einige wesentliche Befunde erläutert werden, die diese Annahme unterstützen. Die Kenntnis dieser Befunde wird es dann ermöglichen, den Mechanismus der Transmitterfreisetzung beim Einlaufen eines Aktionspotentials in die präsynaptische Endigung zu verstehen.

Lernziele: Schildern der Eigenschaften der Miniatur-Endplattenpotentiale verglichen mit normalen Endplattenpotentialen, besonders ihrer Amplitude, ihres Zeitverlaufs und ihrer pharmakologischen Empfindlichkeit. Erläutern, welche Eigenschaften der Miniatur-Endplattenpotentiale zu der Annahme führten, daß sie durch die Freisetzung etwa gleich großer Pakete von Überträgersubstanz, den Quanten, ausgelöst werden. Beschreiben, welcher Versuch wahrscheinlich gemacht hat, daß auch das normale EPP durch zahlreiche synchron freigesetzte Quanten verursacht wird. Schildern der Zusammenhänge zwischen dem Membranpotential und der Anzahl der in Ruhe und während einer Erregung freigesetzten Quanten.

13.1 Wird, wie in der Einsatzfigur der Abb. 13-1 skizziert, eine Mikroelektrode in eine r u h e n d e Muskelfaser eingestochen, so werden, wie z.B. in Abb. 13-1A, B, zu sehen, kleine, kurze, in unregelmässigen Abständen auftretende .... (Depolarisationen / Hyperpolarisationen) registriert. Diese spontanen ..... ähneln in ihrem Zeitverlauf normalen EPP, jedoch ist ihre Amplitude ein Vielfaches kleiner als die Amplitude normaler EPP.

Depolarisationen - Depolarisationen

13.2 Da die spontanen Depolarisationen in ihrem Zeitverlauf dem durch ein präsynaptisches Aktionspotential ausgelösten EPP ähnlich sind, jedoch eine sehr viel kleinere Amplitude haben, werden sie

Miniatur-.......... genannt.

Endplattenpotentiale

13.3 Auch die pharmakologischen Eigenschaften der EPP und der spontanen ....-........ sind identisch. Man muß daher annehmen, daß die spontane Freisetzung kleiner ACh-Mengen die spontanen ....-......... verursacht.

Miniatur-Endplattenpotentiale - Miniatur-EPP

13.4 Die spontanen Depolarisationen in Abb. 13-1A, B, sind also ....-......., die durch die spontane Freisetzung kleiner Mengen ..... ausgelöst werden. Die Amplitude der vier in Abb. 13-1A, B, registrierten ......-......... sind .... (etwa gleich groß / sehr unterschiedlich).

Miniatur-Endplattenpotentiale - Acetylcholin (oder auch Übertrágersubstanz, Transmitter) - Miniatur-Endplattenpotentiale - etwa gleich groß

13.5 Da die Miniatur-EPP alle etwa die gleiche .... haben, liegt es nahe anzunehmen, daß sie durch gleich große Mengen .... ausgelöst werden. Diese etwa gleich großen Pakete von .... werden Q u a n t e n genannt.

Amplitude (oder entsprechend) - Acetylcholin (oder Überträgersubstanz, Transmitter) - Acetylcholin (oder Überträgersubstanz, Transmitter)

13.6 Die Miniatur-EPP sind also ein Hinweis dafür, daß die Überträgersubstanz in etwa gleich großen Paketen, die .... genannt werden, in der präsynaptischen Endigung gespeichert ist. Durch einen experimentellen Kunstgriff, der im folgenden geschildert wird, kann gezeigt werden, daß auch das normale EPP durch die Freisetzung von gleich großen Paketen von Überträgersubstanz, den ...., verursacht wird.

Quanten - Quanten

13.7 Es kann nämlich die Menge der pro Aktionspotential freigesetzten Überträgersubstanz durch Entzug von Ca^{++}-Ionen aus der Badelösung oder durch Zusatz von Mg^{++}-Ionen in die Badelösung erheblich verkleinert werden. EPP, die unter diesen Bedingungen ausgelöst wurden, sind in Abb. 13-1C-G in dem rot aufgerasterten Teil registriert. (Außerdem sind einige später kommende Min. EPP zu sehen). Die Amplitude der durch Reiz ausgelösten EPP ist .... (klein und immer gleich groß / klein und in ihrer Amplitude schwankend).

klein und in ihrer Amplitude schwankend

13.8 In Abb. 13-1C-G sind 5 Reizversuche (Pfeile) registriert. Nach dem Reiz in F war kein EPP zu sehen, nach den Reizen in C, D, G war das EPP etwa genau so groß wie die .... und nach dem Reiz in E war das EPP etwa doppelt so groß wie die .... Es ergibt sich aus diesem Befund der Verdacht, daß auch das normale EPP immer aus ganzzahligen Vielfachen der Min. EPP zusammengesetzt ist, also durch die gleichzeitige Freisetzung einer großen Zahl von .... verursacht wird.

Miniatur-EPP - Miniatur-EPP - Quanten

13.9 Dieser Verdacht hat sich in zahlreichen Versuchen bestätigt. Wir können die Ergebnisse so zusammenfassen: die ruhende Endplatte setzt in unregelmässigen Abständen (durchschnittliche Häufigkeit 1/s) ein Quantum Transmitter frei, das an der subsynaptischen Membran ein .... auslöst. Dieser Vorgang wird durch das präsynaptische Aktionspotential für sehr kurze Zeit erheblich verstärkt, sodaß innerhalb von weniger als 1 ms (1/1ooo s) einige hundert Quanten freigesetzt werden, die das normale EPP auslösen.

Miniatur-EPP

13.1o Wird der Badelösung Ca^{++} entzogen, so setzt das präsynaptische Aktionspotential nicht einige hundert, sondern nur noch wenige oder keine .... mehr frei. Die Anwesenheit von Ca^{++} ist also für ein normales Ablaufen der durch ein präsynaptisches Aktionspotential ausgelösten ....-Freisetzung unbedingt erforderlich. Ähnlich wie Ca^{++}-Entzug wirkt der Zusatz von ....-Ionen. Anscheinend verdrängen diese .....-Ionen die Ca^{++}-Ionen kompetitiv von ihrem Wirkort an der präsynaptischen Membran.

Quanten - Quanten - Mg^{++} - Mg^{++}

13.11 Entzug von .....-Ionen oder Zusatz von .....-Ionen blockiert also die neuromuskuläre Übertragung durch eine .... (Verminderung / Erhöhung) der Zahl der pro Aktionspotential freigesetzten Acetylcholin-........ . Dieser experimentelle Kunstgriff ermöglicht es, die Transmitterfreisetzung beliebig abzuschwächen und damit leichter analysierbar zu machen. Am Menschen kann diese Form der neuromuskulären Blockierung nicht angewandt werden, da andere Organsysteme, z.B. Herz, Niere, Nervensystem, glatte Muskulatur, durch Senkung des Ca^{++}-Spiegels in ihrer Funktion stark gestört würden.

Ca^{++} - Mg^{++} - Verminderung - Quanten

13.12 Wir haben nun einerseits gesehen, daß sich elektronenmikroskopisch in der präsynaptischen Endigung zahlreiche synaptische .... finden. Andererseits zeigten die physiologischen Befunde, daß die Überträgersubstanz immer in etwa gleich großen

Paketen, den ...., freigesetzt wird. Es ist also gerechtfertigt, anzunehmen, daß die Überträgersubstanz in den .... gespeichert ist.

Bläschen (oder Vesikel) - Quanten - synaptische Bläschen (oder Vesikel)

Das spontane Auftreten von Miniaturpotentialen scheint sich an allen chemischen Synapsen zu finden, was darauf hinweist, daß an allen diesen Synapsen die Überträgersubstanz (deren chemische Struktur meist noch unbekannt ist) in Quanten freigesetzt wird. Ein solches Quantum (nicht zu verwechseln mit dem physikalischen Begriff des Energiequants) enthält wahrscheinlich einige tausend Transmittermoleküle, die in aller kürzester Zeit in den sehr schmalen ($< 0.1\mu$) synaptischen Spalt entleert werden und dadurch gleichzeitig an der subsynaptischen Membran wirken können. Es läßt sich im Augenblick noch nicht angeben, ob den spontanen Miniaturpotentialen eine physiologische Bedeutung zukommt, da es dazu keine entsprechenden Befunde gibt.

Läuft ein Aktionspotential in die präsynaptische Endigung ein, so entleeren sich viele hundert Vesikel in den Spalt. Für diesen Vorgang ist die Anwesenheit von Ca^{++} notwendig. Wird dieses reduziert oder durch Mg^{++} verdrängt, so werden pro Aktionspotential weniger Quanten freigesetzt, wobei die Zahl der Quanten um einen von der wirksamen Ca^{++}-Konzentration abhängigen Mittelwert schwankt. Es treten also, wie in Abb. 13-1 gezeigt, EPP auf, deren Amplituden ganzzahlige Vielfache der Miniatur-Endplattenpotential Amplitude sind, und gelegentlich wird auch kein Quantum freigesetzt. Bei sehr niederer Ca^{++}-Konzentration werden diese Ausfälle sehr stark zunehmen, und schliesslich wird auf Reiz nur noch gelegentlich ein Quantum freigesetzt. Ca^{++}-Entzug ändert also nicht die Größe der Quanten sondern die Zahl der freigesetzten Quanten. Ähnlich wirkt das Gift der Botulinus-Bakterien (in verdorbenem Fleisch, Fisch, Konserven): über eine Hemmung der ACh-Freisetzung führt Botulinus-Toxinvergiftung zu oft tödlichen Lähmungen (Atmung) der Muskulatur.

In den nächsten Lernschritten werden wir uns über die Zusammenhänge zwischen dem präsynaptischen Membranpotential und der Quantenfreisetzung unterrichten.

13.13 Sie werden sich erinnern, daß Erhöhung der extrazellulären K^+-Konzentration das Membranpotential .... (erniedrigt / erhöht). Gleichzeitig beobachtet man in einem Präparat wie in Abb. 13-1, daß Erhöhung der extrazellulären K^+-Konzentration die Frequenz der Min. EPP erhöht.

erniedrigt

13.14 Es ist also zu folgern, daß die .... (Amplitude / Frequenz) der Min. EPP mindestens teilweise vom Membranpotential der präsynaptischen Endigung abhängt, und zwar erhöht sich die Frequenz der Min. EPP bei .... (Hyperpolarisation / Depolarisation) des Membranpotentials.

Frequenz - Depolarisation

13.15 Depolarisation des präsynaptischen Membranpotentials .... also die Frequenz der Min. EPP. Das Aktionspotential ist, so gesehen, eine große, wenn auch nur sehr kurz dauernde ...., die vorübergehend zu einer starken Zunahme der Häufigkeit der Min. EPP führt.

erhöht - Depolarisation

13.16 Es läßt sich also folgende Hypothese formulieren: die Freisetzung der Transmitterquanten ist unter anderem eine Funktion des Membranpotentials, wobei Depolarisation zu einer steilen .... (Zunahme / Abnahme) der Häufigkeit der Freisetzung führt.

Zunahme

13.17 Das Aktionspotential bedeutet eine Membranpotentialänderung von etwa .... (7o / 1oo / 12o) mV in .... (depolarisierender / hyperpolarisierender) Richtung, es wird also zu einer vorübergehenden (< 1 ms) sehr starken (vielhundertfachen) ..... der Häufigkeit der Quantenfreisetzung führen.

1oo (siehe Abb. 8-4) - depolarisierender - Zunahme

13.18 Die Hypothese hat experimentelle Unterstützung gefunden, ist aber noch nicht völlig gesichert. Aus der Hypothese ergibt sich die Forderung, daß die Zahl der während eines präsynaptischen Aktionspotentials freigesetzten .... von der Amplitude des Aktionspotentials .... (abhängen / nicht abhängen) sollte; ein großes Aktionspotential sollte zur Freisetzung von .... (mehr / genauso viel) Quanten führen als ein kleines Aktionspotential.

Quanten - abhängen - mehr

13.19 Dieser Zusammenhang ließ sich experimentell an der neuromuskulären Endplatte (und auch an anderen chemischen Synapsen) sichern: die Größe des EPP, d.h. die Zahl der freigesetzten Quanten, hängt von der Amplitude des präsynaptischen .... ab.

Aktionspotentials

Leider ist uns ansonsten über die Vorgänge, die sich zwischen dem Einlaufen des präsynaptischen Aktionspotentials und dem Beginn des postsynaptischen Potentials abspielen, nur sehr wenig bekannt. Es ist dies bedauerlich, weil die Synapse möglicherweise eines der wichtigsten Substrate der plastischen Fähigkeiten des Gehirns (Lernen, Gedächtnis etc) ist. Wird zum Beispiel das präsynaptische Ruhepotential durch häufige Benutzung der Synapse erhöht, so wird auch jedes nachfolgende Aktionspotential in seiner Amplitude vergrößert und dadurch die synaptische Übertragung verbessert:die Synapse wird gebahnt (posttetanische Potenzierung, siehe Lektion 16). Weiter kann man sich vorstellen, daß häufige Benutzung zu einer Ausdehnung der synaptischen Kontaktfläche führt, oder die Transmittersynthese anregt, oder zu einer vermehrten Bereitstellung von Transmitter am synaptischen Spalt (Mobilisation) führt, was alles die synaptische Übertragung verbessern sollte. Auf diese Weise könnten also häufig benutzte Reflexe "gelernt" und andere durch die umgekehrten Vorgänge "vergessen" werden. Erst wenn uns diese Zusammenhänge klar geworden sind, können wir gezielt versuchen, sie zu beeinflussen, also z.B. durch pharmakologische Maßnahmen die synaptische Übertragung an bestimmten Synapsen zu fördern oder zu hemmen, um damit den Lernprozeß oder die Merkfähigkeit zu beeinflussen.

Die letzten Lerneinheiten dieser Lektion sollen Ihren Wissenszuwachs überprüfen:

13.2o Welche der folgenden Aussagen über Min. EPP treffen zu:

a) die Min. EPP werden durch die Freisetzung eines Moleküls ACh verursacht
b) die Frequenz der Min. EPP ist unabhängig vom Membranpotential der präsynaptischen Endigung
c) der Zeitverlauf der Min. EPP ist ähnlich dem normaler EPP
d) Curare wird die Min. EPP in ihrer Amplitude verkleinern oder völlig unsichtbar machen
e) Cholinesterasehemmstoffe lassen die Min. EPP unverändert
f) die Min. EPP verbessern die synaptische Übertragung

c, d

13.21 Die Menge der pro Aktionspotential freigesetzten Überträgersubstanz hängt von der Amplitude des Aktionspotentials ab. Aber auch andere, zum Teil noch unbekannte Faktoren, spielen eine große Rolle. In dieser Lektion haben Sie gesehen, daß die Zahl der pro Aktionspotential freigesetzten Quanten auch abhängt von der Konzentration bestimmter Ionen in der Badelösung, die das Membranpotential nicht beeinflussen. Schildern Sie diesen Zusammenhang.

entsprechend Lernschritten 13.1o - 13.11

13.22 Welcher in dieser Lektion geschilderte experimentelle Befund stützt die Hypothese, daß die präsynaptischen Vesikel (Bläschen) die Überträgersubstanz, an der Endplatte also ...., enthalten?

Acetylcholin - Die Überträgersubstanz wird immer in etwa gleich großen Paketen, den Quanten, freigesetzt, siehe Lernschritt 13.12

Lektion 14 Zentrale erregende Synapsen

Die Grundvorgänge bei der Erregungsbildung an chemischen Synapsen haben wir in den beiden vorausgegangenen Lektionen am Beispiel der neuromuskulären Endplatte kennengelernt. Wir sind daher jetzt in der Lage, uns den komplexen Vorgängen bei der Erregungsübertragung an zentralen Neuronen zuzuwenden. Während nämlich jede Muskelfaser nur eine Endplatte besitzt und jedes EPP normalerweise weit überschwellig ist, besitzen zentrale Neurone meist viele Dutzend bis einige tausend Synapsen und die erregenden postsynaptischen Potentiale der einzelnen Synapsen sind fast immer unterschwellig, sodaß nur die gleichzeitige Tätigkeit zahlreicher Synapsen zu einer fortgeleiteten Erregung führt. Dazu kommt, daß neben den erregenden auch hemmende Synapsen auf dem Soma und den Dendriten der Neurone enden, deren Aktivierung dem Entstehen einer fortgeleiteten Erregung entgegenwirkt.

Die motorische Vorderhornzelle (Motoneuron) in der grauen Substanz des Rückenmarks , deren Nervenfaser (Motoaxon) das Rückenmark durch die Vorderwurzeln verläßt und Skelettmuskelfasern innerviert, hat sich wegen seiner Größe (Durchmesser des Somas bis zu 100μ), seiner relativ guten Zugänglichkeit und seinen gut bekannten erregenden und hemmenden Verbindungen für das Studium neuronaler synaptischer Potentiale als besonders geeignet erwiesen. Die an dem Motoneuron gewonnenen Ergebnisse lassen sich außerdem ohne größere Einschränkungen auf die Mehrzahl der zentralen Neurone übertragen, sodaß wir diese Ergebnisse zur Grundlage unserer Besprechung machen können.

<u>Lernziele</u>: Erläutern der subsynaptischen Permeabilitätsänderungen bei der Aktivierung erregender Synapsen. Auswendig wissen, wie lange die Permeabilitätsänderung und das EPSP insgesamt etwa dauern. Schildern der ungefähren Lage des Gleichgewichtspotentials des EPSP. Begründen, warum fortgeleitete Aktionspotentiale am Axonhügel ausgelöst werden.

14.1 Abb. 14-1 zeigt, daß auf dem Soma und den Dendriten eines Motoneurons sehr viele Synapsen sitzen. (Es wird geschätzt, daß das Motoneuron etwa 6000 Synapsen besitzt.) Sie erinnern sich: Synapsen zwischen Nervenfasern und dem Soma von Neuronen heißen axo-

.... Synapsen, die zwischen Nervenfasern und den Dendriten ....-........ Synapsen.

somatische - axo-dendritische

14.2 Die Axone dieser Synapsen stammen zum Teil von zentralen Neuronen. Zum Teil kommen die Axone von Rezeptoren der quergestreiften Muskulatur, den Muskelspindeln (siehe Abb. 17-9). Diese Axone sind also .... (afferente / efferente) Nervenfasern, die von den Muskelnerven über die .... (Hinterwurzeln / Vorderwurzeln) in das Rücken........ eintreten.

afferente - Hinterwurzeln - Rückenmark

14.3 Die Muskelspindel....... (afferenzen / efferenzen) bilden immer nur Synapsen mit Motoneuronen ihres eigenen (homonymen) Muskels, also mit denjenigen Motoneuronen, deren Axone zu .... (dem gleichen / einem anderen) Muskel ziehen. Mit einer Mikroelektrode kann der Effekt der Reizung der Muskel........afferenzen auf ein Motoneuron des betreffenden Muskels untersucht werden.

-afferenzen - dem gleichen - -spindel-

14.4 Ein solcher Versuch ist links in Abb. 14-4 skizziert. Eine Mikroelektrode ist in ein Motoneuron eingestochen und registriert ein Ruhepotential (siehe rechts im Bild) von .... Werden die Muskelspindelafferenzen peripher gereizt (Pfeile in A, B, C) so sehen wir nach kurzer Verzögerung (Latenz) eine .... (Hyperpolarisation / Depolarisation) des Membranpotentials.

-7o mV - Depolarisation

14.5 Der Zeitverlauf der Depolarisationen in Abb. 14-4 A und B ist dem des EPP .... (ähnlich / nicht ähnlich). Die Amplitude der Depolarisationen in A und B hängt von der Zahl der erregten Afferenzen, also von der Reizstärke ab. In ...... wurde der Nerv also weniger stark gereizt als in ....

ähnlich - A - B

14.6 In C ist die Depolarisation so groß, daß ein fortgeleitetes Aktionspotential auftritt. In C wurde der Nerv also noch stärker gereizt als in ..... . Da die depolarisierenden Potentiale das Motoneuron erregen können, werden sie "erregende postsynaptische Potentiale", EPSP, genannt. Die Amplitude der EPSP hängt von der Zahl der aktivierten Synapsen ab, jede einzelne afferente Faser kann bei Erregung nur ein kleines EPSP auslösen.

B

14.7 EPSP ist die Abkürzung für .... Die EPSP sind also den EPP an der neuromuskulären Endigung analog. Während das EPP aber durch die Aktivierung einer einzelnen Synapse, nämlich der Endplatte, entsteht, sind die EPSP durch die gleichzeitige Aktivierung ...... Synapsen verursacht.

erregende postsynaptische Potentiale - mehrerer (oder entsprechend)

14.8 Die Anstiegsphase eines EPSP dauert etwa 2ms, der Abfall 1o - 15 ms (Abb. 14-4A). Die Amplitude eines EPSP beeinflußt diesen Zeitverlauf .... (praktisch nicht / wesentlich), (Abb. 14-4 B, C) d.h. der Zeitverlauf ist .... (abhängig / unabhängig) von der Amplitude des EPSP. Dies bedeutet, daß sich die an verschiedenen Synapsen gleichzeitig ausgelösten EPSP in der Amplitude addieren, und sich in ihrem Zeitverlauf .... (gegenseitig / nicht gegenseitig) beeinflussen.

praktisch nicht - unabhängig - nicht gegenseitig

14.9 Fassen wir zusammen: Reizung von ....afferenzen ruft in Motoneuronen des homonymen Muskels ein .... abgekürzt .... hervor, das .... (einen / keinen) typischen Zeitverlauf besitzt. (Anstieg ...... ms, Abfall .... ms).

Muskelspindel- - erregendes postsynaptisches Potential - EPSP - einen - 2 - 1o-15

14.1o Die Amplitude der durch Reizung von Muskelspindelafferenzen in homonymen Motoneuronen ausgelösten .... hängt von der Zahl der aktivierten Synapsen .... (ab / nicht ab). Ist diese Zahl genügend groß, so wird das Motoneuron bis zur Schwelle depolarisiert, d.h. es tritt ein fortgeleitetes .... auf. (Letzteres läuft über das Motoaxon zum Muskel und erregt dort die von ihr erregte Muskelfaser).

EPSP - ab - Aktionspotential

Die Charakteristika der in Motoneuronen und anderen zentralen Neuronen auftretenden EPSP weisen darauf hin, daß sie an der subsynaptischen Membran chemischer Synapsen durch die Wirkung von Transmitter entstehen. Leider ist bei den allermeisten Synapsen des ZNS die Natur der Überträgerstoffe noch völlig unbekannt. Wir wissen auch nichts über die Fermentsysteme, die die Überträgersubstanz im synaptischen Spalt inaktivieren und in der präsynaptischen Endigung synthetisieren. An einigen zentralen Synapsen, z.B. an Motoneuronen, konnten spontane Miniatur-EPSP, analog den Miniatur-EPP beobachtet werden. Daraus und aus einigen anderen Befunden ist die Hypothese abgeleitet worden, daß die Überträgersubstanzfreisetzung wie an der Endplatte zum Teil über das Membranpotential gesteuert wird. (Wie bei allen Hypothesen muß diese durch weitere experimentelle Befunde unterstützt oder widerlegt werden). Entsprechend den großen Wissenslücken können Neurophysiologen und -pharmakologen derzeit meist nur sehr summarische Angaben machen, über Angriffspunkt und Wirkungsmechanismus zentral aktiver Pharmaka, wie z.B. Narkotika, Sedativa, Psychopharmaka und Rauschgifte. Solche Aussagen lauten dann etwa: "Erhöht die Erregbarkeit der Formatio reticularis", oder "Wirkt dämpfend auf das limbische System", oder "Führt über eine Hemmung spinaler Interneurone zu einer Verminderung des Muskeltonus". Es liegt auf der Hand, daß wir uns auf die Dauer mit derart undifferenzierten Feststellungen nicht begnügen dürfen. Es sollte daher in nächster Zukunft mehr Gehirn in die Erforschung des Gehirns investiert werden!

Etwas besser als über die präsynaptischen sind wir über die subsynaptischen Vorgänge unterrichtet, die dem EPSP zu Grunde liegen. Auch wissen wir recht genau, an welchem Ort eines Motoneurons das fortgeleitete Aktionspotential erzeugt wird. Die nächsten Lernschritte werden uns mit diesen Befunden bekannt machen.

14.11 Sie erinnern sich, daß das EPP durch eine kurzzeitige Permeabilitätserhöhung für .... hervorgerufen wird. Da die EPSP sich experimentell in vieler Hinsicht analog dem EPP verhalten, wird angenommen, daß auch die EPSP durch eine kurzzeitige Permeabilitätserhöhung für .... entstehen.

kleine Kationen (Na^+, K^+) - kleine Kationen (Na^+, K^+)

14.12 Eine solche Analogie liegt unter anderem darin, daß das Gleichgewichtspotential des EPSP bei etwa dem gleichen Membranpotential wie das des EPP, also bei etwa .... mV (-8o / -15 / +45) liegt. Dieser Befund unterstützt also die Annahme, daß das EPSP wie das EPP entsteht, nämlich durch (benutzen Sie Ihre Worte)............................ .

-15 - eine kurzzeitige Permeabilitätsänderung für kleine Kationen, also Na^+ und K^+

14.13 Aus dem Zeitverlauf des EPSP und der Membranzeitkonstante des Motoneurons ließ sich errechnen, daß die Permeabilitätsänderung für kleine Kationen etwa so lange anhält, wie an der Endplatte, nämlich ...... ms (1-2 / 1o-15). Die unbekannte Überträgersubstanz wirkt also etwa ebenso lange an der subsynaptischen Membran des Motoneurons, wie die Überträgersubstanz an der Endplatte, das ....

1-2 / Acetylcholin

14.14 Bei überschwelligem EPSP werden fortgeleitete .... ausgelöst. Es hat sich nun gezeigt, daß die Membran des Motoneurons am Abgang des Axons aus dem Soma, dem Axonhügel, ihre niederste Schwelle hat. Die Schwelle des Somas und der Dendriten ist mindestens doppelt so hoch wie die des Axonhügels.

Aktionspotentiale

14.15 Fortgeleitete Atkionspotentiale entstehen also in Motoneuronen und wahrscheinlich auch in anderen Nervenzellen an der Abgangsstelle des Axons aus dem Soma, dem ...., weil diese Stelle die .... (höchste / niedrigste) Schwelle der gesamten Zellmembran für ein fortgeleitetes Aktionspotential hat.

Axonhügel - niedrigste

14.16 Der Vorteil der höheren Schwelle des Somas und der Dendriten verglichen mit dem .... liegt darin, daß unabhängig von der Lage der jeweils aktivierten Synapsen, alle erregenden postsynaptischen Potentiale einen gemeinsamen Wirkort haben, nämlich den ....

Axonhügel - Axonhügel

14.17 Da der Axonhügel in das Axon übergeht, ist durch diese Anordnung außerdem gewährleistet, daß ein einmal entstandenes Aktionspotential sich mit Sicherheit in die Peripherie fortpflanzt, unabhängig von der jeweiligen Situation am Soma und den Dendriten. Für die Funktion der Nervenzellen ist es, so gesehen, ... (bedeutungsvoll / bedeutungslos) ob das Aktionspotential in das Soma und die Dendriten hineinläuft oder nicht.

bedeutungslos

Da die EPSP sich passiv elektrotonisch auf der Zellmembran ausbreiten, sollte man erwarten, daß axo-somatische Synapsen in der Nähe des Axonhügels einen größeren Einfluß auf die Erregbarkeit eines Motoneurons haben als weiter entfernte axo-somatische und axo-dendritische Synapsen. Zum Teil ist dies möglicherweise richtig, zum Teil scheint dieser Nachteil dadurch kompensiert zu werden, daß an den Dendriten besonders große EPSP auftreten.(Die Ursache dafür liegt wahrscheinlich in den Kabeleigenschaften der Dendriten, also auf postsynaptischer Seite.Die Ansichten der Fachleute über die relative Bedeutung der axo-somatischen versus axodendritischen Synapsen sind aber noch sehr kontrovers.)

Es ist bisher nicht ausdrücklich erwähnt worden, aber für Sie sicher schon selbstverständlich, daß chemische Synapsen nur in eine Richtung Erregung übertragen, nämlich von der präsynaptischen auf die postsynaptische Seite. Erst durch diese Einbahn- oder Ventilfunktion der Synapse wird eine geordnete Tätigkeit des ZNS überhaupt möglich. In dieser Hinsicht ähneln die Synapsen den Gleichrichterröhren und Transistoren elektrischer Geräte, während die Axone mit den anderen elektronischen Bauteilen, den Kabeln, Widerständen und Kondensatoren verglichen werden können (Einschränkung: die Fähigkeit der Zellmembran zur aktiven Erregungsausbreitung). Aus elektronischen Bauteile nachgebildete "Neurone", die miteinander zu "Nervenschaltkreisen" zusammengesetzt werden können, sind kommerziell erhältlich und werden zur Simulation neuronaler Netzwerke eingesetzt.

Elektrische Synapsen, bei denen prä- und postsynaptische Membran nicht durch einen synaptischen Spalt getrennt, sondern elektrisch leitend miteinander verbunden sind, wurden vereinzelt in Nervensystemen von Wirbellosen und niederen Wirbeltieren (Fischen) beobachtet, bisher aber nicht bei Säugetieren. Ihre Eigenschaften werden daher hier nicht näher besprochen. Es ist aber keineswegs ausgeschlossen, daß auch im Säugetiernervensystem elektrische Synapsen vorkommen. Elektronenmikroskopische Hinweise dafür gibt es jedenfalls: in verschiedenen Hirnabschnitten sind neuronale Kontaktstellen beschrieben worden, deren morphologisches Erscheinungsbild auf eine elektrische Synapse hindeutet.

Überprüfen Sie jetzt Ihren Wissenszuwachs:

14.18 Schildern Sie, welche subsynaptischen Membranpermeabilitätsänderungen bei Aktivierung einer erregenden Synapse auftreten.

entsprechend 14.11

14.19 Bei welchem Membranpotential liegt etwa das Gleichgewichtspotential des EPSP?

a) bei -8o mV b) bei -15 mV c) bei +4o mV

d) das EPSP hat kein Gleichgewichtspotential

b

14.2o Welche Stelle der Nervenzelle hat die niedrigste Schwelle für ein fortgeleitetes Aktionspotential?

a) die Dendriten b) das Soma c) der Axonhügel

d) das Axon

c

14.21 Die Gesamtdauer eines EPSP beträgt etwa

a) 2 ms b) 15 ms c) 1oo ms d) 5oo ms

b

Lektion 15 Zentralnervöse hemmende Synapsen

Die Bedeutung hemmender Prozesse für das Zentralnervensystem läßt sich gut durch folgendes Experiment illustrieren: injiziert man einem Versuchstier einige Milligramm Strychnin, ein Pharmakon, das die hemmenden Synapsen blockiert, die erregenden aber völlig unbeeinflußt läßt, so setzen innerhalb weniger Minuten schwere Krämpfe ein, an denen der Organismus schliesslich zugrunde geht. Eindrucksvoller kann kaum demonstriert werden, daß die Hemmung ein mit der Erregung gleichrangiger Grundprozeß zentralnervöser Tätigkeit ist.

Zwei Typen von Hemmung sind uns bekannt: bei der <u>postsynaptischen Hemmung</u> wird die Erregbarkeit der Soma- und Dendritenmembran der Neurone herabgesetzt, während bei der <u>präsynaptischen Hemmung</u> die Transmitterfreisetzung an synaptischen Endigungen reduziert oder völlig verhindert wird. Im ZNS der Wirbeltiere scheint die postsynaptische Hemmung die größere Rolle zu spielen; die präsynaptische Hemmung findet sich vorwiegend in den präsynaptischen Endigungen somatischer und visceraler Afferenzen, weniger im übrigen Nervensystem.

Wir werden im Folgenden zunächst die hemmenden (inhibitorischen) postsynaptischen Potentiale und die ihnen zugrunde liegenden subsynaptischen Permeabilitätsänderungen kennenlernen. Danach werden wir studieren, wann und inwieweit die inhibitorischen postsynaptischen Potentiale die Erregbarkeit eines Neurons hemmen. Schliesslich führen wir uns den Mechanismus der präsynaptischen Hemmung vor Augen.

<u>Lernziele:</u> Erläutern der subsynaptischen Permeabilitätsänderungen bei der postsynaptischen Hemmung. Auswendig wissen, wie lange die Permeabilitätsänderungen und das IPSP insgesamt etwa dauern. Schildern der ungefähren Lage des E_{IPSP}. Schildern können, warum die Leitfähigkeitserhöhung der subsynaptischen hemmenden Membran ebenso wie die Membranhyperpolarisation während des IPSP zu einer Hemmung des Neurons führen. Definieren der präsynaptischen Hemmung anhand einer Skizze als die Reduzierung postsynaptischer EPSP ohne IPSP. Anhand einer Skizze die morphologischen und physiologischen Grundphänomene bei der präsynaptischen Hemmung erklären können.

15.1 Durch Messung von Reflexkontraktionen ist seit langem bekannt, daß Reizung von Muskelspindelafferenzen nicht nur homonyme (die eigenen) Motoneurone .... (erregt / hemmt), Abb. 14-4, sondern gleichzeitig den Gegenspieler des Muskels, seinen Antagonisten, hemmt. Z.B. wird Reizung der Muskelspindelafferenzen des Musculus biceps, der den Ellenbogen .... (beugt / streckt), gleichzeitig den Antagonisten, Musc. triceps, der den Ellenbogen ...., hemmen.

erregt - beugt - streckt

15.2 Abb. 15-2 ist mit der in Abb. 14-4 skizzierten Versuchsanordnung aufgenommen und zeigt die in einem Motoneuron registrierten Membranpotentialänderungen bei Reizung antagonistischer Muskelspindelafferenzen. Das Ruhepotential des Motoneurons beträgt ... mV. Bei den Pfeilen A-D wird der antagonistische Muskelnerv mit steigender Reizstärke gereizt

-7o

15.3 Jeder Reiz löst eine .... (depolarisierende / hyperpolarisierende) Potentialänderung aus. Sie beträgt nach A etwa ... mV, nach B ..... mV, nach C ..... mV und nach D .... mV. Der Zeitverlauf der Potentialänderung ist .... (abhängig / unabhängig) von der Amplitude der Potentialänderung und ist dem des EPSP .... (nicht / sehr) ähnlich.

hyperpolarisierende - 1, 2, 3, 4 - unabhängig - sehr

15.4 Durch die Hyperpolarisation wird das Membranpotential weiter von der Schwelle für eine fortgeleitete Erregung entfernt, das Motoneuron also .... (gebahnt / gehemmt). Die in Abb. 15-2 registrierten Hyperpolarisationen werden daher als hemmende oder inhibitorische postsynaptische Potentiale, abgekürzt .... bezeichnet.

gehemmt - IPSP

15.5 Der Zeitverlauf der IPSP ist praktisch spiegelbildlich dem der ...., Anstieg 1-2 ms, Abfall etwa 1o ms, Gesamtdauer also .... ms. Schon daraus kann geschlossen werden, daß hier wie an der Endplatte und der erregenden Synapse, die subsynaptische Permeabilitätsänderung, die zum Auftreten der IPSP führt, kurz ist und wie beim EPSP nur ...... ms dauert.

EPSP - 12 - 1-2

15.6 Versuche und rechnerische Analyse des Zeitverlaufs haben bestätigt: die inhibitorischen postsynaptischen Potentiale, abgekürzt ...., sind durch eine kurzzeitige Ladungsverschiebung (Dauer ..... ms) an der subsynaptischen Membran der hemmenden Synapsen verursacht.

IPSP - 1-2

15.7 Um festzustellen, welche Ionen die Ladungsträger dieser Umladung sind, werden wir zunächst analog dem in Abb. 12-16 gezeigten Versuch, das Gleichgewichtspotential des IPSP bestimmen, also dasjenige Membranpotential, bei dem Aktivierung der hemmenden Synapsen .... (eine Hyperpolarisation / eine Depolarisation / keine Potentialänderung) auslöst.

keine Potentialänderung

15.8 Die Versuchsanordnung ist in Abb. 15-8 links eingezeichnet. Ein bei einem Membranpotential von -65 mV ausgelöstes IPSP hat eine Amplitude von 5 mV in .... (hyperpolarisierender / depolarisierender) Richtung.

hyperpolarisierender

15.9 Wird das Membranpotential durch von außen zugeführten Strom erniedrigt, d.h. in depolarisierender Richtung verschoben, so nimmt die Amplitude des IPSP stark .... (zu / ab). Dies bedeutet, die treibenden Kräfte für das IPSP werden bei Depolarisationen .... (größer / kleiner).

zu - größer

15.1o Umgekehrt werden bei Erhöhung des Membranpotentials die Amplituden der IPSP zunächst kleiner und schliesslich bei etwa .... mV gleich Null. Bei noch höheren Membranpotentialen kehrt sich die Richtung des IPSP um. Das Gleichgewichtspotential des IPSP, E_{IPSP}, liegt also bei ..... mV.

-8o - -8o

15.11 Sie werden sich erinnern: das Gleichgewichtspotential des Kaliums, E_K, liegt bei etwa ..... (-6o / -9o / -11o) mV, das des Chlor, E_{Cl}, ... (beim Ruhepotential / bei +45 mV). Das E_{IPSP} liegt also etwa in der Mitte zwischen ...... (E_K und E_{Na} / E_K und E_{Cl}).

-9o - beim Ruhepotential - E_K und E_{Cl}

15.12 Die Lage des Gleichgewichtspotentials des IPSP weist also darauf hin, daß während der Einwirkung des inhibitorischen Transmitters an der subsynaptischen Membran, also für ..... ms, es zu einer starken Erhöhung der Permeabilität für ...... und ...-Ionen kommt.

1-2 - K^+ - Cl^-

15.13 Weitere Versuche haben diesen Verdacht bestätigt: Aktivierung hemmender Synapsen führt zu einer kurzen (..... ms) Erhöhung der subsynaptischen Membranpermeabilität für ...... und .....-Ionen. Am normalen Ruhepotential (-7o mV) strömen dabei auf Grund der gegebenen Ionenverteilungen an der subsynaptischen Membran .... aus der Zelle aus, wodurch das Membranpotential .... (depolarisiert / hyperpolarisiert).

1-2 - K^+ - Cl^- - K^+-Ionen - hyperpolarisiert

15.14 Halten wir also fest: dem inhibitorischen postsynaptischen Potential, abgekürzt ...., liegt eine .... (lange (15-2o ms) / kurzfristige (1-2 ms)) Erhöhung der Membranpermeabilität für .... und ....-Ionen zugrunde.

IPSP - kurzfristige (1-2 ms) - K^+ und Cl^-

Wie an den erregenden Synapsen ist uns die Überträgersubstanz der hemmenden Synapsen des Wirbeltier-ZNS nicht bekannt. Es ist sogar möglich, daß es verschiedene hemmende Transmitter gibt, jedenfalls werden nicht alle hemmenden Synapsen pharmakologisch in gleicher Weise beeinflußt. Es sieht so aus, als ob gewisse Aminosäuren sowohl bei den erregenden als auch bei den hemmenden Synapsen Transmitterfunktion haben könnten. Zumindest bei einer hemmenden Synapse des Krebses wurde Gamma-Amino-Buttersäure (GABA) als Transmitter identifiziert. Im Rückenmark des Warmblüters ist möglicherweise Glycin ein hemmender Transmitter. Glutamin ist vielleicht ein erregender Transmitter.
Der Mechanismus der Transmitterfreisetzung an hemmenden Synapsen ist dem an erregenden Synapsen wahrscheinlich sehr ähnlich. Synaptische Bläschen sind an hemmenden Synapsen ebenso vorhanden wie an erregenden. Hemmende Miniatur-IPSP hat man bisher nicht beobachtet, was wahrscheinlich damit zusammenhängt, daß das Ruhepotential und E_{IPSP} sehr nahe beieinander liegen: ein einzelnes Quantum hemmende Überträgersubstanz verursacht nur

eine sehr kleine Potentialänderung, die vom Ableitesystem nicht registriert werden kann.

Zwei Gifte sind bekannt, die die synaptische Übertragung an hemmenden Synapsen blockieren und dadurch Krämpfe verursachen: Strychnin verdrängt kompetitiv die hemmende Überträgersubstanz von der subsynaptischen Membran, (vgl. Curarewirkung an der Endplatte), Tetanustoxin verhindert wahrscheinlich die Freisetzung der Überträgersubstanz von der präsynaptischen Endigung (vgl. Mg^{++}- und Botulinustoxin-Effekt an der Endplatte). Da eine manifest gewordene Tetanuserkrankung meist zum Tode führt, ist eine vorbeugende aktive Schutzimpfung (Tetanol) allgemein zu empfehlen.

Es wurde schon in Lernschritt 15.4 gesagt, daß die Hyperpolarisation während des IPSP das Membranpotential von der Schwelle für eine fortgeleitete Erregung entfernt und dadurch das Neuron hemmt. Diesen Hemm-Mechanismus werden wir jetzt etwas näher untersuchen und vor allem darauf achten, ob die Hyperpolarisation alleine für die Hemmung verantwortlich ist. Wäre dem so, dann würde ein beim E_{IPSP}, also bei -8o mV ausgelöstes IPSP überhaupt keine hemmende Wirkung auf das Neuron haben!

15.15 In Abb. 15-15A sind ein IPSP und ein EPSP zu sehen. Die Amplituden betragen beim IPSP ..... mV und beim EPSP .... mV. In B wird gezeigt, wie sich die Amplitude des EPSP verhält, wenn es zu verschiedenen Zeiten des IPSP ausgelöst wird.

2 - 3

15.16 Wird in B das EPSP 5 oder 3 ms nach Beginn des IPSP ausgelöst, so ist seine Amplitude .... (genauso groß wie / kleiner als) die des Kontroll-EPSP in A. Die hemmende Wirkung des IPSP beruht hier also allein auf der Verschiebung des Membranpotentials in Richtung .... (auf die / von der) Schwelle.

genauso groß wie - von der

15.17 Wird in B das EPSP jedoch in der ersten Millisekunde nach Beginn des IPSP ausgelöst, so ist das resultierende EPSP .... (kleiner / größer) als das Kontroll-EPSP. Es findet also ...... (keine / eine) einfache Addition statt, wie sie bei den späteren Zeitpunkten zu sehen ist.

kleiner - keine

15.18 Während der subsynaptischen Permeabilitätserhöhung des IPSP ist die Amplitude eines EPSP also .... (vermindert / vergrössert). Zu den späteren Zeitpunkten findet eine einfache .... der beiden Potentiale statt. Die linke Skizze in 15-15C zeigt die Verhältnisse während einer gleichzeitigen Aktivierung erregender und hemmender Synapsen.

vermindert - Addition

15.19 Der Einstrom der .....-Ionen an der erregenden Synapse wird durch die gleichzeitig an der hemmenden Synapse auströmenden ......-Ionen .... (nicht / teilweise) kompensiert. Die resultierende Potentialänderung ist also .... (kleiner / grösser) als zu dem rechts in C gezeigten Zeitpunkt, bei dem die inhibitorische Synapse nicht aktiviert ist.

Na^+ - K^+ - teilweise - kleiner

15.2o Die Permeabilitäts-......... (Erhöhung / Erniedrigung) unter der aktivierten hemmenden subsynaptischen Membran kann also auch als eine Zunahme der Leitfähigkeit oder eine Abnahme des Widerstandes der Membran bezeichnet werden. Diese Zunahme der Leitfähigkeit führt für eine gegebene Ladungsverschiebung (z.B. die Na^+-Ionen in 15-15C) zu einer g e r i n g e r e n Potentialänderung an der Membran, die Membran wird durch die Permeabilitäts-......... kurz geschlossen.

Erhöhung - Erhöhung

15.21 Die hemmende Wirkung der IPSP beruht also auf
a) der Zunahme .... (des Widerstandes / der Leitfähigkeit) der Membran während der aktiven Phase des IPSP und
b) der .... (Depolarisation / Hyperpolarisation) des Membranpotentials, das dadurch .... (an die / von der) Schwelle rückt.

der Leitfähigkeit - Hyperpolarisation - von der

15.22 Abb. 15-22 faßt die Ergebnisse der beiden letzten Lektionen zusammen: das E_{EPSP} liegt bei etwa ..... mV, Aktivierung der erregten subsynaptischen Membran führt also zu einer Depolarisation, die evtl. die Schwelle erreicht (EPSP links im Bild) und dann ein .... auslöst. Unter der aktivierten erregenden subsynaptischen Membran ist die Permeabilität für .... erhöht.

-15 - Aktionspotential - kleine Kationen (K^+, Na^+)

15.23 Das Gleichgewichtspotential des IPSP liegt bei etwa .... mV. Unter der aktivierten hemmenden subsynaptischen Membran ist die Permeabilität für .... und .... erhöht, wodurch es zu einer .... (rot rechts im Bild) kommt. Das EPSP erreicht durch das gleichzeitige IPSP nicht mehr die Schwelle, die Zelle ist ....

-8o - K^+ - Cl^- - Hyperpolarisation - gehemmt

Nach der bisher gegebenen Darstellung ist die Rolle der Cl^--Ionen bei der Entstehung des IPSP gering. Dies ist richtig, solange das IPSP vom normalen Ruhepotential seinen Ausgang nimmt, da E_{Cl} beim Ruhepotential liegt.

Nimmt das IPSP jedoch von einem (durch EPSP vorübergehend) depolarisierten Membranpotential seinen Ausgang, so wird die erhöhte Cl^--Permeabilität zu einem verstärkten Einströmen von Cl^--Ionen führen und dadurch zu den vergrößerten IPSP beitragen, wie sie z.B. in Abb. 15-8 zu sehen sind.

Liegt das Membranpotential beim E_{IPSP}, so löst eine Aktivierung hemmender Synapsen keine Potentialänderung aus. Die Zelle ist jedoch während der subsynaptischen Permeabilitätserhöhung durch die erhöhte Leitfähigkeit der Membran gehemmt. In dieser Zeit wird jede Ladungsverschiebung durch die dann einsetzenden entgegengesetzten Ladungsverschiebungen unter der hemmenden subsynaptischen Membran mindestens teilweise kompensiert (siehe Abb. 15-15C). Bei repetitiver Aktivierung zahlreicher hemmender Synapsen kann die postsynaptische Membran durch die dabei auftretenden großen Leitfähigkeitserhöhungen regelrecht "kurzgeschlossen" werden, sodaß auch große erregende Ströme nur noch zu kleinen Depolarisationen führen.

Bei der präsynaptischen Hemmung kommt es zu keiner Veränderung der postsynaptischen Membran, sondern der hemmende Vorgang bewirkt eine verminderte Transmitterfreisetzung an der präsynaptischen Endigung der erregenden Synapse, also ein Vorgang, wie wir ihn ähnlich an der Endplatte bei Zusatz von Mg^{++} oder Botulinusvergiftung kennen lernten. Die nächsten Lernschritte sollen die präsynaptische Hemmung etwas verdeutlichen.

15.24 In Abb. 15-24 bilden die Axone 1 und 2 miteinander eine .... Synapse. Nach der Anordnung der synaptischen Bläschen und der subsynaptischen Membranverdickungen ist Axon 2 .... (präsynaptisch / postsynaptisch) zu Axon 1, während Axon 1 .... zu Neuron 3 ist.

axo-axonische - präsynaptisch - präsynaptisch

15.25 Wie Abb. 15-24A zeigt, ruft Aktivierung der synaptischen Endigung 1 (Pfeil) in Neuron 3 ein ...... (EPSP / IPSP) von etwa ..... mV hervor. Die axo-somatische Synapse 1/3 ist also eine .... (erregende / hemmende) Synapse.

EPSP - 1o - erregende

15.26 Wird Axon 2 vor Axon 1 aktiviert (Pfeile in B) so beträgt die Amplitude des EPSP nur noch ...... mV, ohne daß ein IPSP an der postsynaptischen Membran der Zelle 3 auftrat. Diese Form der EPSP-Hemmung ohne Änderung der postsynaptischen Membraneigenschaften bezeichnet man als präsynaptische Hemmung. (Der Zeitverlauf dieser Hemmung ist länger als der der postsynaptischen Hemmung und beträgt etwa 1oo ms).

5

15.27 Aktivierung der axo-axonischen Synapse 2/1 bewirkt also ...... (eine / keine) Änderung der Membraneigenschaften des Neurons 3. Läuft jedoch in dieser Zeit ein Aktionspotential in die Endigung 1 ein, so wird .... (weniger / mehr) Transmitter an der Synapse 1/3 freigesetzt und dadurch das in Neuron 3 auftretende EPSP .... (vergrößert / verkleinert). Wie gesagt, diesen Vorgang bezeichnet man als ....

keine - weniger - verkleinert - präsynaptische Hemmung

Es ist nicht bekannt, welche subsynaptischen Permeabilitätsänderungen durch Aktivierung der axo-axonischen Synapse 2/1 an Axon 1 ausgelöst werden und welche Überträgersubstanz von Axon 2 freigesetzt wird. Fest steht lediglich, daß durch diese Aktivierung die Überträgersubstanzfreisetzung an der Synapse 1/3 vermindert wird. Dies geschieht wahrscheinlich über eine Reduzierung der Amplitude des präsynaptischen Aktionspotentials in Endigung 1. Es ist bekannt, daß Depolarisation des Ruhepotentials zu einer verkleinerten Aktionspotentialamplitude führt. Tatsächlich kann eine Depolarisation des Axons 1 während der Aktivierung der axo-axonischen Synapse 2/1 beobachtet werden. Es sieht also so aus, als ob Aktivierung von 2/1 zu einer Depolarisation von Endigung 1 führt, wodurch ein in Endigung 1 einlaufendes Aktionspotential in seiner Amplitude reduziert wird und dadurch weniger Transmitter freisetzt. Diese Hypo-

these bedarf weiterer experimenteller Unterstützung.
Bitte überprüfen Sie Ihr neu erworbenes Wissen:

15.28 Schildern Sie, welche subsynaptische Membranpermeabilitätsänderungen bei Aktivierung einer hemmenden Synapse auftreten.

entsprechend 15.13 und 15.14

15.29 Bei welchem Membranpotential liegt etwa das Gleichgewichtspotential des IPSP?
a) bei -9o mV
b) bei -7o mV
c) bei -15 mV
d) bei +4o mV
e) keiner dieser Werte ist richtig

e

15.3o Die Gesamtdauer eines IPSP beträgt
a) 1-2 ms
b) 1o-12 ms
c) 1oo ms
d) 2oo ms

b

15.31 Ein IPSP hemmt ein Neuron, weil
a) es das Membranpotential hyperpolarisiert
b) es zu einer verminderten Überträgersubstanzfreisetzung an erregenden Synapsen führt
c) es die Schwelle des Neurons verändert
d) es die Leitfähigkeit der Membran erhöht
e) alle diese Vorgänge kommen beim IPSP vor

a, d

15.32 Bei der präsynaptischen Hemmung

a) wird die Schwelle des postsynaptischen Neurons (Zelle 3 in Abb. 15-24) erhöht

b) wird vom präsynaptischen Axon (Axon 1 in Abb. 15-24) weniger Überträgersubstanz freigesetzt

c) ist Glutaminsäure die Überträgersubstanz

d) wird im postsynaptischen Neuron (Zelle 3 in Abb. 15-24) ein IPSP ausgelöst

e) wird das postsynaptische EPSP verkleinert

b und e

15.33 Depolarisation einer Nervenzelle auf -5o mV

a) verkürzt die Dauer des EPSP beträchtlich

b) erhöht die Amplitude des IPSP

c) verhindert ein Entstehen eines EPSP

d) erhöht die Amplitude des EPSP

e) läßt EPSP und IPSP unverändert

f) keine der Aussagen a-e ist richtig

b

15.34 Wie würden Sie einem Kollegen erläutern, warum Größe und Richtung des IPSP vom Membranpotential abhängen (benutzen Sie eine Skizze)?

Skizze entsprechend Abb. 15-8. In Ihrer Erklärung sollten die in Lernschritt 15.8 - 15.13 vorgetragenen Begriffe und Gedankengänge vorkommen.

D Physiologie kleiner Neuronenverbände, Reflexe

Vorbemerkung

Axonale Impulsleitung einerseits und erregende und hemmende synaptische Übertragung andererseits sind die beiden Grundprozesse neuronaler Tätigkeit. Die komplexen Fähigkeiten des Gehirns werden vor allem durch eine entsprechende Verknüpfung der Neurone erzielt. Dieses Kapitel wird in der ersten Lektion einige typische, in den verschiedensten Abschnitten des Gehirns immer wieder vorkommende Verknüpfungen vorstellen, die teils dazu dienen, schwache Signale zu verstärken, teils, eine zu starke Aktivität zu dämpfen. Anschliessend werden wir zunächst einfache (Lektion 17), dann komplexere Reflexe (Lektion 18) kennen lernen. Dies sind komplette neuronale Verschaltungen vom peripheren Rezeptor über das ZNS bis zum peripheren Effektor, die dazu dienen, immer wieder vorkommende stereotype Reaktionen des Organismus auf seine Umwelt in zuverlässiger Art und Weise und mit möglichst geringem Aufwand durchzuführen.

Lektion 16 Typische neuronale Verschaltungen

In dieser Lektion gehen wir von der lange bekannten Tatsache aus, daß die Axone der meisten Neurone sich in Kollateralen aufteilen, die mit zahlreichen anderen Neuronen Synapsen bilden. Man hat diesen Vorgang als D i v e r g e n z, manchmal auch als Divergenzprinzip neuronaler Verschaltung bezeichnet. Entsprechend dieser Divergenz der axonalen Kollateralen empfangen die meisten Neurone von zahlreichen anderen Neuronen Synapsen. Dies wird K o n v e r g e n z, oder auch Konvergenzprinzip neuronaler Verschaltung genannt. Es ist also durchaus richtig zu sagen, jedes Neuron sei mit jedem Neuron, wenn auch evtl. über viele Zwischenneurone, verknüpft, vorausgesetzt man ist sich bewußt, daß diese Verknüpfungen nicht willkürlich und chaotisch sind, sondern festen Schaltplänen folgen, die denen moderner elektronischer Großgeräte an Finesse und Leistungsfähigkeit nicht nachstehen.

Zeitliche und räumliche Bahnung sind die beiden einfachsten Möglichkeiten, unterschwellige Erregungen überschwellig zu machen, also neuronale Aktivität zu verstärken. Wir werden diese Mechanismen daher zunächst besprechen. Anschliessend werden wir uns drei typischen hemmenden Schaltkreisen zuwenden, die dazu dienen, über die Unterdrückung unerwünschter Erregungen die Leistungsfähigkeit des ZNS zu verbessern. Schliesslich werden wir zwei Möglichkeiten kennen lernen, eine einmal im ZNS induzierte Aktivität aufrecht zu erhalten oder zumindest ihre Wiederholung zu erleichtern, also sich "zu erinnern".

Lernziele: Erläutern der Begriffe zeitliche Bahnung, räumliche Bahnung, Occlusion und posttetanische Potenzierung anhand von Skizzen. Dabei sind die Bedingungen zu schildern, unter denen diese Phänomene im ZNS auftreten können. Anhand von Skizzen die typische Verschaltung einer antagonistischen und einer negativen Feedbackhemmung aufzeigen. Auswendig wissen, welche Besonderheit die laterale Hemmung im Vergleich mit einer generalisierten Feedbackhemmung aufweist.

16.1 Die afferenten Fasern peripherer Rezeptoren splittern sich im Rückenmark in zahlreiche Kollateralen auf, die zu spinalen Neuronen ziehen (Abb. 16-1A). Die afferenten Kollateralen ....

(divergieren / konvergieren) also zu zahlreichen Neuronen.

divergieren

16.2 Diese Divergenz dient dazu, die afferente Information verschiedenen Abschnitten des ZNS zugänglich zu machen, also z.B. den Motoneuronen, dem Kleinhirn oder der Hirnrinde. Ein von einer einzelnen Rezeptorafferenz kommendes Aktionspotential kann also durch die Aufsplitterung des Axons in zahlreiche Kollateralen, also durch .... (Divergenz / Konvergenz), in seiner zentralen Effektivität erheblich .... (verstärkt / abgeschwächt) werden.

Divergenz - verstärkt

16.3 Abb. 16-1 zeigt zwei afferente Fasern, deren Axone zu je 4 Neuronen .... (divergieren / konvergieren). Dadurch haben 3 Neurone Verbindungen zu afferenten Fasern; auf diese 3 Neurone .... (divergieren / konvergieren) also je zwei afferente Fasern.

divergieren - konvergieren

16.4 Auf die meisten Neurone konvergieren viele Dutzend bis einige tausend Axone. Beim Motoneuron stammen diese Axone aus den verschiedensten Teilen des ZNS, z.B. aus (s. Abb. 16-1B) ...., ..., ... und ....

Hirnrinde - Hirnstamm - Rückenmark - Afferenzen (der Körperperipherie) (in beliebiger Reihenfolge)

16.5 Die auf das Motoneuron .... (divergierenden / konvergierenden) Axonkollateralen stammen nicht nur aus den verschiedensten Abschnitten des ZNS, also ...., ..., ... und .... sie bilden auch zum Teil erregende (symbolisiert durch schwarze Pfeile in 16-1B), zum Teil hemmende (rote Pfeile) Synapsen.

konvergierenden - Hirnrinde - Hirnstamm - Rückenmark - Körperperipherie (in beliebiger Reihenfolge)

16.6 Da einige tausend Axonkollaterale am Motoneuron enden, also auf das Motoneuron ...., läßt sich leicht vorstellen, daß es von der Summe und Richtung der zu jedem Zeitpunkt wirksamen synaptischen Prozesse abhängt, ob ein Motoneuron ein fortgeleitetes Aktionspotential aussendet oder nicht. In diesem Sinne verarbeitet oder "integriert" das Motoneuron (und viele andere Neurone) die an seiner Membran ablaufenden erregenden und hemmenden Prozesse.

konvergieren

Die integrierende Funktion der Motoneurone war schon lange vor der Entdeckung der EPSP und IPSP aus Studien der Muskelkontraktionen nach peripherer und zentraler elektrischer Reizung bekannt geworden. Um die Jahrhundertwende hatte der engliche Physiologe Sherrington das Motoneuron bereits als die "gemeinsame Endstrecke" der Motorik bezeichnet, also als die Zelle, die alle erregenden und hemmenden Einflüsse gegenseitig verrechnet: Aktionspotentiale werden nur dann ausgesandt, wenn die erregenden Einflüsse überwiegen, oder, in moderner Sprache, wenn und solange es zu überschwelligen EPSP kommt.

Überschwellige Erregungen können also durch gleichzeitige oder zeitlich leicht verzögerte EPSP, die sich in ihrer Wirkung addieren, zustande kommen. Laufen die Erregungen schnell hintereinander (repetitiv) an der Zelle ein, so bezeichnen wir den Vorgang als z e i t l i c h e B a h n u n g, erfolgt die Erregung gleichzeitig von mehreren Seiten, so nennen wir dies r ä u m l i c h e B a h n u n g. Diese beiden Vorgänge wollen wir jetzt näher kennen lernen.

16.7 Links in Abb. 16-7A ist eine Versuchsanordnung zur Testung des Effektes repetitiver Reizung eines Axons auf ein Neuron zu sehen. Einzelreiz (rechts oben) rufen ein typisches ...... (EPSP / IPSP) hervor (Gesamtdauer etwa 15 ms). Bei Doppelreizung mit einem Reizabstand von etwa 4 ms (rechts mitte) beginnt das zweite ...., ... (bevor / nachdem) das erste völlig abgeklungen ist.

EPSP - EPSP - bevor

16.8 Da das zweite EPSP beginnt .... das erste völlig abgeklungen ist, wird die Zelle stärker .... (depolarisiert / hyperpolarisiert), d.h. das Membranpotential .... (nähert / entfernt) sich der Schwelle. Ein drittes, 4 ms später auftretendes EPSP (rechts unten in Abb. 16-7A) erreicht die Schwelle und löst ein fortgeleitetes Aktionspotential aus.

bevor - depolarisiert - nähert

16.9 Kurz hintereinander ausgelöste EPSP addieren sich also in ihrer erregenden Wirkung auf ein Neuron. Diese Art der Erregbarkeitssteigerung durch aufeinanderfolgende EPSP wird daher als .... bezeichnet.

zeitliche Bahnung

16.1o Zeitliche Bahnung ist nur möglich, weil die Dauer der EPSP .... (kürzer / länger / gleich lang) ist ...... (als / wie) die Refraktärzeit (1-2 ms) der Axone. Zeitliche Bahnung ist von großer physiologischer Bedeutung, da viele nervöse Prozesse, z.B. Rezeptorentladungen, repetitiv ablaufen und sich dadurch an Synapsen zu überschwelligen Erregungen summieren können.

länger - als

16.11 Die Versuchsanordnung in Abb. 16-7B erlaubt die Darstellung räumlicher Bahnung: Reiz 1 erzeugt ein unterschwelliges ...... (rechts oben), alleinige Reizung von 2 (rechts mitte) ergibt ebenfalls ein unterschwelliges .... Werden jedoch 1 und 2 gleichzeitig gereizt (rechts unten) so wird die Schwelle erreicht und ein fortgeleitetes .... ausgelöst.

EPSP - EPSP - Aktionspotential

16.12 Die gemeinsame Reizung von 1 und 2 (ebenso wie die dreifache Reizung in A) führen zu einem ...., also zu einem Prozess, der durch die einzelnen EPSP nicht ausgelöst werden konnte. Bahnung, zeitlich oder räumlich, liegt also vor, wenn .... (mehr / weniger / gleich viele) fortgeleitete Erregungen auftreten .... (als / wie) der Summe der Einzelwirkungen entsprechen.

fortgeleiteten Aktionspotential - mehr - als

16.13 Abb. 16-13 A-C soll diese Feststellung verdeutlichen. Die Kreise symbolisieren Neurone, ausgefüllte Kreise bedeuten ein überschwelliges EPSP, halbgefüllte Kreise ein unterschwelliges EPSP. Wie in Abb. 16-1A sollen 2 afferente Rezeptorpopulationen einen teilweise überlappenden Kontakt (Konvergenz) zu den 12 Neuronen haben. Reizung der Rezeptorpopulation A führt zu einem unterschwelligen EPSP in 5 Neuronen und zu einem fortgeleiteten Aktionspotential in ...... Neuronen.

3

16.14 Reizung der Rezeptorpopulation B führt zu einem fortgeleiteten Aktionspotential in ..... Neuronen und zu unterschwelligen EPSP in ..... Neuronen. Von den letzteren sind ..... Neurone identisch mit den von der Rezeptorpopulation A erregten (überschwellig und unterschwellig) Neuronen. Werden beide Rezeptorpopulationen gemeinsam gereizt (in C), so wird eine überschwellige Erregung nicht nur in 3 + 2 = 5 sondern in insgesamt .... Neuronen ausgelöst. Es liegt also eine .... vor.

2 - 6 - 4 - 8 - räumliche Bahnung

16.15 Durch die gleichzeitige Reizung beider Rezeptorpopulationen werden also insgesamt ..... Neurone überschwellig erregt, also ..... mehr als es der Summe der bei Einzelreiz überschwellig erregten Neurone entspricht. Wie gesagt, diesen Vorgang bezeichnen wir als ...., in diesem Falle als .... (zeitliche / räumliche) ....

8 - 3 - Bahnung - räumliche Bahnung

16.16 Es kann aber auch der Fall eintreten, daß jeweils beide Rezeptorpopulationen bei getrennter Reizung die mittlere Reihe von Neuronen plus 2 Neurone der rechten oder linken Kolonne erregen. Diese Situation ist durch die schwarze und rote Einrahmung in 16-13D angedeutet. Jeder Einzelreiz erregt also überschwellig ...... Neurone.

6

16.17 Werden unter diesen Bedingungen in 16-13D beide Rezeptorpopulationen gleichzeitig gereizt, so werden nicht 6 + 6 = 12 Neurone sondern lediglich ..... Neurone überschwellig erregt. Diesen Befund bezeichnet mans als O c c l u s i o n. Der in A-C gezeigte Vorgang der .... kann also, z.B. bei einer Zunahme der Erregbarkeit der beteiligten Neurone durch weitere Einflüsse, in .... umschlagen.

8 - räumlichen Bahnung - Occlusion

16.18 Halten wir fest: ist der Reizerfolg mehrerer gleichzeitig oder kurz hintereinander gegebener Reize größer als die Summe der Einzelreize, so bezeichnen wir dies als .... Ist der Reizerfolg kleiner als die Summe der Einzelreize, so nennen wir dies ....

Bahnung - Occlusion

Pharmakologische Ausschaltung hemmender Prozesse des ZNS (Strychnin, Tetanustoxin!) führt zu Krämpfen und Tod. Offensichtlich dienen hemmende Schaltkreise der Unterdrückung überflüssiger und überschiessender Erregungen. Diese Aufgabe wird vor allem von solchen Schaltkreisen wahrgenommen, die auf die Erregung selbst zurückwirken, wobei sie diese umso stärker hemmen, je stärker die Erregung ursprünglich war. In der Elektronik sind solche Schaltungen als "negative Rückkoppelungen" bekannt geworden. Daneben gibt es hemmende Schaltkreise, die automatisch während eines Erregungsvorganges entgegengesetzte Erregungsvorgänge unterdrücken oder dafür sorgen, daß eine Erregung ungestört von benachbarter Aktivität bleibt. Wir wollen uns jetzt diesen verschiedenen, für das ZNS typischen hemmenden Schaltkreisen zuwenden.

16.19 Wir hatten bereits gehört, daß die Afferenzen der Dehnungsrezeptoren der Muskelspindeln (Ia-Fasern genannt) an ihren homonymen Motoneuronen .... (erregende / hemmende) Synapsen und an antagonistischen Motoneuronen .... (erregende / hemmende) Synapsen bilden. Diese Situation ist in Abb. 16-19A dargestellt. Die Hemmung wird als "antagonistische" Hemmung bezeichnet. Hier, wie auch in B und C sind die hemmenden Interneurone rot eingezeichnet und gehemmte Zellen rot aufgerastert.

erregende - hemmende

16.2o Werden also die Ia-Afferenzen aus den Muskelspindeln eines Beugemuskels aktiviert (Pfeile in 16-19A), so erregen sie die Motoneurone des homonymen ....-Muskels und hemmen die Motoneurone der am gleichen Gelenk angreifenden ....-Muskeln.

Physiologisch ist diese Art der Hemmung, genannt ....
sinnvoll, da dadurch die Bewegung der Gelenke "automatisch",
d.h. ohne jede zusätzliche willkürliche oder unwillkürliche
Steuerung .... (erleichtert / erschwert) wird.

Beuge- - Streck- - antagonistische Hemmung - erleichtert

16.21 In 16-19A unterdrückt die antagonistische Hemmung Erregungsvorgänge ohne die Erregung, von der sie erzeugt wurde, zu beeinflussen. Es liegt also keine Rückkoppelung vor. Dagegen wirken die hemmenden Interneurone in Abb. 16-19B auf diejenigen Zellen zurück, von denen sie selbst aktiviert wurden. Hier gibt es also eine .... (negative / positive) Rückkoppelung und man bezeichnet diese Hemmung als Feed.......-Hemmung.

negative - -back

16.22 Ein besonders klares Beispiel einer solchen ......-Hemmung liefern die Motoneurone. Wie Abb. 16-19B zeigt, geben diese (schon im Rückenmark) Kollaterale zu hemmenden Interneuronen ab, deren Axone wiederum hemmende Synapsen auf Motoneuronen bilden. Nach seinem Entdecker wird der hemmende Schaltkreis als Renshaw-Hemmung bezeichnet und die hemmenden Interneurone werden Renshaw-Zellen genannt.

Feedback

16.23 Die nach ihrem Entdecker bezeichnete ....-Hemmung stellt ein Beispiel einer ....-Hemmung dar, bei der durch .... Rückkoppelung die Aktivität der Motoneurone umso mehr gehemmt wird, je .... (mehr / weniger) die Motoneurone Aktionspotentiale aussenden und dadurch die hemmenden Interneurone erregen.

Renshaw - Feedback - negative - mehr

16.24 Eine im ZNS häufig angewandte Form der Feedback-Hemmung ist schliesslich in Abb. 16-19C illustriert. Die hemmenden Interneurone sind so verschaltet, daß sie nicht nur auf die erregte (Pfeil) Zelle selbst zurückwirken, sondern auch auf benachbarte Zellen gleicher Funktion und zwar so, daß diese Zellen besonders .... (stark / wenig) gehemmt werden.

stark

16.25 Eine solche Hemmung bezeichnet man als laterale Hemmung, da sie dafür sorgt, daß lateral (=seitlich) von der Erregung eine Hemmzone entsteht. Erregung ist also auf allen Seiten, rundherum, im Umfeld von Hemmung umgeben, daher auch der Ausdruck ....-Hemmung.

Umfeld

16.26 Umfeld- oder laterale Hemmung spielt eine besonders große Rolle in afferenten Systemen. Ihre Vorteile werden im Kapitel "Sensorische Systeme" ausführlich geschildert. Die Umfeld- oder .... Hemmung ist teils als postsynaptische (rechts in Abb. 16-19C), teils als präsynaptische (links in C) Hemmung ausgeführt.

laterale

Die große Bedeutung hemmender Schaltkreise für das normale Funktionieren des ZNS ist vielfach experimentell nachgewiesen worden und allgemein anerkannt. Umstritten ist dagegen die immer wieder vorgebrachte Ansicht, daß im ZNS auch positiv rückgekoppelte Schaltkreise vorliegen, die durch Rückkoppelung von Erregung auf bereits erregte Zellen zu einem Kreisen der Erregung führen würden. Eine solche erregende Rückkopplung ist in Abb. 16-27A skizziert. Sie könnte dazu dienen, eine einmal induzierte Aktivität für längere Zeit aufrecht zu erhalten. Das Kurzzeitgedächtnis wird von verschiedenen Seiten auf ein Kreisen von Erregungen in solchen positiv rückgekoppelten Schaltungen zurückgeführt, jedoch gibt es experimentell dafür so gut wie keine Anhaltspunkte. Es muß also derzeit offen bleiben, ob erregende Rückkopplungen im ZNS in nennenswertem Umfang vorkommen und welche physiologische Bedeutung sie haben.

Besser bekannt ist eine andere Möglichkeit, die Wiederholung induzierter Aktivität zu erleichtern: wiederholte (repetitive, tetanische) Benutzung einer Synapse führt oft zu einer beträchtlichen Vergrößerung der synaptischen Potentiale, ein Phänomen, das p o s t t e t a n i s c h e P o t e n z i e r u n g genannt wird. Die wahrscheinlichen Ursachen der posttetanischen Potenzierung werden wir in den nächsten Lernschritten kennen lernen. Danach sollen einige Fragen der Überprüfung des neuen Wissensstoffes dienen.

16.27 Im Experiment der Abb. 16-27B ergab Einzelreizung EPSP von etwa 4 mV. Nach tetanischer (repetitiver) Reizung (Dauer 1 Minute, Frequenz 1oo/s = ... Reize) betrug die Amplitude des EPSP etwa ..... mV, also etwa ....% des Ausgangswertes. Dieses Phänomen bezeichnet man als .... Potenzierung.

6ooo - 11 - etwa 275 - posttetanische

16.28 Die posttetanische .... nimmt zunächst rasch, dann langsamer ab und ist in dem gezeigten Beispiel nach etwa ... Minuten nicht mehr zu sehen. Dauer und Ausmaß der posttetanischen ...... hängen sehr stark von der untersuchten Synapse und der Art und Frequenz der repetitiven Reizung ab. Die längsten bisher bekannten posttetanischen .... dauern mehrere Stunden.

3,5 - 4 - Potenzierung - Potenzierung - Potenzierungen

16.29 Die nach repetitiver Reizung auftretende ....

wird durch eine vermehrte Freisetzung von Transmittersubstanz verursacht. Zwei Mechanismen werden dafür vor allem verantwortlich gemacht: eine Vergrößerung der Amplitude des präsynaptischen Aktionspotentials (über eine Erhöhung des Ruhepotentials) und eine erhöhte Bereitstellung von Transmitter am synaptischen Spalt (Mobilisation).

posttetanische Potenzierung (verbesserte synaptische Übertragung)

16.3o Prägen wir uns also ein: bei der posttetanischen Potenzierung setzt ein präsynaptisches Aktionspotential mehr Überträgerstoff frei. Die vermehrte Überträgerstoffreisetzung beruht wahrscheinlich auf 2 Mechanismen: einer .... des präsynaptischen Aktionspotentials und einer .... von Transmitter am synaptischen Spalt.

Vergrößerung der Amplitude - Mobilisation (vermehrten Bereitstellung)

16.31 Betrachten Sie jetzt nochmals Abb. 16-7A. Wie wird eine Verminderung der Reizfrequenz die zeitliche Bahnung verändern?
a) Führt zu einer Verbesserung
b) Führt zu einer Verschlechterung
c) Ändert die zeitliche Bahnung nicht

b

16.32 Definieren Sie den Begriff der Occlusion!

siehe Lernschritt 16.18

16.33 In Abb. 16-13B führt Einzelerregung zu einer überschwelligen

Erregung in ...... Neuronen und zu unterschwelliger Erregung in ..... Neuronen. Durch zeitliche Bahnung können also insgesamt ..... Neurone überschwellig erregt werden. Ist dies eine Bahnung im Sinne der im Lernschritt 16.18 gegebenen Definition?

2 - 6 - 8 - ja

16.34 Nennen Sie mindestens 3 der vier Regionen des Nervensystems, die bahnende und hemmende Verbindungen zu den Motoneuronen haben.

siehe Abb. 16-1, Afferenzen = peripheres Nervensystem = Körperperipherie

16.35 Skizzieren Sie schematisch einen Schaltkreis antagonistischer Hemmung und den Reflexweg der Renshaw-Hemmung.

Abb. 16-19 A, B

16.36 Welche Besonderheit zeichnet die Umfeldhemmung (laterale Hemmung) gegenüber der generalisierten feedback-Hemmung aus?

Lernschritt 16.24

Lektion 17 Der monosynaptische Reflexbogen

Die Rezeptoren sind die Fühler des Organismus, die es ihm ermöglichen, Veränderungen in der Umwelt oder in ihm selbst zu erkennen (siehe Lernschritt 1.1a) und anschliessend darauf zu reagieren. In vielen Fällen sind die Afferenzen der Rezeptoren so verschaltet, daß ihre Aktivierung jedesmal zu bestimmten, stereotypen Reaktionen des Organismus führt, die sich im Laufe der stammesgeschichtlichen oder individuellen Entwicklung als besonders zweckmässige Antworten herausgestellt hatten. Solche stereotypen Reaktionen des ZNS auf sensible Reize nennen wir Reflexe.

Eine Vielzahl von Beispielen sind Ihnen sicher geläufig: Anfassen eines heißen Gegenstandes läßt uns die Hand zurückziehen, noch bevor uns der Hitzeschmerz bewußt wurde und wir willkürlich darauf hätten reagieren können; Berühren der Hornhaut des Auges führt immer zu einem Lidschlag (Cornealreflex); Fremdkörper in der Luftröhre verursachen Husten; Verbringen von Speisen an die hintere Rachenwand der Mundhöhle löst Schlukken aus und so weiter.

Die meisten Reflexe laufen jedoch ab, ohne daß wir bewußt von ihnen Notiz nehmen. Z.B. diejenigen Reflexe, die für die Passage oder Aufbereitung der Nahrungsmittel im Magen und Darmtrakt sorgen, oder die, die Kreislauf und Atmung kontinuierlich an die jeweiligen Erfordernisse des Organismus anpassen. Ebenfalls wenig bewußt werden uns normalerweise all die motorischen Reflexe, die tagaus tagein die aufrechte Haltung unseres Körpers im Raum bewirken, unser Gleichgewicht bewahren und durch entsprechende Mit- und Gegenregulation es ermöglichen, willkürliche Bewegungen sicher auszuführen. Von der Vielzahl der Reflexbögen, die an dieser Steuerung der Motorik beteiligt sind, wollen wir hier nur den einfachsten kennen lernen, nämlich den monosynaptischen Reflexbogen des Dehnungsreflexes, der trotz seines einfachen Bauplanes wahrscheinlich der wichtigste Reflex der Motorik ist. In den ersten Lernschritten werden wir zunächst das Rezeptororgan dieses Reflexbogens, die Muskelspindel, besprechen.

Lernziele: Zeichnen des Reflexbogens des monosynaptischen Dehnungs-(Eigen)reflexes und Benennung seiner Anteile. Zeichnen (schematisch) einer Muskelspindel mit ihrer primär sensiblen und ihrer motorischen

Innervation. Auswendig wissen, daß die primären Dehnungsrezeptoren sowohl über passive Dehnung des Muskels wie über aktive Kontraktion der intrafusalen Muskelfasern aktiviert werden können. Die minimale Reflexzeit des monosynaptischen Eigenreflexes berechnen können, wenn Länge und Leitungsgeschwindigkeit der afferenten und efferenten Schenkel vorgegeben werden. Schildern können, welche Rolle der monosynaptische Reflexbogen bei der Konstanthaltung der Muskellänge spielt und auf welche Weise über die γ-Schleife die Muskellänge verstellt werden kann.

17.1 In jedem Muskel liegen eine Anzahl Muskelfasern, die dünner und kürzer als die gewöhnlichen Muskelfasern sind. Meist liegen einige von ihnen zusammen und sind, wie Abb. 17-1 zeigt, von einer bindegewebigen Kapsel umgeben. Dieses Gebilde wird seiner Form wegen .... genannt.

Muskelspindel

17.2 In der bindegewebigen Kapsel einer Muskelspindel liegen also einige Muskelfasern, die .... (dünner / dicker) und ...... (kürzer / länger) als gewöhnliche Muskelfasern sind. Da sie in der Kapsel liegen, werden sie .... Muskelfasern genannt, während die gewöhnlichen Muskelfasern als extrafusale Muskelfasern bezeichnet werden.

dünner - kürzer - intrafusale

17.3 Die intrafusalen Muskelfasern besitzen genau wie die extrafusalen eine motorische Innervation. Auch die Motoaxone der intrafusalen Muskelfasern sind dünner als normale Motoaxone. Letztere werden meist als A α-Fasern, abgekürzt α-Fasern bezeichnet, während man die Motoaxone der intrafusalen Muskulatur Aγ-Fasern, abgekürzt ...-Fasern nennt.

γ

17.4 Zusätzlich zur motorischen Innervation über .... besitzen die Muskelspindeln auch eine sensible Innervation (Abb. 17-1). Diese afferenten Fasern schlingen sich annulospiralig um das Zentrum der intrafusalen Muskelfasern, es sind dicke, markhaltige Afferenzen, die als ....-Fasern bezeichnet werden. Die Endplatten der γ-Fasern sitzen mehr endständig auf den intrafusalen Muskelfasern.

γ-Fasern - Ia-

17.5 Fassen wir zusammen: in der bindegewebigen Kapsel einer Muskelspindel liegen einige wenige Muskelfasern, die als .... bezeichnet werden und .... (dünner / dicker) und .... (länger / kürzer) als extrafusale Muskelfasern sind. Zusätzlich zur motorischen Innervation über .... (α / γ) Fasern besitzen die Muskelfasern der Spindeln noch eine sensible Innervation durch eine .... Die annulospiralige Endigung dieser Afferenzen liegt in der .... (Peripherie / im Zentrum) der .... Muskelfaser.

intrafusale Muskelfaser - dünner - kürzer - γ - Ia-Faser (oder Ia-Afferenz) - im Zentrum - intrafusalen

17.6 Funktionell gesehen sind die Muskelspindeln Dehnungsrezeptoren. Wird der Muskel und damit die in ihm liegenden Muskelspindeln gedehnt, so werden von den annulospiralen Endigungen Aktionspotentiale nach zentral gesandt, deren Frequenz dem Ausmaß der Dehnung proportional ist. Je mehr der Muskel gedehnt wird, d.h. je länger er wird, desto .... (größer / geringer) ist also die Impulsfrequenz der Muskelspindeln.

größer

17.7 Kontrahiert sich der Muskel, so werden die Muskelspindeln entdehnt und die Impulsfrequenz der Ia-Fasern wird geringer oder sogar Null. Die Muskelspindeln signalisieren also die .... (Länge / Spannung) des Muskels.

Länge

Viele, wenn auch nicht alle Muskelspindeln, besitzen eine weitere sensible Innervation, die meist zwischen der annulospiralen Endigung und der Endplatte liegt. Auch diese sensiblen Endigungen sind dehnungsempfindlich. Ihre afferenten Fasern sind aber dünner (Gruppe II Fasern) als die der annulospiralen Endigungen. Letztere nennt man wegen der Ia-Innervation auch primäre Muskelspindelendigungen, die von Gruppe II Fasern innervierten Endigungen auch sekundäre Muskelspindelendigungen. Die funktionelle Bedeutung der sekundären Endigungen ist noch weitgehend ungeklärt und wird hier nicht weiter erörtert. Wir fragen uns jetzt, welche Wirkung Dehnung der Muskelspindeln auf die homonyme extrafusale Muskulatur hat.

17.8 Es ist bei der Besprechung der zentralen erregenden Synapsen und in Abb. 16-19A bereits gezeigt worden, daß die Ia-Fasern .... (erregende / hemmende) Synapsen auf homonymen Motoneuronen bilden. Aktivierung der primären Muskelspindelendigungen durch Dehnung des Muskels führt also zu einer .... (Erregung / Hemmung) der homonymen Motoneurone.

erregende - Erregung

17.9 Ein entsprechender Versuch ist in Abb. 17-9 aufgezeichnet. Kurzfristige Dehnung des Muskels durch einen leichten Hammerschlag auf den Registrierhebel führt, wie die Registrierkurve zeigt, nach einer kurzen Latenz zu einer .... des Muskels.

Kontraktion (Zuckung)

17.1o Die kurzfristige Dehnung hat also primäre Muskelspindelendigungen aktiviert, sodaß über die Ia-Fasern eine Salve von Aktionspotentialen ins Rückenmark einlief und (unter anderem) m o n o-s y n a p t i s c h e .... (EPSP / IPSP) in den homonymen Motoneuronen auslöste. Einige dieser .... waren überschwellig und lösten eine leichte Muskelzuckung aus.

EPSP - EPSP

17.11 Diesen Reflex nennt man den .... der Muskulatur. Da er nur eine Synapse besitzt, nämlich die der .... auf die homonymen .... wird er ....synaptischer .... genannt.

Dehnungsreflex - Ia-Fasern - Motoneurone - mono- - Dehnungsreflex

17.12 Beim monosynaptischen Dehnungsreflex liegen der Rezeptor (= die ....) und der Effektor (= die extrafusale Muskulatur) im gleichen Organ, nämlich dem Muskel. Der monosynaptische Dehnungsreflex wird daher oft als monosynaptischer ....-Reflex (Eigen / Fremd) bezeichnet.

Muskelspindel - Eigen-

17.13 Ein Reflexbogen besteht, wie Abb. 17-13A zeigt, aus Rezeptor, afferentem Schenkel, einem oder mehreren zentralen Neuronen, einem efferenten Schenkel und einem Effektor. Der Reflexbogen des monosynaptischen Dehnungsreflexes ist das einfachste Beispiel eines kompletten Reflexbogens. Tragen Sie in Abb. 17-13B die einzelnen Komponenten des monosynaptischen Dehnungsreflexes ein.

Muskelspindel (primäre Endigung der) - Ia-Faser - Motoneuron - Motoaxon (α-Motoaxon) - Muskelfaser (extrafusale Muskelfaser, Muskel)

17.14 Das bestbekannte Beispiel eines monosynaptischen Dehnungsreflexes ist der Patellarsehnenreflex: Schlag auf die Sehne des M. quadriceps (Streckmuskels des Kniegelenks auf der Vorderseite des Oberschenkels) unterhalb der Kniescheibe (=Patella) dehnt den Quadriceps kurzfristig. Nach kurzer Latenz kommt es zu einer leichten .... des Muskels, wodurch bei freihängendem Unterschenkel dieser leicht angehoben wird.

Kontraktion (Zuckung)

17.15 Diese Testung des Patellarsehnenreflexes prüft also den Reflexbogen des .... Reflexes. Fehlende, abgeschwächte oder überschiessende Reaktionen würden auf eine Störung hindeuten, die dann durch genaue Untersuchungen diagnostiziert werden müßte. Die Testung der Patellarsehnen- und ähnlicher Reflexe ist also eine sehr einfache Prüfung auf intakte motorische Reflexe.

monosynaptischen Dehnungs-

17.16 Für das Auge ist die Latenz (Reflexzeit) zwischen Hammerschlag und Reflexzuckung kaum merkbar, da sie sehr kurz ist. Sie ist vorwiegend bedingt durch die Leitungszeit der afferenten und efferenten Aktionspotentiale in den Ia-Fasern und den α-Motoaxonen. Der Weg vom M. quadriceps zum Rückenmark und zurück beträgt etwa 8o + 8o = 16o cm. Die Leitungsgeschwindigkeit in Ia-Fasern und α-Motoaxonen ist hoch und beträgt rund 1oo m/s. Wieviel Zeit wird also für die Strecke von 16o cm verbraucht?

16 ms

17.17 Zu diesen 16 ms Leitungszeit kommen noch jeweils weniger als 1 ms (a) für die Umwandlung der Dehnung in eine Erregung der Muskelspindel, (b) für die Übertragung in der Synapse am Motoneuron (Synapsenzeit), (c) für die Übertragung von der Endplatte auf die Muskelfaser und (d) für die Auslösung der Kontraktion durch das Muskelfaseraktionspotential (elektromechanische Koppelung). Insgesamt liegt also die Reflexzeit des monosynaptischen Dehnungs (Eigen) reflexes in der Größenordnung von 2o ms.

Die funktionelle Bedeutung der Dehnungsreflexe wird ausführlicher im Kapitel Motorische Systeme behandelt werden. Aber auf zwei Aspekte wollen wir in den nächsten Lernschritten schon aufmerksam machen. Der eine ist die Frage nach der Bedeutung der motorischen Innervation der Muskelspindeln durch die γ-Motoneurone, der andere ist die Rolle des Dehnungsreflexes bei der aufrechten Körperhaltung, oder allgemeiner, bei der Konstanthaltung einer einmal eingestellten Muskellänge.

17.18 Wir haben bisher eine Möglichkeit kennengelernt, die Dehnungsrezeptoren der Muskeln zu aktivieren: .... (Dehnung / Kontraktion) des Muskels, d.h. der extrafusalen Muskelfasern (vergleiche in Abb. 17-18A mit B). Die zweite Möglichkeit ist in Abb. 17-18C gezeigt: eine Dehnung der sensiblen Endigung im Zentrum der intrafusalen Muskelfaser kann nicht nur über eine Dehnung des Muskels, sondern auch durch eine .... der intrafusalen Muskelfasern erreicht werden.

Dehnung - Kontraktion

17.19 Es gibt also zwei Möglichkeiten, die primären (annulospiralen) Endigungen der Muskelspindeln zu erregen: 1. .... der extrafusalen Muskulatur (also des gesamten Muskels) und 2. .... der intrafusalen Muskulatur. Beide Vorgänge führen zu afferenten Aktionspotentialen in .... Fasern und damit zu .... (EPSP / IPSP) in den homonymen α-Motoneuronen.

Dehnung - Kontraktion - Ia - EPSP

17.2o Kontraktion der extrafusalen Muskulatur kann also von den Muskelspindeln ausgelöst oder zumindest gefördert werden, (a) wenn der Muskel .... wird, (b) wenn die intrafusalen Muskelfasern sich ....

gedehnt - kontrahieren

17.21 Diese beiden Vorgänge können sich auch gegenseitig ergänzen: intrafusale Kontraktion und gleichzeitige Dehnung werden zu einer besonders .... (geringen / starken) Aktivierung der Dehnungsrezeptoren führen. Umgekehrt werden extrafusale Kontraktionen und intrafusale Erschlaffung .... (keinen / einen sehr starken) Reiz auf die Dehnungsrezeptoren der Muskelspindeln ausüben.

starken - keinen

17.22 Zwischen diesen beiden Extremen, maximaler Aktivierung und völliger Inaktivierung, kann durch entsprechend abgestufte Kontraktionen der intrafusalen Muskulatur jeder gewünschte Zwischenwert eingestellt werden. Mit anderen Worten, über die intrafusale "Vorspannung" des Dehnungsrezeptors kann seine Schwelle verändert werden. Bei starker intrafusaler Kontraktion ist die Schwelle des Dehnungsrezeptors auf eine Muskeldehnung .... (erniedrigt / erhöht). Die Muskelspindel reagiert .... (empfindlicher / unempfindlicher) auf eine Muskeldehnung.

erniedrigt - empfindlicher

Willkürliche Bewegungen werden von der Hirnrinde aus eingeleitet. Diese hat nach dem eben Gesagten zwei Möglichkeiten, eine Kontraktion auszulösen. Einmal kann sie die α-Motoneurone erregen, wodurch es zu der gewünschten Kontraktion der extrafusalen Muskulatur kommt, zum anderen kann sie zunächst die γ-Motoneurone erregen, die ihrerseits über eine intrafusale Kontraktion eine Aktivierung des Dehnungsreflexbogens bewirken und dadurch die extrafusale Muskulatur zur Kontraktion bringen. Letztere Möglichkeit wird oft als "γ-Schleife" bezeichnet. Sie erscheint umständlicher als die direkte cortico-spinale Aktivierung der α-Motoneurone, aber es scheint, daß insbesondere fein abgestufte Bewegungen bevorzugt über die γ-Schleife durchgeführt werden. (Näheres im Kapitel Motorisches System). Wir müssen uns jetzt noch der Frage zuwenden, welche Rolle der monosynaptische Dehnungsreflex (Eigenreflex) bei der aufrechten Körperhaltung spielt.

17.23 Unser Körper ist dauernd dem Einfluß der Schwerkraft ausgesetzt, die ihn zu Boden zu ziehen versucht. Z.B. würden unsere Kniegelenke einknicken, wenn nicht durch eine dauernde Anspannung des M. quadriceps, also des Kniestreckers auf der Vorderseite des Oberschenkels, diesem Einknicken entgegengearbeitet würde. Diese Daueranspannung (=Tonus) des M. quadriceps wird .... (willkürlich / unwillkürlich) vom Organismus geregelt.

unwillkürlich

17.24 Jedes leichte, kaum merkbare Einknicken der Kniegelenke führt zu einer .... (Dehnung / Stauchung) des M. quadriceps und damit zu einer .... (verstärkten / abgeschwächten) Aktivierung der Dehnungsrezeptoren der Muskelspindeln. Dadurch kommt es zu einer .... (verstärkten / abgeschwächten) Aktivierung der γ-Motoneurone des M. quadriceps und dadurch zu einer erhöhten Muskelspannung, die das beginnende Einknicken sofort wieder ausgleicht.

Dehnung - verstärkten - verstärkten

17.25 Über den monosynaptischen Dehnungsreflex kann also die Muskellänge, d.h. der Tonus eines Muskels, in einfachster Weise konstant gehalten werden. Eine genügende Empfindlichkeit der Muskelspindel wird dabei über die Kontraktion ......fusaler Muskelfasern vorgegeben.

intra-

17.26 Wird die Aktivierung der γ-Schleife, die von zentralen Strukturen erfolgt, unterbrochen, z.B. im Schlaf, so werden die Dehnungsreflexe .... (gesteigert / vermindert) und der Muskeltonus .... (läßt nach / erhöht sich). (Typisches Beispiel: der Kopf eines im Sitzen Eingeschlafenen sinkt auf die Brust = "Einnicken").

vermindert - läßt nach

17.27 Dehnung eines Muskels aktiviert die Muskelspindelrezeptoren. Umgekehrt führt eine zu starke Kontraktion der extrafusalen Muskelfasern zu einer Entlastung der Dehnungsrezeptoren. Ihre Impulsrate vermindert sich und damit auch der erregende Zufluß zu den Motoneuronen: der Muskeltonus .... (läßt nach / erhöht sich). Für eine über die γ-Schleife vorgegebene Empfindlichkeit der primären Muskelspindelendigungen wird also über den monosynaptischen Dehnungsreflex immer eine bestimmte Muskellänge eingeregelt und konstant gehalten.

läßt nach

17.28 Daraus folgt: erhöht oder vermindert sich die Aktivität der γ-Schleife, so erhöht oder vermindert sich über den monosynaptischen Dehnungsreflex auch die Muskellänge so lange, bis der erregende Zufluß gerade wieder ausreicht, die neue Länge konstant zu halten.

Der monosynaptische Dehnungsreflex ist also sowohl an der Konstanthaltung einer einmal vorgegebenen Muskellänge, wie auch an jeder Veränderung der Muskellänge beteiligt, er ist somit der wichtigste motorische Reflex. Die Muskelspindelrezeptoren sind die Fühler eines Regelkreises (Vergleich: Thermometer im Kühlschrank) und jede Veränderung der Muskellänge (der Kühlschranktemperatur) vom eingestellten Sollwert (also z.B. +4°C an der Wählscheibe des Kühlschrankes) wird von ihnen angezeigt. Dehnt sich der Muskel (steigt die Kühlschranktemperatur), so werden die α-Motoneurone erregt (die Kühlmaschine wird eingeschaltet). Sobald der Sollwert erreicht oder überschritten wird, läßt die Erregung nach (Kühlmaschine wird abgeschaltet). Veränderungen des Sollwertes über die γ-Schleife (Verstellen der Temperatur an der Wählscheibe des Kühlschrankes) führen zu entsprechenden Regulationen der Muskelspindel auf den neuen Sollwert (Erwärmen oder Abkühlen des Kühlschrankes). Der Vergleich mit der Regulation eines Kühlschrankes "hinkt", da die Regelung der Muskellänge wesentlich feiner abgestuft erfolgt als die der Temperatur eines Haushaltskühlschrankes. Er macht aber deutlich, daß der monosynaptische Dehnungsreflexbogen zunächst nur einen Regelkreis darstellt, der jedoch zusammen mit der γ-Schleife zu einer wirkungsvollen Steuerung unserer Muskulatur fähig ist.

Mit den nächsten Lerneinheiten können Sie prüfen, ob Sie die Lernziele dieser Lektion erreicht haben.

17.29 Zeichnen Sie den Reflexbogen des monosynaptischen Dehnungsreflexes.

Entweder wie Abb. 17-9 oder wie 17-13B

17.3o Zeichnen Sie schematisch eine Muskelspindel und benennen Sie ihre Anteile.

Abb. 17-1

17.31 Welche der folgenden Aussagen über die Muskelspindeln sind richtig?

a) Die intrafusalen Muskelfasern sind dünner und länger als die extrafusalen Muskelfasern.
b) Die γ-Motoaxone innervieren die primären Dehnungsrezeptoren.
c) Die Muskelspindeln haben außer der sensiblen keine weitere Innervation.
d) Afferente Salven in den Ia-Fasern hemmen die homonymen Motoneurone und erregen ihre Antagonisten.
e) Alle Aussagen sind richtig.
f) Keine der Aussagen ist richtig.

f

17.32 Welcher der folgenden Vorgänge wird zu einer Erhöhung des Tonus der extrafusalen Muskulatur über den monosynaptischen Dehnungsreflex führen?

a) Passive Verkürzung des Muskels (z.B. ein herunterhängender Unterschenkel wird von einem Dritten gestreckt, wodurch der M. quadriceps passiv verkürzt wird).
b) Aktive Verkürzung der intrafusalen Muskelfasern.
c) Dehnung der extrafusalen Muskelfasern.
d) Erschlaffung der intrafusalen Muskelfasern.
e) Kontraktion der extrafusalen Muskelfasern.

b, c

17.33 Der afferente und efferente Schenkel eines monosynaptischen Dehnungsreflexbogens seien je 12o cm lang (z.B. von einem Fußmuskel). Die Leitungsgeschwindigkeit der afferenten Ia-Fasern beträgt 1oo m/s und die der α-Motoaxone 8o m/s. Wieviele Millisekunden beträgt die Reflexzeit mindestens? (Addieren Sie zu den Leitungszeiten 3 ms für die in 17.17 genannten Vorgänge).

12 + 15 + 3 = 3o ms

17.34 Unter welchen Umständen werden die Dehnungsrezeptoren der Muskelspindeln stärker erregt?

a) Kontraktion der extrafusalen Muskelfasern bei gleichzeitiger Kontraktion der intrafusalen Muskelfasern.
b) Kontraktion der extrafusalen Muskelfasern bei gleichzeitiger Erschlaffung der intrafusalen Muskelfasern.

a

17.35 Schildern Sie mit Ihren Worten die Rolle des monosynaptischen Reflexbogens und der γ-Schleife

a) bei der Konstanthaltung einer vorgegebenen Muskellänge

b) bei der Verstellung der Muskellänge

Entsprechend Lernschritten 17.25 bis 17.28, evtl. auch in Form der anschliessend an 17.28 gegebenen Darstellung.

Lektion 18 Polysynaptische motorische Reflexe

Der monosynaptische Dehnungsreflex besitzt in seinem Reflexbogen nur ein zentrales Neuron, nämlich das Motoneuron. Bei allen anderen motorischen Reflexen sind im Reflexbogen mehrere Neurone hintereinander geschaltet und das Motoneuron ist dabei immer das letzte Glied in der Kette der zentralen Neurone. Diese Reflexe sind also polysynaptisch. Ferner ist bei den polysynaptischen Reflexen Rezeptor und Effektor im Organismus räumlich getrennt, sodaß man sie auch als Fremdreflexe bezeichnet.

Polysynaptische motorische Reflexe spielen eine große Rolle bei der Fortbewegung (Lokomotionsreflexe), bei der Nahrungsaufnahme (Nutritionsreflexe) und bei der Absicherung des Organismus gegen seine Umwelt (Schutzreflexe). Beispiele für jeden dieser Reflextypen werden wir in den nächsten Lerneinheiten kennen lernen. Anschliessend werden wir an einem Beispiel die charakteristischen Eigenschaften der Fremdreflexe herausarbeiten. Dabei sollten wir immer im Auge behalten, daß schon beim monosynaptischen Dehnungsreflexbogen der Reflexerfolg nicht fest (automatengleich) an den Reiz gekoppelt ist, sondern durch andere gleichzeitig am Motoneuron angreifende, bahnende und hemmende Einflüsse modifiziert werden kann. Bei den polysynaptischen Reflexbögen ist es möglich, entsprechend der größeren Anzahl der beteiligten Neurone, den Reflexerfolg noch besser an die jeweiligen Erfordernisse des Organismus anzupassen.

<u>Lernziele</u>: Auswendig wissen, warum polysynaptische Reflexe als "Fremdreflexe" bezeichnet werden. Den Reflexweg der disynaptischen direkten Hemmung aufzeichnen und die Komponenten dieses Reflexweges benennen können. Definieren können, was man beim polysynaptischen Reflex unter den Begriffen "Summation" und "Ausbreitung" versteht. In Auswahl-Antwort-Fragen müssen zeitliche und räumliche Bahnung zentraler Neurone als wesentlichste Ursache von Summation und Ausbreitung erkannt werden. Mindestens je zwei Beispiele für Nutritions- und Schutzreflexe auswendig wissen.

18.1 In Abb. 16-19A ist gezeigt, daß die von den Dehnungsrezeptoren kommenden Ia-Fasern im Rückenmark zu antagonistischen Motoneuronen .... (erregende / hemmende) Verbindungen haben. Diese Verbindung ist .... (monosynaptisch / erfolgt über ein

Interneuron).

hemmende - erfolgt über ein Interneuron

18.2 Der hemmende Reflexbogen der Ia-Fasern auf antagonistische Motoneurone hat also ...... (eine / zwei) zentrale Synapse(n). Es ist der kürzeste, hemmende Reflexbogen den wir kennen. Man nennt ihn daher auch den Reflexbogen der "direkten Hemmung".

zwei

18.3 Die disynaptische Hemmung der Motoneurone von den antagonistischen Ia-Fasern wird als .... Hemmung bezeichnet. Der Reflexbogen enthält .... Interneuron, er ist also .....synaptisch (mono / di).

direkte - ein - di

18.4 Alle anderen von peripheren Rezeptoren (aus den Muskeln, den Gelenken, der Haut) kommenden erregenden und hemmenden Zuflüsse zu den Motoneuronen haben mehr als ein, oft sehr viele, Interneurone auf ihrem Reflexbogen, sie sind also nicht di- sondern poly-........... . Betrachten wir einige Beispiele.

synaptisch

18.5 Beim Neugeborenen führt Berührung der Lippen mit der Brustwarze der Mutter zu Saugbewegungen. Die gleichen Bewegungen lassen sich auch durch eine Fingerspitze oder durch einen Schnuller auslösen, was deutlich den Reflexcharakter dieses Vorganges zeigt. Der Saugreflex ist ein .... (Schutzreflex / Nutritionsreflex).

Nutritionsreflex

18.6 Die (Mechano)-Rezeptoren dieses polysynaptischen Reflexbogens sitzen in der Haut der Lippen; Effektoren sind die Muskeln der Lippen, der Wangen, Zunge, des Rachens, des Brustkorbs und des Zwerchfelles. Der Saugreflex ist also ein sehr komplexer ......-Reflex (Eigen / Fremd), wobei zusätzlich zu bedenken ist, daß die Saugbewegungen mit der normalen Atmung koordiniert werden müssen.

Fremd

18.7 Legt man einem großhirnlosen Frosch ein säuregetränktes Stückchen Filtrierpapier auf die Rückenhaut, so wird er nach kurzer Latenz das Papierstückchen mit der nächstgelegenen Hinterextremität wegwischen. Es ist dies ein Beispiel eines ....(Schutz-/ Nutritions)-Reflexes.

Schutz-

18.8 Beim Wischreflex liegen die (Schmerz)-Rezeptoren in der Haut des Rückens, während die Muskulatur der Hinterextremität der .... ist. Auch dieser Reflex ist also ein polysynaptischer .... (Eigenreflex / Fremdreflex).

Effektor - Fremdreflex

18.9 Der Hustenreflex des Menschen dient dazu, die Atemwege von Hindernissen für das Be- und Entlüften der Lunge freizuhalten. Der Hustenreflex ist also ein typischer ....-Reflex. Die Rezeptoren liegen in der Schleimhaut der Luftröhre (Trachea) und ihrer Verzweigungen (Bronchien).

Schutz-

18.1o Reizung der Schleimhautrezeptoren der Luftröhre lösen also den .... aus. Da die Reizung dieser Rezeptoren auch bewußte Empfindungen auslöst, sodaß wir Reizintensität und Reflexerfolg miteinander vergleichen können, wollen wir an diesem Reflex die charakteristischen Eigenschaften polysynaptischer Reflexe kennen lernen.

Hustenreflex

18.11 Sie werden sicher schon bemerkt haben, daß ein leichtes "Kitzeln" oder "Kratzen" im Hals nicht sofort, wohl aber nach einer Weile zum Husten führt. Wir lernen daraus, daß bei polysynaptischen Reflexen unterschwellige Reize sich zu einem überschwelligen Reiz .... können.

summieren (oder entsprechend)

18.12 Diese Summation ist ein zentrales Phänomen (räumliche und zeitliche Bahnung!), d.h., sie findet an den Interneuronen des Reflexbogens statt, nicht an den peripheren Rezeptoren. Wir hatten ja schon eben erwähnt, daß wir beim Husten vor der Reflexauslösung ....(schon / noch keine) subjektive(n) Missempfindungen haben, ein Zeichen, daß die für den Reflex verantwortlichen Rezeptoren .... (schon / noch nicht) erregt sind.

schon - schon

18.13 Bei polysynaptischen Reflexen können sich für die Reflexauslösung unterschwellige Reize, wenn sie lange genug anhalten, zu überschwelligen Reizen .... Auch bei stärkeren Reizen ist die Zeit zwischen Reizbeginn und Reflexbeginn, also die Reflexzeit, stark von der R e i z i n t e n s i t ä t abhängig: je stärker der Reiz, desto .... (früher / später) beginnt der Reflex. Durch die Summation wird also die Reflexzeit ...... (kürzer / länger).

summieren - früher - kürzer

18.14 Die Reflexzeit ist beim polysynaptischen Reflex wie wir eben gesehen haben stark von der .... abhängig, während beim monosynaptischen Dehnungsreflex die Reflexzeit relativ konstant ist. Die verkürzte Reflexzeit des polysynaptischen Reflexes bei steigender .... ist eine Folge der schnelleren überschwelligen Erregung der zentralen Interneurone des Reflexbogens durch die zahlreicher und intensiver aktivierten Rezeptoren: sie ist also hauptsächlich durch zeitliche und räumliche Bahnung verursacht.

Reizintensität - Reizintensität

18.15 Die Reflexzeit beim polysynaptischen Reflex verkürzt sich also bei steigender Reizintensität, ein Phänomen das man als Summation bezeichnet hat. Auch der Reflexerfolg ist beim polysynaptischen Reflex nicht konstant, sondern nimmt mit steigender Reizintensität zu. Sie erinnern sich, daß Husten in seiner Intensität vom leichten Räuspern bis zum lang anhaltenden Würgehusten reichen kann.

18.16 Der Reflexerfolg beim polysynaptischen Reflex nimmt also bei steigender Reizintensität .... (zu / ab). Dabei greift der Reflex auch auf bisher unbeteiligte Muskelgruppen über, ein Phänomen das als "Ausbreitung" bezeichnet wird. Offensichtlich werden bei starken Reizen bisher unterschwellig erregte Neurone überschwellig erregt.

zu

18.17 Bei einem leichten Räuspern werden vorwiegend Halsmuskeln aktiviert, während bei einem schweren Würgehusten auch die Brust-, Schulter-, Bauch- und Zwerchfellmuskeln teilnehmen. Es findet also eine .... des Reflexes statt.

Ausbreitung

18.18 Fassen wir zusammen: beim polysynaptischen Reflex (oft Fremdreflex genannt, weil Rezeptor und Effektor ....) können sich für den Reflexerfolg unterschwellige Reize zu überschwelligen Reizen ....; etwas anders ausgedrückt: die Reflexzeit (Zeit vom Reizbeginn bis zum Reflexerfolg) hängt von der .... ab.

nicht im gleichen Organ liegen (oder entsprechend) - summieren - Reizintensität

18.19 Weiterhin ist auch der Reflexerfolg beim polysynaptischen Reflex nicht konstant: bei steigender Reizintensität nimmt der Reflexerfolg ...., insbesondere findet eine .... zu Muskelgruppen statt, die bei schwacher Reizintensität nicht beteiligt sind.

zu - Ausbreitung

Bei den motorischen Reflexen, also z.B. den Lokomotions-, Nutritions- und Schutzreflexen, bilden die Motoaxone den efferenten Schenkel des Reflexbogens, während die Rezeptoren vorwiegend in der Haut und in den Muskeln, Sehnen und Gelenken liegen. Es gibt auch zahlreiche polysynaptische Reflexe, die ebenfalls an Motoneuronen enden, aber von Eingeweiderezeptoren ausgehen: das prominenteste Beispiel sind die Atemreflexe, die von Dehnungsrezeptoren der Lunge und Chemorezeptoren des Blutes ausgehen und deren efferente Schenkel die Motoaxone des Zwerchfelles und der Atemmuskeln des Brustkorbes sind.

Die Neurone des vegetativen Nervensystems, die zu Drüsen und glatten Muskeln führen, sind die efferenten Schenkel zahlreicher "vegetativer" Reflexe. Im Kapitel "Vegetatives Nervensystem" werden wir einige Beispiele näher kennen lernen, im jetzigen Zusammenhang seien nur die Stichworte Kreislaufreflexe, Verdauungsreflexe, Sexualreflexe erwähnt.

Die didaktisch notwendige Gruppierung und Typisierung der polysynaptischen Reflexe sollte uns nicht den Blick dafür verstellen, daß es vielerlei Arten von Mischformen gibt und daß jede der bekannten "Einteilungen" in der einen oder anderen Weise willkürlich ist. Z.B. ist der Hustenreflex sicher ein Schutzreflex, aber er ist im engeren Sinne kein motorischer Reflex, denn seine Rezeptoren liegen in der Schleimhaut der Luftröhre und der Bronchien, sie sind also Eingeweiderezeptoren (Viscerozeptoren). Viele der komplexen Reflexe haben auch gleichzeitig motorische und vegetative efferente Schenkel, z.B. die Sexualreflexe.

Ein weiterer Aspekt, der bei der isolierten Betrachtung einzelner Reflexe leicht verloren geht, ist der, daß die meisten Moto- und Interneurone in zahlreichen Reflexbögen vertreten sind. Ein Motoaxon der Rachenmuskulatur wird beispielsweise bei Schluck-, Saug-, Husten-, Nies- und Atemreflexen beteiligt sein, also für zahlreiche Reflexbögen die eine gemeinsame Endstrecke bieten.

Bei den Reflexen, die wir bisher betrachtet haben, handelt es sich um stereotype Reaktionen des Organismus, die im Bauplan des ZNS festgelegt, also angeboren sind. Sie können bei allen Individuen der gleichen Art in praktisch gleicher Form beobachtet werden. Die Neurone dieser präformierten Reflexbögen liegen meist in den entwicklungsgeschichtlich älteren Teilen des ZNS, also in Rückenmark und Hirnstamm, auch wenn es sich um sehr komplexe Reflexe handelt (z.B. Säurewischreflex beim großhirnlosen Frosch). Jedes Individuum hat daneben die Fähigkeit, reflektorische Reaktionen seines Organismus zu erlernen, um dadurch besser und müheloser auf ständig wechselnde Situationen in seiner Umwelt zu reagieren. Diese Reflexbögen der erlernten Reflexe laufen meist über die höheren Abschnitte des ZNS. Die erlernten Reflexe (die auch wieder vergessen werden können) werden nach den verschiedensten Gesichtspunkten von den stereotypen angeborenen Reaktionen des Organismus abgegrenzt. Diese Abgrenzungen und Einteilungen sind nicht Lehrstoff dieses Buches.

Mit den nächsten Lernschritten können Sie ihren Wissenszuwachs überprüfen:

18.2o Ordnen Sie die folgenden Reflexe als Nutritions- oder Schutzreflexe ein:

a) Tränensekretionsreflex
b) Speichelsekretionsreflex
c) Corneal-(Lidschluß)reflex
d) Saugreflex
e) Niesreflex
f) Hustenreflex

Nutritionsreflexe: b, d - Schutzreflexe: a, c, e, f

18.21 Erläutern Sie mit Ihren Worten den Begriff der "Ausbreitung" bei polysynaptischen Reflexen am Beispiel des Hustenreflexes.

entsprechend Lernschritten 18.16 und 18.17

18.22 Welcher der folgenden Prozesse wird als Summation bezeichnet:

a) die Zunahme des Reflexerfolges bei steigender Reizintensität
b) die Modifizierung der Reflexantwort durch gleichzeitig an den Interneuronen des Reflexbogens angreifende Einflüsse
c) die Verkürzung der Latenzzeit zwischen Reizbeginn und Reflexerfolg bei steigender Reizintensität
d) die gleichzeitige Hemmung antagonistischer Motoneurone bei der Erregung homonymer Motoneurone durch die Ia-Fasern

c

18.23 Wieviel zentrale Synapsen hat der Reflexbogen der direkten Hemmung?

a) keine
b) eine
c) zwei
d) drei
e) viele

c

18.24 Zeichnen und benennen Sie schematisch die 5 verschiedenen Anteile eines Reflexbogens.

entsprechend Abb. 17-13A

18.25 Tragen Sie in eine schematische Zeichnung nach Abb. 17-13B die Komponenten des Reflexbogens der direkten Hemmung ein.

Dehnungsrezeptor der Muskelspindel - Ia-Faser - ein Interneuron + antagonistisches Motoneuron - Motoaxon - antagonistischer Muskel

18.26 Welche der folgenden Prozesse an zentralen Neuronen sind an der "Ausbreitung" polysynaptischer motorischer Reflexe beteiligt?

a) Direkte Hemmung
b) Zeitliche Bahnung
c) Posttetanische Potenzierung
d) Occlusion
e) Räumliche Bahnung
f) Keiner dieser Prozesse
g) Alle diese Prozesse

b, e

E Die Kontraktion des Muskels und ihre Steuerung

Das bei weitem am stärksten ausgebildete Organ des Menschen und anderer Wirbeltiere ist die Muskulatur, das "Fleisch". Die Muskeln haben einen Anteil am Gesamtkörpergewicht von 4o - 5o%. Ihre Hauptfunktion ist die Kontraktion, das Entwickeln von Kraft. So kann der Mensch nur über die Betätigung seines Muskeln auf seine Umwelt einwirken. Dies gilt für körperliche Arbeit, jedoch genauso für "geistige Aktivitäten", denn sowohl Sprechen wie Schreiben erfordern das fein abgestimmte Zusammenspiel von Muskeln.

So kann man das Nervensystem, vielleicht einseitig, auffassen als ein Organ, das die auf den Organismus wirkenden Reize mit entsprechenden Muskelkontraktionen beantwortet. Dies macht den Muskel zu einem wichtigen Thema in der Neurophysiologie. Dazu kommt, daß die Arbeitsweise der Muskelzellen besser bekannt ist, als die der meisten anderen Zelltypen. Sowohl die Morphologie, wie die chemischen Reaktionen, wie auch die physiologischen Funktionen der Muskelzellen sind weitgehend erforscht, und diese verschiedenen Betrachtungsweisen sind in den letzten Jahren zu einer einheitlichen Theorie der Muskelkontraktion zusammengefaßt worden. Bei der Besprechung der Funktion der Muskeln muß deshalb besonders auf ihren Aufbau und ihre chemische Zusammensetzung eingegangen werden.

Lektion 19 Die Kontraktion des Muskels

Der wichtigste Anteil der Muskulatur, die Skelettmuskulatur, gliedert sich in einzelne Muskeln, wie sie in Abb. 19-8 für die Rückseite des Oberarms dargestellt sind. Ein solcher Muskel ist ein langgestrecktes "Fleischpaket", das an beiden Enden in feste Sehnen ausläuft. Über diese Sehnen wird der Muskel mit den Knochen, dem "Skelett" verknüpft und kann auf diese einwirken. Zum Studium seiner Funktion wird der Muskel meist isoliert, dies ist leicht möglich, indem die Sehnen durchtrennt werden. An den Sehnenstümpfen kann der Muskel dann in geeigneter Weise in einem Versuchsbad befestigt werden. Die Reaktionen eines solchen Muskels auf Erregung seiner Fasern soll nun besprochen werden.

Lernziele: Beschreiben des Aufbaus des Muskels aus Fasern und Sehnen, und des Feinbaus des kontraktilen Apparates. Zeichnen des Aufbaus des Sarkomers aus Myosin- und Actin-Filamenten. Definieren von isometrischen und isotonischen Kontraktionen. Zeichnen der Relation des Zeitablaufs von Aktionspotential und ausgelöster Kontraktion. Schilderung der während der Kontraktion zwischen Myosin und Actin auftretenden Reaktionen. Schematische Zeichnung der Verschiebung der Myosin- und Actinfilamente gegeneinander während der Kontraktion.

19.1 Wird ein Muskel durch Impulse im motorischen Nerven (siehe neuromuskuläre Übertragung, Lektion 12), oder durch direkte überschwellige Depolarisation seiner Fasern ...., so kontrahiert er sich, d.h. er versucht sich zu verkürzen, wobei er an seinen Befestigungen zieht. Ob bei der Kontraktion eine Verkürzung des Muskels eintritt, hängt davon ab, ob die Befestigung nachgeben kann.

erregt

19.2 Wegen des Einflusses der Befestigungen auf die Muskel....... ist es üblich, diese auf eine von 2 Arten zu messen: 1. Bei beweglicher, aber konstanter Last an einem Ende als i s o t o n i s c h e Kontraktion (Abb. 19-2A), dabei wird die Kontraktion als ....-änderung bei konstanter Last registriert.

-kontraktion - Längen-

19.3 Die zweite Form der Kontraktionsmessung ist in Abb. 19-2B gezeigt: Beide Enden des Muskels sind fest eingespannt, es wird bei dieser i s o m e t r i s c h e n Kontraktion die Kraftänderung bei konstanter .... bestimmt.

Länge

19.4 Eine Kontraktion des Muskels, bei der die Belastung konstant bleibt und er sich verkürzen kann, wird also als .... bezeichnet. Kontraktionen, bei denen die Muskellänge konstant bleibt und sich die ausgeübte Kraft ändert, heißen .... Kontraktionen.

isotonisch - isometrische

Bei den natürlichen Kontraktionen der Muskeln sind die Bedingungen der Isotonie oder Isometrie kaum streng erfüllt. Wenn mit dem Arm z.B. ein Eimer Wasser angeboben wird, so ist das für den Arm eine "isotonische Verkürzung", die Belastung der einzelnen Muskeln des Armes wird jedoch wegen der Änderung der Winkelstellung der Armknochen nicht ganz konstant bleiben. Annähernd isometrische Bedingungen herrschen zum Beispiel, wenn der Rumpf des Körpers durch gleichzeitiges Anspannen der Rücken- und der Bauchmuskulatur stabilisiert wird, wenn man "Haltung" annimmt.

19.5 Wird ein Muskel durch einen Einzelreiz erregt, so kontrahiert er sich kurz, er "zuckt". Unter isotonischen Bedingungen wird diese Einzelkontraktion als vorübergehende .... (Verkürzung / Verlängerung) registriert, unter isometrischen Bedingungen als vorübergehende Zunahme der ....

Verkürzung - Kraft

19.6 Den Zeitverlauf einer isometrischen Kontraktion eines Warmblütermuskels zeigt Abb. 19-6. Die Kraft steigt etwa in ..... ms auf das Maximum an, und fällt etwas langsamer auf den Ruhewert zurück. Es läßt sich also eine Anstiegs- und eine Erschlaffungsphase der Kontraktion unterscheiden. Bei isotonischer Kontraktion ist der Zeitverlauf der Längenänderung ganz ähnlich wie der der Kraft in Abb. 19-6.

ca 8o ms

19.7 Der Verlauf der Muskelkontraktion ist dabei etwa 1oo mal .... (langsamer / schneller) als der des Aktionspotentials. Der Anstieg des Muskelaktionspotentials dauert weniger als .... ms, während die Kontraktion etwa in ...... ms ihr Maximum erreicht.

langsamer - 1 - 1oo

Die Dauer der Muskelkontraktion ist allerdings bei den verschiedenen Muskeln nicht so gleichförmig wie das Aktionspotential. Die in Abb. 19-6 gezeigte Kontraktionskurve eines Daumenmuskels ist ein Beispiel für einen "schnellen" Warmblütermuskel. Es gibt auch langsame Warmblütermuskeln, deren Kontraktion erst nach 2oo ms das Maximum erreicht, und bei Kaltblütermuskeln niedriger Temperatur kann die Anstiegsphase der Kontraktion Sekunden dauern.

Der Mechanismus der Muskelkontraktion kann nur genauer dargestellt werden, wenn die Feinstruktur der Muskelfasern bekannt ist, wie sie in der Abb. 19-8 gezeigt wird:

19.8 Der in Abb. 19-8A gezeigte Oberarmmuskel setzt sich aus Faserbündeln (19-8B) zusammen. Die einzelnen Muskelfasern des Bündels sind einige bis viele Zentimeter lange Zellen mit o.o1 - o.1 mm

(......µ bis ......µ) Durchmesser. Die Muskelfasern durchlaufen meist die Gesamtlänge des Muskels und enden an beiden Enden in .... (Knochen / Sehnen).

1oµ bis 1ooµ - Sehnen

19.9 Die Zellen des Muskels, die Muskel........., haben eine erregbare Zellmembran. Sie enthalten in hoher Konzentration kontraktile Eiweißstrukturen. Diese sind faserförmig in der Längsrichtung der Muskelzelle angeordnet und heißen M y o f i b r i l l e n (Abb. 19-8C und D).

-fasern

19.1o Die Muskelfasern zeigen bei mikroskopischer Betrachtung eine Querstreifung. Dieses Streifenmuster entsteht dadurch, daß in der Faser längsverlaufende Strukturen, die Myo.......... (Abb. 19-8D) quergestreift sind und in der Faser strenggeordnet nebeneinander liegen.

-fibrillen

19.11 Die Querstreifung der innerhalb der Faser nebeneinander liegenden .... wird dadurch erzeugt, daß in ihnen das Licht stark doppelbrechende und schwach doppelt brechende Anteile regelmässig aufeinander folgen. Sie sind entsprechend in Abb. 19-8D als anisotrope A-Bänder und als isotrope I-Bänder bezeichnet.

Myofibrillen

19.12 In der Mitte des I-Bandes liegt ein dünner dunkler Streifen, die ....-Scheibe (Abb. 19-8D). Die Strecke zwischen zwei

Z-Scheiben ist die kleinste funktionelle Einheit der Myo......, das S a r k o m e r. Dies ist etwa 2μ lang.

Z - -fibrille

19.13 Bezeichnen Sie bitte, ohne noch einmal die Abb. 19-8 zu betrachten, in der schematischen Zeichnung 19-13 die A- und I-Bänder und die Z-Scheiben.

s. Abb. 19-8D

19.14 In der kleinsten funktionellen Einheit, dem ...., kann mit Hilfe des Elektronenmikroskops die Feinstruktur weiter aufgelöst werden (Abb. 19-8E-I). Die ......-Scheibe verknüpft nebeneinander liegende dünne Myofilamente. Im mittleren Anteil des .... liegen zwischen den dünnen Myofilamenten dicke Myofilamente.

Sarkomer - Z - Sarkomers

19.15 Die Querschnitte in Abb. 19-8F-G an verschiedenen Stellen des .... zeigen, daß die dünnen und dicken Myo...... kristallähnlich streng geordnet nebeneinander liegen.

Sarkomers - -filamente

19.16 Mit chemischen Methoden wurde nachgewiesen, daß die dünnen .... aus dem Eiweiß Actin (Abb. 19-8K-J) bestehen und die dicken .... aus anderen langgestreckten Eiweißmolekülen, dem Myosin, zusammengesetzt sind (Abb. 19-8L-N).

Myofilamente - Myofilamente

19.17 Damit bestehen die I-Bänder der Myofibrille vorwiegend aus dem Eiweiß .... und die A-Bänder im mittleren Anteil ganz aus dem Eiweiß ...., in den seitlichen Anteilen des A-Bandes sind sowohl .... wie .... vorhanden.

Actin - Myosin - Actin - Myosin

Die chemischen und physikalischen Prozesse, die der Kontraktion zugrunde liegen, werden deutlich, wenn man das Verhalten der in Abb. 19-8 dargestellten Strukturelemente des Muskels während der Kontraktion betrachtet.

19.18 Wenn der Muskel sich verkürzen kann, also z.B. bei einer iso.... Kontraktion, fällt auf, daß die Breite der A-Bänder konstant bleibt, während die I-Bänder schmäler werden. Die Doppelbrechung im A-Band entsteht durch die Anwesenheit der ...filamente. Wenn die Breite der A-Bänder während der Kontraktion konstant bleibt, muß auch die Länge der Myosinfilamente während der Kontraktion konstant bleiben.

-tonischen - Myosin-

19.19 Das I-Band wird während der isotonischen Kontraktion .... Trotzdem kann man durch elektronenmikroskopische Aufnahmen zeigen, daß auch die Actinfilamente, die ja im .....-Band allein vorhanden sind, während der Kontraktion nicht kürzer werden.

schmaler - I

19.2o Die Sarkomerlänge nimmt vielmehr während der Kontraktion dadurch ...... (ab / zu), daß die Actin- und die Myosinfilamente aneinander vorbei gleiten (sliding filaments). Das I-Band wird also dadurch verschmälert, daß dort Actinfilamente zwischen die ......-filamente gleiten.

ab - Myosin-

19.21 Die Verschiebung der Myosin- und ....-filamente während der Kontraktion wird durch Abb. 19-21 veranschaulicht. In A ist der Zustand am Beginn einer Kontraktion gezeigt. Während der Kontraktion .... die Actinfilamente zwischen die Myosinfilamente, den Zustand beim Maximum der Kontraktion zeigt B.

Actin- - gleiten (oder ähnlich, z.B. schieben)

19.22 Durch die Verschiebung der Filamente gegeneinander verringert sich der Abstand von Z-Scheibe zu Z-Scheibe, das ...... (Sarkomer / A-Band) wird kürzer. Diese Verkürzung geschieht auf Kosten des ......-Bandes, da die Länge der Myosinfilamente, die die ....-Bänder hervorrufen, konstant bleibt.

Sarkomer - I - A

19.23 Die maximal mögliche Verkürzung des Muskels ist in Abb. 19-21B fast erreicht. Die ......-filamente berühren schliesslich die Z-Scheiben, bei dieser maximalen Verkürzung .... (verschwinden / verlängern sich) die I-Bänder.

Myosin- - verschwinden

19.24 Welche Kräfte bewirken nun die Verschiebung der Myofilamente während der Kontraktion? In Abb. 19-21 sind zwischen Actin- und Myosinfilamenten schräge Striche eingezeichnet, die von den ......-filamenten ausgehen. Diese sollen Brücken symbolisieren, Molekülgruppen, die chemischen Bindungen zwischen Myosin und Actin herstellen.

Myosin-

19.25 Wenn eine Bindung in der in Abb. 19-21 angedeuteten Ausrichtung zustande kommt, verkürzt sich die einzelne Bindung und zieht so das Actinfilament zwischen die ......-filamente hinein. Nach der Verkürzung löst sich die Bindung wieder und der Zyklus kann von neuem beginnen, d.h. es kann sich eine neue Bindung zwischen den Myosin- und Actinfilamenten ausbilden, die sich dann wiederum verkürzt usw.

Myosin-

19.26 Die "Bindungen", die vom Myosinfilament ausgehen und das Actinfilament während der Kontraktion zwischen die Myosinfilamente ...., liegen an dem verdickten Ende des Myosinmoleküls, das in Abb. 19-8N als "schweres Meromyosin" bezeichnet wird. Abb. 19-8L zeigt die regelmässige Anordnung der Strukturen im Myosin........ .

hineinziehen - -filament

19.27 Das Myosin ist ein Enzym, das von Adenosintriphosphat (ATP) ein Phosphat abspaltet. Dabei wird Energie frei, die teils der Verkürzung der Brücken zwischen Myosin und .... dient, teils als Wärme frei wird.

Actin

19.28 Die Energie für die Muskelkontraktion stammt also aus der Spaltung von Adenosintri........ . Dabei bildet Adenosintri...... mit Myosin und Actin einen Komplex und die Brücken zwischen Myosin und Actin .... sich, während ATP gespalten wird.

-phosphat - -phosphat - verkürzen

19.29 Die Reaktion von Myosin, Actin und ...., die der Kontraktion des Muskels zugrunde liegt, kann nur stattfinden, wenn Ca^{++}-Ionen in einer freien Konzentration von etwa $1o^{-5}$ M vorhanden sind. Ferner ist für den Ablauf der Kontraktion auch die Anwesenheit von Mg^{++}-Ionen notwendig.

Adenosintriphosphat (ATP)

19.3o Die für die Spaltung des ATP durch .... notwendige Ca^{++}-Konzentration von $1o^{-5}$ M ist im Muskel nur während des Ablaufs der Kontraktion vorhanden. Im erschlafften Muskel ist die Ca^{++}-Konzentration nur $1o^{-8}$ M.

Myosin

19.31 Im erschlafften Muskel wird also die Reaktion von Myosin, ATP und Actin durch eine zu .... (niedrige / hohe) Konzentration der .... Ionen verhindert. Die Kontraktion kann erst stattfinden, wenn die ......-Konzentration über den Ruhewert von $1o^{-8}$ M gesteigert wird.
Während der Kontraktion ist also die Ca^{++}-Konzentration ...... (3x / 1ox / 1ooox) höher als in Ruhe.

niedrige - Ca^{++} - Ca^{++} - 1ooo

19.32 Die Kontraktion des Muskels wird also auf molekularem Niveau durch die Ca^{++}-Konzentration gesteuert. Dieser Vorgang wird in Lektion 21 ausführlicher dargestellt. Vorbedingung für die Kontraktion ist weiter die Anwesenseit von .... und von Mg^{++}-Ionen.

Adenosintriphosphat

Neben der Energielieferung für die Muskelkontraktion hat ATP noch einen weiteren Effekt auf das kontraktile System. Nur in Anwesenheit von ATP löst sich die Bindung zwischen Myosin und Actin, wenn am Ende einer Kontraktion die intrazelluläre Ca^{++}-Konzentration auf $1o^{-8}$ M absinkt. Dieser Effekt des ATP wird Weichmacherwirkung genannt. Wenn in also in einem Muskel die ATP-Konzentration nach Drosselung der Energiezufuhr absinkt, so kann der Muskel nicht erschlaffen, er bleibt "hart" oder starr. Auch nach dem Tode sinkt die ATP-Konzentration im Muskel, die Weichmacherwirkung des ATP auf dem Myosin- Actin-Komplex entfällt, und es tritt die Totenstarre, der Rigor mortis, ein.

In dieser Lektion wurden ausführlich die Feinstruktur und der Kontraktionsmechanismus der Skelettmuskelfasern behandelt. Neben diesem, quantitativ überwiegenden, Muskeltyp gibt es noch Herzmuskulatur und glatte Muskulatur. Die letztere besteht aus kürzeren und dünneren Fasern als der Skelettmuskel, und diese Fasern sind miteinander netzförmig verbunden. Die glatten Muskelfasern enthalten Myofibrillen wie das Skelettmuskelsystem, die Myofibrillen sind jedoch nicht so dick gepackt und regelmässig angeordnet wie im Skelettmuskel. Deshalb ist auch im "glatten" Muskel keine Querstreifung sichtbar. Die Kontraktion der Myofibrillen der glatten Muskulatur erfolgt ebenso wie die der Skelettmuskelfasern. Da die Aktionspotentiale im glatten Muskel anders verlaufen als im Skelettmuskel, ist auch der Zeitverlauf der Kontraktion der glatten Muskeln anders, im allgemeinen langsamer, als der Skelettmuskeln. Dies wird in Lektion 34 näher ausgeführt.

Die Herzmuskulatur stellt im Bezug auf Struktur und Kontraktionsverlauf eine Übergangsform zwischen Skelett- und glatter Muskulatur dar. Der Kontraktionsmechanismus ist jedenfalls am Herzmuskel derselbe wie am Skelettmuskel.
Die folgenden Fragen dienen als Kontrolle über das in dieser Lektion Gelernte:

19.33 Zeichnen Sie schematisch den Aufbau einer Muskelfibrille aus dicken und dünnen Myofilamenten und die Verknüpfung der Filamente an den Z-Scheiben. Geben Sie in der Zeichnung die Sarkomerlänge an und schreiben Sie die chemischen Namen der Eiweiß-bausteine an die Myofilamente.

Abb. 19-21

19.34 Während einer isotonischen Kontraktion

a) ändert sich die Kontraktionskraft bei konstanter Länge des Muskels
b) ändert sich die Muskellänge bei konstanter Belastung des Muskels
c) bleibt die Sarkomerlänge konstant
d) verkürzt sich die Sarkomerlänge
e) verkürzen sich die anisotropen und die isotropen Bänder
f) verkürzen sich die isotropen Bänder und die anisotropen bleiben konstant
g) verkürzen sich die anisotropen Bänder und die isotropen bleiben konstant

(Mehrere Antworten sind richtig!)

b, d, f

19.35 Zeichnen Sie den Zeitverlauf einer isometrischen Kontraktion eines Warmblütermuskels unter Angabe des Zeitmaßstabes.

Abb. 19-6

19.36 Welche 4 Stoffe nehmen neben Mg^{++}-Ionen an der chemischen Reaktion teil, die der Kontraktion zugrunde liegt, oder müssen bei der Reaktion in ausreichender Konzentration anwesend sein? Unterstreichen Sie den Stoff, der die Energie für die Kontraktion liefert.

1) ....
2) ....
3) ....

4) ....

1) Myosin, 2) Actin, 3) Ca^{++}, 4) Adenosintriphosphat
(beliebige Reihenfolge)

19.37 Bitte formulieren Sie frei, welches die wichtigsten Elemente des Kontraktionsmechanismus sind.

Die Antwort sollte enthalten: Parallele Anordnung und Überlappen von Myosin- und Actinfilamenten; Verschiebung dieser Filamente gegeneinander während der Kontraktion. Dabei Verkürzung von zwischen den Filamenten bestehenden Brücken. Die dazu notwendige Energie wird durch ATP-Spaltung gewonnen.

Lektion 20 Abhängigkeit der Muskelkontraktion von Faserlänge und Verkürzungsgeschwindigkeit

In der Lektion 19 wurde der Mechanismus der Kontraktion der Muskelfaser beschrieben. Bei allen Muskelkontraktionen werden die Actin-Filamente zwischen die Myosin-Filamente gezogen, wie weit jedoch dieser Grundvorgang als Kraftentwicklung an den Sehnen des Muskels erscheint und wie weit sich der Muskel verkürzt, hängt von den Begleitumständen der Muskelkontraktion ab. Den stärksten Einfluß auf die Muskelkontraktion haben die Faserlänge zu Beginn der Kontraktion, die Vordehnung, sowie die Geschwindigkeit der Verkürzung der kontraktilen Elemente. Da diese Parameter auch in vivo große Bedeutung für den Kontraktionsverlauf haben und zum Teil zur Steuerung der Kontraktion eingesetzt werden, sollen sie in der folgenden Lektion eingehend besprochen werden.

Lernziele: Zeichnen der Ruhedehnungskurve und der isometrischen Maxima. Erklären der Längenabhängigkeit der isometrischen Maxima durch den Grad der Überlappung der Myosin- und Actin-Filamente. Beschreiben der Verminderung der Kraftentwicklung des Muskels bei steigender Verkürzungsgeschwindigkeit. Zeichnen des Vorganges der Summation von Muskelkontraktionen bis zum Erreichen der tetanischen Spannung. Definieren der tetanischen Kontraktion. Erklären der Steigerung der Kontraktionskraft bei Summation durch Abnahme der Verkürzungsgeschwindigkeit.

2o.1 Muskeln oder Muskelfasern, die bei ihrer "Ruhelänge" gehalten werden, üben keine Kraft auf ihre Befestigungen aus. Wird nun am Ende des Muskels gezogen, so wird dieser gedehnt. Diese Dehnung des Muskels kann etwa bis zum 1,8-fachen der Ruhelänge fortgesetzt werden, ohne daß er beschädigt wird.

2o.2 Die Abhängigkeit der Länge des ruhenden Muskels von der auf den Muskel ausgeübten Kraft ist in Abb. 2o-2 dargestellt, sie wird als "Ruhedehnungskurve" ("RUHE" in Abb. 2o.2) bezeichnet. Die Kraft steigt vom Nullwert bei der ......länge l_0 exponentiell mit der Länge an.

Ruhe-

2o.3 Bei der Dehnung des Muskels verlängern sich
1. die Sarkomere, indem die ......- und Actinfilamente aneinander vorbeigleiten (siehe Abb. 19-21 und 2o-1o). Dabei werden die A-Bänder .... (verbreitert / nicht verändert) und die I-Bänder .... (verbreitert / nicht verändert).

Myosin - nicht verändert - verbreitert

2o.4 Neben den kontraktilen Elementen, den .... (Sarkomeren / A-Bändern) verlängern sich bei der Dehnung des Muskels
2. auch passiv elastische Elemente. Das sind hauptsächlich die Sehnen, in die der Muskel ausmündet.

Sarkomeren

2o.5 Bei der Dehnung des Muskels werden also sowohl die kontraktilen wie auch die ...... Elemente verlängert. Die Dehnung der kontraktilen Elemente ist auf dem Niveau des Sarkomers als Verbreiterung des ......-Bandes sichtbar, das .....-Band dagegen bleibt unverändert.

elastischen - I - A

2o.6 Auch die Kraftentwicklung des Muskels während der Kontraktion hängt von seiner Vordehnung ab. Mißt man z.B. isometrische Kontraktionen mit dem in Abb. 19-2 gezeigten Verfahren, so kann man vor jeder Kontraktion die Länge des Muskels durch Verschieben seiner Befestigungen einstellen. Die zur Längeneinstellung des ruhenden Muskels benötigte Kraft wird in der ....kurve dargestellt (Abb. 2o-2).

Ruhedehnungs-

2o.7 Wird nun bei verschiedenen Ausgangslängen der Muskel zur Kontraktion gebracht, so erhöht sich die Kraft über die Ausgangsspannung jeweils bis zum "isometrischen Maximum". Die Kurve der "isometrischen Maxima" ist rot in Abb. 2o-2 eingezeichnet. Die bei einer jeweiligen Muskellänge über die Ruhespannung hinaus entwickelte Kraft ist die Differenz zwischen der Kurve der isometrischen Maxima und der ....

Ruhedehnungskurve

2o.8 Die Kraftentwicklung des Muskels ist etwa bei der ....länge l_0 maximal (P_0). Die entwickelte Kraft ist sehr viel kleiner, wenn der Muskel vor Beginn der Kontraktion nicht bis zur ...... l_0 aufgespannt wurde. Der Schnittpunkt der roten Kurve mit der Abscisse gibt die kleinste Länge an, bei der der Muskel gerade noch Kraft entwickelt. Der Muskel könnte sich also bei einer isotonischen Kontraktion maximal bis auf etwa .....% (1o% / 5o% / 7o%) der Ruhelänge l_0 verkürzen.

Ruhe- - Ruhelänge - 7o%

2o.9 Die während der Kontraktion entwickelte Kraft nimmt ebenfalls ab, wenn der Muskel beträchtlich über die Ruhelänge hinaus gedehnt wurde. Bei etwa dem 1,8-fachen der Ruhelänge laufen die Kurven in Abb. 2o-2 zusammen, der Muskel entwickelt dort also während der Kontraktion .... (keine / viel) weitere Kraft. Die Abhängigkeit der Kontraktionskraft von der Vordehnung kann durch die Anordnung der Myofilamente im Sarkomer erklärt werden.

keine

2o.1o In Abb. 2o-1o wird für ein Sarkomer die isometrisch entwickelte Kraft in Abhängigkeit von der ....-länge gezeigt, dazu die Lage der Myosin- und Actin-Filamente bei den verschiedenen ....-längen. Bei maximaler Vordehnung (A) überlappen die Filamente nicht mehr, es kann also .... (keine / viel) weitere Kraft ausgeübt werden.

Sarkomer- - Sarkomer- - keine

2o.11 Bei geringer Vordehnung (zwischen A und B) nimmt die Überlappung der Myofilamente .... (zu / ab) und proportional steigt die entwickelte Kontraktionskraft. Die optimale Kontraktionskraft wird erreicht (zwischen B und C), wenn auf der gesamten Länge des Myosinfilamentes Bindungen zum .... geknüpft werden können.

zu - Actinfilament

2o.12 Bei Muskellängen kleiner als die Ruhelänge (C bis E) nimmt die Kontraktionskraft schnell .... (ab / zu), weil die Actinfilamente soweit zwischen die ....filamente hineingezogen werden, daß sie sich in der Mitte gegenseitig stören, bzw. die Z-Scheiben an die Myofilamente anstoßen.

ab - Myosin-

2o.13 Die Abhängigkeit der Kontraktionskraft von der Vordehnung kann also voll dadurch erklärt werden, daß nur im Bereich der .....-länge die Myosin- und Actin-Filamente sich optimal überlappen, sodaß eine maximale Zahl von Bindungen zwischen den Filamenten zustande kommen kann.

Ruhe-

Die Abhängigkeit der Kontraktionskraft von der Vordehnung wurde also durch den Aufbau des kontraktilen Apparates erklärt. In ähnlicher Weise läßt sich auch der Einfluß der Verkürzungsgeschwindigkeit auf die Kraftentwicklung aus den Eigenschaften des kontraktilen Apparates ableiten. Wir können mit unseren Muskeln nur maximale Kraft ausüben, wenn sie sich dabei nicht oder nur sehr wenig verkürzen, wenn wir z.B. "stemmen" oder "drücken". Sehr schnelle Bewegungen können wir dagegen nur bei sehr geringer Belastung des Muskels, bei "entspannter" Muskulatur ausführen, z.B. beim Werfen eines Steines oder beim "lockeren" Schnellauf.

2o.14 Den Zusammenhang von maximaler Kontraktionsgeschwindigkeit und Kraftentwicklung eines Armmuskels zeigt Abb. 2o-14. Dieser Muskel kann, ohne sich zu verkürzen, eine Kraft von ..... kp ausüben, mit fallender Belastung kann er dagegen sich zunehmend .... (schneller / langsamer) kontrahieren, bei der Last Null wird eine Verkürzungsgeschwindigkeit von ......m/s erreicht.

2o - schneller - 8

2o.15 Die Abnahme der Kontraktionskraft mit .... (zunehmender / abnehmender) Verkürzungsgeschwindigkeit läßt sich quantitativ aus dem Kontraktionsmechanismus der aneinander vorbei gleitenden ......- und ......-Filamente begründen. Die Kraftentwicklung des Muskels ist nämlich proportional der Zahl der Bindungen, die sich zwischen den ....- und ......-Filamenten ausbilden (siehe Abb. 2o-1o).

zunehmender - Myosin - Actin - Myosin - Actin

2o.16 Je schneller sich während einer Kontraktion die Myosin- und Actinfilamente relativ zueinander bewegen, desto kleiner ist die Zahl der Bindungen, die in der Zeiteinheit zwischen den Filamenten geknüpft werden können. Mit der Geschwindigkeit der Kontraktion .... also die Kraft der Kontraktion.

sinkt (oder entsprechend)

Die Abnahme der Kontraktionsgeschwindigkeit mit der Belastung wird in der Regel bestimmt an isotonischen Kontraktionen, bei denen sich der Muskel mit konstanter Belastung verkürzen kann. Dieser Mechanismus wirkt sich jedoch auch bei isometrischen Kontraktionen aus. Auf dem Niveau der kontraktilen Einheit, des Sarkomers, gibt es nämlich keine streng isometrischen Kontraktionen. Während der isometrischen Kontraktion des Muskels werden seine elastischen Elemente, besonders die Sehnen, gedehnt. Damit können sich auch während isometrischer Kontraktionen die Sarkomere verkürzen und die Myosin- und Actin-Filamente sich gegeneinander verschieben. Diese Verschiebung der Myofibrillen vermindert die während einer Kontraktion mögliche Kraftentwicklung. Es wird also auch bei isometrischen Kontraktionen nicht die in Abb. 2o-14 für die Verkürzungsgeschwindigkeit Null angegebene maximale Muskelkraft erreicht. Diese Tatsache ist Vorbedingung für die Summation von Muskelkontraktionen, die im Organismus zur Regulation der Muskelkraft ausgenützt wird. Diese Summation soll im Folgenden näher besprochen werden.

2o.17 Abb. 2o-17A zeigt eine Einzelzuckung eines schnellen Warmblütermuskels. Diese Kontraktion steigt in .... (weniger / mehr) als 5o ms auf ihr Maximum und fällt etwas langsamer wieder ab. (Siehe auch Abb. 19-6). Wird der Muskel vor der völligen Erschlaffung wieder erregt, so startet die nächste Kontraktion von einer erhöhten Ausgangsspannung und erreicht eine höhere maximale Kraft als die erste Kontraktion (Abb. 2o-17B). Diese Tatsache wird Summation genannt.

weniger

2o.18 Wird also ein Muskel während einer Kontraktion neu erregt, so tritt .... der Kontraktionen ein. Im Organismus werden Muskeln meist durch Serien von Aktionspotentialen erregt. Liegt die Frequenz der Aktionspotentiale über 5 - 1o pro Sekunde, so tritt, wie Abb. 2o-17B-E zeigt, bei jeder neuen Kontraktion .... ein.

Summation - Summation

2o.19 Die Summation der Einzelkontraktionen ist jedoch nicht linear. Abb. 2o-17B-E zeigt, daß der Zuwachs der Kontraktionskraft pro Einzelkontraktion mit der Zahl der Reize innerhalb der Serie .... (zu / ab)-nimmt.

ab-

2o.2o Ist die Reizserie ausreichend lang, so stellt sich ein Plateau der jeweils beim Maximum der einzelnen Kontraktionen erreichten Kraft ein. Kontraktionsserien, die durch .... der Einzelkontraktionen eine einigermaßen gleichmässige, längere Zeit gehaltene Kraft erreichen, (Abb. 2o-17B-E) heißen Tetanus oder t e t a n i s c h e Kontraktionen.

Summation

2o.21 Bei den Reizserien in Abb. 2o-17B-E entwickeln sich jeweils .... Kontraktionen. Eine völlig gleichmässige Kraft ohne sichtbare Schwankung tritt allerdings nur bei der höchsten Reizfrequenz 125 pro Sekunde auf, dieser Zustand wird vollständiger Tetanus genannt. Bei niedrigen Reizfrequenzen (Abb. 2o-17B-D) ist der Tetanus unvollständig.

tetanische

2o.22 Der bei hoher Reizfrequenz durch Summation der Einzelkontraktion erzeugte vollständige .... ist die maximale Kraft, die der Muskel bei der betreffenden Vordehnung erzeugen kann. Diese Kraft ist 2 bis 5 mal höher als die in der Einzelkontraktion erreichte Kraft.

Tetanus

2o.23 Es ist also möglich, die in der Einzelzuckung der Muskelfaser erzeugte Kraft bei Erregung des Muskels vor dem Ende der ...... durch den Vorgang der .... zu steigern. Bei ausreichend hoher Reizfrequenz kann maximal die Kraft der .... Kontraktion erreicht werden.

Kontraktion - Summation - tetanischen

2o.24 Während der Einzelzuckung wird also die maximal mögliche Kraft der Kontraktion .... (nicht / voll) erreicht. Trotzdem wird auch während der Einzelzuckung das kontraktile System für kurze Zeit voll aktiviert, d.h. die Reaktion zwischen Myosin und Actin unter Spaltung .... findet in vollem Umfang statt.

nicht - Adenosintriphosphat

2o.25 Das auch zu Beginn einer Einzelzuckung ...... aktivierte kontraktile System kann die volle tetanische Kraft jedoch nicht entwickeln, weil während dieser Phase die Sarkomere sich noch verkürzen. Auch während isometrischer Kontraktionen verkürzen sich die Sarkomere unter Verlängerung der .... (elastischen Elemente / I-Bänder).

voll - elastischen Elemente

2o.26 Wenn während der Anstiegsphase der isometrischen Einzelzuckung die Sarkomere sich .... (verkürzen / verlängern), so kann nicht die maximal mögliche Kontraktionskraft entwickelt werden. Die Kontraktionskraft nimmt nämlich mit wachsender Verkürzungsgeschwindigkeit .... (siehe Abb. 2o-14).

verkürzen - ab

2o.27 Die durch die Reaktion von Myosin und Actin erzeugte Kraft ist proportional der Zahl der .... zwischen den entsprechenden Myofilamenten. Wenn sich die Myofilamente gegeneinander bewegen, so wird dadurch die Zahl der in jedem Zeitabschnitt existierenden Bindungen .... (siehe 2o.16).

Bindungen - verringert

2o.28 Während einer Einzelzuckung kann also die maximal mögliche Kontraktionskraft, die .... (tetanische / isometrische) Kontraktionskraft nicht erreicht werden, weil sich die Sarkomere zu Beginn der Kontraktion ....

tetanische - verkürzen

2o.29 Wird die Muskelfaser vor Ablauf einer Einzelzuckung wieder erregt, so erreicht die zweite Kontraktion eine .... Kontraktionskraft, weil die Sarkomere durch die erste Kontraktion noch .... (verkürzt / verlängert) sind, und sich während der zweiten Kontraktion weniger .... (verkürzen / verlängern).

höhere (oder entsprechend) - verkürzt - verkürzen

2o.3o Wird der Muskel mit Frequenzen von 5o - 1oo/s erregt, so tritt eine .... Kontraktion ein. Dabei können durch wiederholte Aktivierung des kontraktilen Systems die Sarkomere die für die jeweilige Muskellänge maximale Verkürzung erreichen.

tetanische

2o.31 Auf dem Plateau der tetanischen Kontraktion sind die Sarkomere maximal .... und ändern ihre Länge nicht mehr. Die Myosin- und Actin-Filamente bewegen sich dann .... (nicht / stark) gegeneinander und die maximal mögliche Zahl von Bindungen zwischen Myosin und Actin können geknüpft werden (siehe Abb. 19-21B).

verkürzt - nicht

2o.32 Die Kraft der tetanischen Kontraktion ist also um ein mehrfaches .... als die der isometrischen Einzelzuckung, weil nur während der tetanischen Kontraktion die Sarkomere sich nicht ...., und damit die maximal nötige Kraft entwickelt werden kann.

höher - verkürzen

Die folgenden Lerneinheiten dienen zur Überprüfung des Lernerfolges in dieser Lektion:

2o.33 Zeichnen Sie bitte eine Ruhedehnungskurve und in das gleiche Achsenkreuz die Kurve der isometrischen Maxima. Geben Sie dabei in der Ordinate die maximale Kontraktionskraft P_0 und in der Abscisse die Ruhelänge l_0 an.

Abb. 2o-2

2o.34 Für die Kurve der isometrischen Maxima gilt:

a) Die maximale Kraftentwicklung tritt etwa bei der halben Ruhelänge ein
b) Die maximale Kraftentwicklung tritt bei der Muskellänge ein, bei der sich Myosin- und Actin-Filamente während der Kontraktion im größtmöglichen Ausmaß überlappen
c) Die maximale Kraftentwicklung tritt bei der Ruhelänge ein

d) Die maximale Kraftentwicklung tritt bei der Muskellänge ein, bei der sich Myosin- und Actin-Filamente während der Kontraktion möglichst wenig überlappen
e) Am Schnittpunkt der Kurve der isometrischen Maxima und der Ruhedehnungskurve ist die Überlappung der Myosin- und Actin-Filamente für die Kontraktion optimal

Bitte kreuzen Sie alle richtigen Aussagen an!

b, c

2o.35 Die Kontraktionskraft des Muskels verringert sich mit der Verkürzungsgeschwindigkeit, weil:
a) die Bereitstellung von Adenosintriphosphat bei hoher Verkürzungsgeschwindigkeit nicht ausreicht
b) die geleistete Arbeit proportional zur Verkürzungsgeschwindigkeit steigt
c) die Zahl der in der Zeiteinheit zwischen Myosin- und Actin-Filamenten bestehenden Bindungen mit der Verkürzungsgeschwindigkeit fällt
d) die Zahl der in der Zeiteinheit zwischen Myosin- und Actin-Filamenten bestehenden Bindungen mit der Verkürzungsgeschwindigkeit steigt

c

2o.36 Für die Summation von Muskelkontraktionen gelten folgende Sätze:
a) Muskelkontraktionen werden summiert, wenn der 2. Reiz in die Refraktärphase der ersten Erregung fällt
b) Muskelkontraktionen werden summiert, wenn die 2. Kontraktion ausgelöst wird, bevor die 1. Kontraktion abgeklungen ist
c) Durch Summation von Muskelkontraktionen wird eine Kraft erreicht, die der Zahl der summierten Kontraktionen proportional ist
d) Durch Summation von Muskelkontraktionen kann maximal die tetanische Kontraktionskraft der Faser erreicht werden

b, d

2o.37 Muskelkontraktionen von Einzelfasern können summiert werden, weil:

a) bei jeder Kontraktion nur ein Teil der Myofibrillen aktiviert wird
b) das kontraktile System bei einer Kontraktion nicht genug ATP geliefert bekommt
c) bei der Einzelzuckung sich während des Zustandes der maximalen Aktivierung des kontraktilen Systems die Sarkomere noch verkürzen
d) bei der Einzelzuckung der Zustand der maximalen Aktivation des kontraktilen Systems nicht lange genug anhält, um die Verkürzung der Sarkomere ihren Maximalwert erreichen zu lassen

c, d

Lektion 21 Elektromechanische Koppelung

Mensch und Tier können sich mit Hilfe ihrer Muskeln nur dann bewegen und auf ihre Umgebung einwirken, wenn die Muskelkontraktionen genau kontrolliert werden können. Dazu dient das motorische System, das in den Muskelfasern nach Erregung der motorischen Nerven Endplattenpotentiale erzeugt (siehe Lektion 12). Diese lösen in den Muskelfasern Aktionspotentiale aus, die über die Fasern geleitet werden. Auf die Erregung der Membran folgt die Kontraktion der Faser. Eine Änderung des Membranpotentials steuert also die Reaktion der kontraktilen Eiweiße des Muskels. Dieser Vorgang wird "elektromechanische Koppelung" genannt und soll Gegenstand dieser Lektion sein.

Lernziele: Darstellen der Abhängigkeit der Kontraktionskraft von Membranpotentialen mit mechanischer Schwelle bei etwa -5o mV und maximaler Kraftentwicklung ab -2o mV. Schematische Zeichnung des Aufbaus des endoplasmatischen Retikulums mit transversalen Tubuli, dem sarkoplasmatischen Retikulum und den Kontaktstellen, den Triaden, ferner der Relation des endoplasmatischen Retikulums zu den Sarkomeren. Beschreiben der Ausbreitung der Membrandepolarisation in die Faser über das transversale tubuläre System. Darstellen der Funktion des sarkoplasmatischen Retikulums als Ca^{++}-Speicher, der zur Einleitung der Kontraktion Ca^{++} freisetzt und zu ihrer Beendigung Ca^{++} wieder zurückpumpt.

21.1 Die Kontraktion der Muskelfaser wird durch das über die Fasern laufende ....potential ausgelöst (siehe Abb. 19-6). Diese Verknüpfung von Membrandepolarisation und Kontraktion wird "elektromechanische Koppelung" genannt.

Aktions-

21.2 Die elektromechanische .... läßt sich gut untersuchen, wenn die Kontraktion statt durch das Aktionspotential durch aufgezwungene Änderungen der Membranspannung (voltage clamp, siehe Abb. 9-4 und 9-6) ausgelöst wird. Die so gemessene Abhängigkeit der Kraft vom Membranpotential zeigt Abb. 21-2.

Koppelung

21.3 Wird die Muskelfaser vom Ruhepotential ausgehend auf bis zu -55 mV depolarisiert, so tritt .... (eine schwache / keine) Kontraktion auf. Wird durch die Depolarisation die m e c h a - n i s c h e S c h w e l l e bei etwa -5o mV überschritten, so steigt die Kraftentwicklung .... (steil / kaum) an. Bei Depolarisationen auf -2o mV oder positivere Potentiale hat die Kraftentwicklung einen Maximalwert erreicht.

keine - steil

21.4 Im Bereich zwischen der mechanischen Schwelle bei ..... mV und einem Sättigungsbereich bei ..... mV und positiveren Potentialen steigt also die Kontraktionskraft proportional zur Depolarisation. In diesem Potentialbereich ist das Ausmaß der Kontraktion durch die Depolarisation steuerbar.

-5o - -2o

21.5 Da das Aktionspotential in seiner Spitze ein ...... (positiveres/ negativeres) Potential erreicht als -2o mV, wird das kontraktile System infolge des Aktionspotentials ..... (voll / nicht voll) aktiviert. Diese Aktivation des kontraktilen Systems durch ein Aktionspotential hält freilich nicht lange genug an, als daß die maximale isometrische Kraft meßbar würde (siehe 2o.24 bis 28).

positiveres - voll

Wegen des Alles- oder Nichts-Charakters des Aktionspotentials ist bei Skelettmuskelfasern die Abstufung der Kontraktion durch graduierte Depolarisation nicht wirksam. Im Gegensatz zum Skelettmuskel kann glatte Muskulatur durch synaptische Potentiale oder Dehnung zu verschiedenen Potentialen depolarisiert werden. Bei diesen Muskeln wird auch das Ausmaß der Kraftentwicklung durch den Grad der Depolarisation der Fasermembran gesteuert.

21.6 Die Steuerung der Kraftentwicklung durch die .... erfolgt sehr schnell. Die Kraftentwicklung beginnt 1-2 ms nach der Spitze des Aktionspotentials (siehe Abb. 19-6) und das kontraktile System ist innerhalb weniger ms voll aktiviert.

Depolarisation

21.7 Da nach Depolarisation der Zellmembran das kontraktile System innerhalb von .... (wenigen / hundert) ms aktiviert wird, muß die Verbindung zwischen der Depolarisation der Zellmembran und dem kontraktilen Apparat im Zellinneren durch ein spezielles, schnell die Information weiterleitendes System hergestellt werden.

wenigen

21.8 Die .... (schnelle / langsame) Koppelung von Depolarisation und Kontraktion ist nicht möglich durch Diffusion eines Stoffes von der depolarisierten Zellmembran zu den kontraktilen Elementen. Eine solche Diffusion würde zuviel Zeit erfordern. Die Fortleitung der Membrandepolarisation ins Zellinnere muß mit Hilfe besonderer Strukturen geschehen.

schnelle

Für die schnelle Koppelung von Membrandepolarisation und Kontraktion hat sich bei den verhältnismässig dicken Skelettmuskelfasern ein besonderes System herausgebildet, das endoplasmatische Retikulum. Es sind dies zwei Systeme von Hohlräumen innerhalb der Muskelfasern, deren relevante Details im Folgenden kurz besprochen werden.

21.9 Abb. 21-9 zeigt das endoplasmatische Retikulum einer Muskelfaser. Rechts ist die äußere Zellmembran, als Sarkolemm bezeichnet. In diese äußere Zellmembran stülpen sich in regelmässigen Abständen, jeweils an den ......-Scheiben, dünne Röhren, die .... Tubuli, ein. Diese laufen auf der Höhe der ...-....... in die Tiefe der Faser.

Z - transversalen - Z-Scheiben

21.1o Die transversalen Tubuli sind also Einstülpungen der äußeren ...., die auf der Höhe der .... in das Faserinnere laufen. An die transversalen Tubuli grenzt ein zweites Röhrensystem, das sarkoplasmatische Retikulum.

Zellmembran - Z-Scheiben

21.11 Das an die transversalen Tubuli angrenzende .... Retikulum verläuft entlang den Myofilamenten des Sarkomers oder longitudinal. Wo es an die transversalen Tubuli angrenzt, zeigt es Aussackungen.

sarkoplasmatische

21.12 Die beiden Anteile des endoplasmatischen Retikulums, die .... und das .... bilden also nicht ein gemeinsames System von Hohlräumen, sondern stehen nur in engem Kontakt. Der Kontaktbereich wird Triade genannt (Abb. 21-9).

transversalen Tubuli - sarkoplasmatisches Retikulum

21.13 Die transversalen Tubuli haben nun die Funktion, die Depolarisation der äußeren Zellmembran (Sarkolemm in Abb. 21-9) in das Zellinnere fortzuleiten. Die transversalen Tubuli sind ja Einstülpungen der .... und ihr Inneres ist .... (in offener Verbindung / über eine Membran in Kontakt) zum Extrazellulärraum.

Zellmembran - in offener Verbindung

21.14 Da die transversalen Tubuli .... der äußeren Zellmembran sind, kann sich in ihnen die Depolarisation der äußeren Zellmembran in das Zellinnere fortpflanzen. Die durch die Tubuli in die Zelle geleitete .... löst dort die Kontraktion aus.

Einstülpungen - Depolarisation

Die Rolle der transversalen Tubuli bei der elektromechanischen Koppelung läßt sich durch ein elegantes Experiment aufzeigen. Wird mit Hilfe einer feinen Pipette, die der Zellmembran anliegt, nur die Mündung eines einzelnen Tubulus depolarisiert, so kontrahieren sich ganz lokal die an die zugehörige Z-Scheibe angrenzenden Halb-Sarkomere. Das Ausmaß dieser Kontraktion ist abhängig von der Größe des depolarisierenden Stromes. Das zu einer Z-Scheibe gehörende System der transversalen Tubuli kontrolliert also die Kontraktion in den auf beiden Seiten der Z-Scheibe liegenden Halb-Sarkomeren.

Wie aber übt das transversale tubuläre System diese Kontrolle über die Kontraktion aus? In Lektion 19.29 - 19.32 wurde angegeben, daß die Ca^{++}-Konzentration im Intrazellulärraum die Reaktionen der kontraktilen Eiweiße steuert. Es wäre also aufzuzeigen, wie über das transversale tubuläre System schnelle Änderungen der intrazellulären Ca^{++}-Konzentration erreicht werden können.

21.15 Die Reaktion der kontraktilen Eiweiße wird ermöglicht durch eine Änderung der intrazellulären freien Ca^{++}-Konzentration von .... (10^{-8} / 10^{-5} M) im Zustand der Erschlaffung auf ......

($1o^{-8}$ / $1o^{-5}$ M) während der Kontraktion. Die intrazelluläre freie Ca^{++}-Konzentration steuert damit die Kontraktion.

$1o^{-8}$ M - $1o^{-5}$ M

21.16 Die Auslösung der Kontraktion durch Ansteigen der freien intrazellulären ......-Konzentration wurde unter anderem dadurch bewiesen, daß man in eine Muskelfaser einen luminescierenden Farbstoff (z.B. Aequorin) injizierte, dessen Lichtemmission im Konzentrationsbereich von $1o^{-8}$ bis $1o^{-5}$ M Ca^{++} mit der Ca^{++}-Konzentration steigt.

Ca^{++}

21.17 Wenn eine solche Muskelfaser depolarisiert wird, so steigt schnell die Lichtemmission und fällt sofort nach Beendigung der Depolarisation. Dies beweist, daß auf Grund der Depolarisation die freie ....-Konzentration im Muskel schnell ansteigt.

Ca^{++}

21.18 Wo kommen die Ca^{++}-Ionen her, die die freie Ca^{++}-Konzentration im .... (Intrazellulär / Extrazellulär)-Raum nach Depolarisation erhöhen? Eine sehr hohe Ca^{++}-Konzentration wurde beim erschlafften Muskel in den sackförmigen Erweiterungen des sarkoplasmatischen Retikulums nahe den transversalen Tubuli nachgewiesen.

Intrazellulär

21.19 Es wird angenommen, daß nach Depolarisation der transversalen Tubuli die Membran des sarkoplasmatischen Retikulums durchlässig wird für Ca^{++}-Ionen. Wegen des hohen Konzentrationsgradienten strömen die Ca^{++}-Ionen aus dem .... (sarko-

plasmatischen Retikulum / transversalen Tubuli) in den ....
(Intra / Extra)-Zellulärraum.

sarkoplasmatischen Retikulum - Intra-

21.2o Die aus dem .... in den Intrazellulärraum strömenden ......-Ionen erhöhen dort die ....-Konzentration von $1o^{-8}$ auf $1o^{-5}$ M. Dadurch wird die Reaktion von Myosin, Actin und .... ermöglicht, durch die die Kontraktionskraft erzeugt wird.

sarkoplasmatischen Retikulum - Ca^{++} - Ca^{++} - Adenosintriphosphat

21.21 Abb. 21-21A zeigt schematisch die elektromechanische Koppelung: nach Depolarisation der Zellmembran und damit auch der .... werden vom sarkoplasmatischen Retikulum .....-Ionen freigesetzt, womit die .....-Konzentration um die Myofibrillen ausreichend hoch wird, um eine Kontraktion zu ....

transversalen Tubuli - Ca^{++} - Ca^{++} - ermöglichen

21.22 Wird die Depolarisation beendet, so sinkt sehr schnell auch die intrazelluläre .....-Konzentration und die Erschlaffung beginnt. Das schnelle Absinken der intrazellulären .....-Konzentration wird nicht nur durch das Aufhören der Ca^{++}-Freisetzung durch das .... verursacht.

Ca^{++} - Ca^{++} - sarkoplasmatische Retikulum

21.23 Das sarkoplasmatische Retikulum hat vielmehr auch die Eigenschaft, Ca^{++}-Ionen aktiv aus dem Zellinneren aufzunehmen. In der Membran des sarkoplasmatischen Retikulums ist eine Ionen-Pumpe lokalisiert, die unter Aufwendung von Stoffwechsel....... Ca^{++}-Ionen gegen den Konzentrationsgradienten in das sarkoplasmatische Retikulum transportiert.

-energie

21.24 Die Ca^{++}-Pumpe des sarkoplasmatischen Retikulums arbeitet ganz analog zur Na^{+}-Pumpe in der Membran der Nerven- und Muskelfasern (siehe Abb. 7-12). Durch diese Ca^{++}-Pumpe wird die freie Ca^{++}-Konzentration im Intrazellulärraum in Ruhe bei $1o^{-8}$ M und im .... sehr hoch gehalten.

sarkoplasmatischen Retikulum

21.25 Neben der niedrigen intrazellulären freien Ca^{++}-Konzentration des erschlafften Muskels erzielt die ......-Pumpe des sarkoplasmatischen Retikulums den schnellen Abfall der Ca^{++}-Konzentration am Ende einer Depolarisation: die meisten zu dieser Zeit vorhandenen Ca^{++}-Ionen werden durch die ....-........... schnell aus der Umgebung der Myofibrillen entfernt.

Ca^{++} - Ca^{++}-Pumpe

21.26 Wie Abb. 21-21B andeutet, wird also die Erschlaffung durch den .... (aktiven / passiven) Rücktransport der Ca^{++}-Ionen in das Lumen des sarkoplasmatischen .... erzeugt, wobei die freie Ca^{++}-Konzentration im Intrazellulärraum soweit ...., daß die Reaktion von Myosin und Actin .... (aufhört / maximal wird).

aktiven - Retikulums - fällt - aufhört

Mit den folgenden Lerneinheiten können Sie Ihr Wissen über die elektromechanische Koppelung überprüfen:

21.27 Zeichnen Sie bitte die Abhängigkeit der Kontraktionskraft vom Membranpotential. Vermerken Sie dabei auf der Abscisse das Potential der mechanischen Schwelle.

Abb. 21-2

21.28 Die transversalen Tubuli

a) sind zum Extrazellulärraum hin offen
b) verlaufen quer durch die Muskelfaser
c) werden bei Depolarisation der äußeren Zellmembran ebenfalls depolarisiert
d) haben offene Verbindungen zum sarkoplasmatischen Retikulum
e) sezten zur Einleitung der Kontraktion Ca^{++}-Ionen in den Intrazellulärraum frei

Kreuzen Sie alle richtigen Sätze an!

a, b, c

21.29 Schildern Sie bitte in einigen Sätzen die Rolle des sarkoplasmatischen Retikulums für die elektromechanische Koppelung.

Die Antwort sollte alle Fakten des letzten Satzes der "Lernziele" dieser Lektion enthalten.

21.3o Die Kontraktion der Skelettmuskelfaser wird ausgelöst durch:

a) Membrandepolarisation während des Aktionspotentials
b) Erhöhung der intrazellulären Na^{+}-Konzentration während des Aktionspotentials
c) Erhöhung der intrazellulären freien Ca^{++}-Konzentration
d) Erhöhung des intrazellulären freien ATP-Spiegels während

der Membrandepolarisation
e) Hemmung der Na^+-Pumpe während der Membrandepolarisation

Mehrere Antworten sind richtig!

a, c

21.31 Die freie Ca^{++}-Konzentration ist im erschlafften Muskel sehr niedrig, bei $1o^{-8}$ M, weil
a) die äußere Zellmembran für Ca^{++} impermeabel ist
b) eine Ca^{++}-Pumpe Ca^{++}-Ionen in das sarkoplasmatische Retikulum pumpt und dadurch die freie intrazelluläre Ca^{++}-Konzentration vermindert
c) die kontraktilen Eiweiße Ca^{++} an sich binden und dadurch die freie intrazelluläre Ca^{++}-Konzentration vermindern
d) während der Kontraktion Ca^{++}-Ionen verbraucht werden, sodaß am Ende der Kontraktion die freie Ca^{++}-Konzentration sehr niedrig wird

b

Lektion 22 Regulation der Kontraktion eines Mukels

Bei der Besprechung der Muskelkontraktion haben wir bisher unsere Aufmerksamkeit der einzelnen Muskelfaser und ihren Myofibrillen zugewandt. Im Körper kontrahieren sich jedoch kaum je einzelne Fasern, sondern wechselnde Zahlen von Fasern, die in einem Muskel zusammengefaßt sind. Bei der Kontraktion eines Muskels wirken also viele Einzelfasern zusammen, und bei der Steuerung der Muskelkraft muß das Nervensystem die Aktivität der einzelnen Fasern koordinieren. Diese Regulation der Kontraktion eines Gesamtmuskels soll im Folgenden dargestellt werden.

Lernziele: Beschreiben der Summation von Kontraktionen von gleichzeitig erregten parallel liegenden Fasern eines Muskels. Definieren der motorischen Einheit als Muskelfasergruppe, die von einem motorischen Axon innerviert wird. Darstellen des Verhaltens der motorischen Einheiten bei Steigerung der Kontraktionskraft: Zunahme sowohl der Frequenz der Erregungen in den einzelnen Einheiten wie auch der Zahl der aktivierten Einheiten. Daraus Erklärung des Begriffes des Muskeltonus. Beschreiben der Ableitung der Erregungen von motorischen Einheiten im Elektromyogramm. Zeichnen der Veränderung des Elektromyogramms bei zunehmender Muskelkraft.

22.1 Wenn während des Ablaufes einer Kontraktion eine einzelne Muskelfaser nochmals erregt wird, so startet die darauf folgende Kontraktion von einer erhöhten Ausgangskraft und erreicht eine .... (höhere / jedoch nur dieselbe) Maximalkraft wie die erste Kontraktion.

eine höhere

22.2 Die maximale Kraft, die eine Einzelfaser durch Erregung mit ausreichend hoher Frequenz erreichen kann, ist die .... (tetanische / isometrische) Kraft. Diese .... Kraft ist 2 - 5 mal höher als die Amplitude der Einzelzuckung. In diesem Bereich läßt sich also mit Hilfe der Frequenz der Erregungen die Kontraktionskraft einer Faser regulieren.

tetanische

22.3 Neben der .... (beschränkten / unbeschränkten) Summation der Kontraktionen der Einzelfasern, bei der maximal die .... Kraft erreicht werden kann, findet im Gesamtmuskel eine Summation der Einzelzuckungen paralleler Fasern statt. Die parallelen Einzelfasern enden ja alle an der gleichen Sehne, die ihre Kraftentwicklung zusammenfaßt.

beschränkten - tetanische

22.4 Abb. 22-4 zeigt schematisch das Resultat der Summation der Kontraktionen von 3 Fasern. Es wurden niedrige Reizfrequenzen zwischen 2 und 4 pro Sekunde gewählt, und folglich trat bei den Kontraktionen der Einzelfasern .... (eine / keine) Summation ein.

keine

22.5 Bei der Summe der Kontraktionen der 3 Fasern wurde die maximale Kontraktionskraft dagegen verdoppelt, und die Kraft fiel nie auf Null. Bei Summation der Kontraktionen von mehr Fasern würde die Summenkurve .... (gleichförmiger verlaufen / mehr schwanken).

gleichförmiger verlaufen

22.6 Durch Summation der Einzelkontraktionen von ...., die asynchron mit Frequenzen von 1-5 /s erregt werden, ergibt sich eine wenig schwankende Gesamtkraft. Eine solche durch Summation von Einzelzuckungen verschiedener .... entstehende Grundspannung wird Tonus genannt.

Fasern - Fasern

22.7 Durch die niederfrequente, asynchrone Erregung von parallelen Muskelfasern entsteht also eine Grundspannung, ein .... Auch bei einer "entspannten" Extremität werden die motorischen Nerven mit niedriger Frequenz aktiviert. Der dadurch entstehende .... ist als Widerstand bei einer passiven Bewegung der Extremität spürbar.

Tonus - Tonus

Der Tonus der Muskeln dient vor allem ihrer Haltefunktion. Selbst wenn wir entspannt sitzen, so werden doch zum Beispiel die Extremitäten nicht völlig passiv "gelegt", sondern halten eine bestimmte Stellung. Diese "Haltung" wird durch die relative Stärke des Tonus in den verschiedenen Muskelgruppen bedingt. Wenn die "Haltung" gefährdet wird, wenn eine Störung zu erwarten ist, wie z.B. im Auto, vor dem eine unübersichtliche Situation auftritt, so steigt der Tonus, d.h. die Grundspannung aller Muskeln erhöht sich, sodaß die angenommene Haltung besser fixiert, fester wird.

22.8 Wird die Frequenz der Erregungen in den motorischen Nervenfasern über 5 / s gesteigert, so wächst die Kraft der Kontraktion durch .... der Einzelzuckungen in den Einzelfasern wie auch durch .... der Kontraktionen der parallelen Einzelfasern.

Summation - Summation

22.9 Die maximale Muskelkraft wird erreicht, wenn alle Einzelfasern die .... Spannung entwickeln. Diese Kraft kann an den meisten Warmblütermuskeln schon mit Frequenzen von etwa 5o /s erzielt werden, weil die Summation der Kontraktionen vieler Fasern die bei dieser Frequenz noch auftretenden leichten Schwankungen der Kraft der Einzelfasern (s. Abb. 2o-17) ausgleicht.

tetanische

22.1o Die Muskelkraft kann also durch zwei Summationsprozesse gesteuert werden:
1) Die Kontraktionskraft der einzelnen Muskelfaser wird durch die .... (Amplitude / Frequenz) ihrer Erregungen bestimmt.
2) Die Kontraktionen paralleler Fasern summieren sich, deshalb wird die Kontraktionskraft des Gesamtmuskels auch durch die .... (Zahl / Länge) der gleichzeitig erregten Fasern bestimmt.

Frequenz - Zahl

Die Aussagen über die parallelen aber unabhängig voneinander sich kontrahierenden Einzelfasern bedürfen einer Ergänzung. Es werden nicht alle Fasern unabhängig voneinander und asynchron erregt. Die Zahl der motorischen Nervenfasern, die den Muskel innervieren, ist kleiner als die Zahl der Muskelfasern. Innerhalb des Muskels verzweigen sich die Nervenfasern und innervieren mehrere Muskelfasern. Es wird also durch die Erregung einer Nervenfaser jeweils eine Gruppe von Muskelfasern gleichzeitig erregt. Man nennt deshalb die motorische Nervenfaser zusammen mit den von ihr innervierten Muskelfasern eine motorische Einheit. Die motorischen Einheiten sind sehr verschieden groß: an dicht innervierten Muskeln wie den äußeren Augenmuskeln umfassen sie durchschnittlich 7 Muskelfasern, an Muskeln des Unterschenkels durchschnittlich 17oo Muskelfasern.

22.11 Eine motorische Nervenfaser mit den von ihr innervierten Muskelfasern bildet eine motorische .... Die Fasern der motorischen .... werden durch eine Erregung in der Nervenfaser .... (synchron / asynchron) erregt.

Einheit - Einheit - synchron

22.12 Das Nervensystem kann die Kontraktionskraft des Muskels über die Zahl der erregten Nervenfasern und die .... der Erregungen in den Nervenfasern steuern. Damit wird die Zahl der sich kontrahierenden .... und die .... der Kontraktionen der einzelnen .... variiert.

Frequenz - motorische Einheiten - Frequenz - motorischen Einheiten

22.13 Die Erregungen der motorischen .... können im sogenannten Elektromyogramm (EMG) registriert werden. Dies ist eine extrazelluläre Ableitung vom Muskel. Die Elektroden liegen entweder auf der Haut über dem Muskel oder werden in den Muskel eingestochen.

Einheiten

22.14 Ein solches Elektro......... von einem menschlichen Lidmuskel zeigt Abb. 22-14. In A ist keine Aktivität sichtbar, der Muskel ist völlig .... In B, C und D wird das Lid mit steigender Kraft geschlossen. Dabei treten im Elektro...... extrazellulär abgeleitete Aktionspotentiale oder "Impulse" auf. Es sind dies schnelle Potentialausschläge nach oben, die von einem kleinen Ausschlag nach unten gefolgt werden.

-myogramm - entspannt - -myogramm

22.15 Die großen Aktionspotentiale oder Impulse in den Elektro....... der Abb. 22-14B-D stammen alle von einer motorischen Einheit. Die ersten 5 solcher Aktionspotentiale sind in Abb. 22-14B durch Pfeile gekennzeichnet. Diese motorische Einheit wird in Abb. 22-14B, bei schwacher Kontraktion, ... mal (bitte auszählen) erregt. Die Dauer der Registrierungen Abb. 22-14 ist jeweils eine Sekunde, deshalb treten in B ..... Impulse pro Sekunde auf.

-myogrammen - 13 - 13

22.16 Abb. 22-14B, C und D zeigen, daß mit steigender Kraft der Willkürkontraktion die .... der Erregungen in der motorischen Einheit steigt. Die Zahl der Aktionspotentiale der motorischen Einheit pro Sekunde ist in C ......, in D ist sie ....

Frequenz - 23 - 31

22.17 Neben der Frequenz der Erregungen in der .... nimmt nach Abb. 22-14 auch die Zahl der aktivierten motorischen Einheiten zu. Dies zeigt die zunehmende Zahl und Formvielfalt der neben den großen Impulsen registrierten kleinen Impulse, die von benachbarten .... erzeugt werden.

motorischen Einheit - motorischen Einheiten

22.18 Die Ableitung der elektrischen Aktivität der motorischen Einheiten im ....myogramm zeigt also, mit welcher Frequenz die einzelne motorische Einheit erregt wird und wie die Zahl der in der Umgebung der Elektroden erregten motorischen Einheiten bei einer Kontraktion .... (wächst / gleich bleibt).

Elektro- - wächst

Das Elektromyogramm ist ein in der Neurologie viel benutztes Mittel zur Diagnose von Muskelerkrankungen. Diese Erkrankungen bestehen einerseits in Lähmungen oder abgeschwächter Kraftentwicklung, "Myasthenie", und andererseits unkontrollierter starker Kraftentwicklung, "Myotonien". Bei vielen Krankheitsbildern spiegeln die Reaktionen der Muskulatur Schädigungen oder Erkrankungen des motorischen Nervensystems wider, in anderen Fällen ist die neuromuskuläre Übertragung betroffen. Die Registrierung der Erregungsmuster der motorischen Einheiten durch das Elektromyogramm trägt neben der genauen Feststellung der Art der motorischen Störung sehr zur Diagnose bei. Erkrankungen des eigentlichen kontraktilen Systems in den Muskelfasern sind relativ selten. Es handelt sich um degenerative Veränderungen der Muskelfasern, Muskeldystrophien, die meist auf erbliche Enzymdefekte oder hormonelle Störungen zurückgeführt werden können.

Die folgenden Fragen dienen zur Kontrolle des in dieser Lektion Gelernten:

22.19 Eine motorische Einheit

a) besteht aus allen Muskeln, die gemeinsam dieselbe Bewegung ausführen

b) besteht aus einer motorischen Nervenfaser mit den Muskelfasern, die von ihr innerviert werden

c) umfaßt immer mindestens 1oo Muskelfasern

d) wird in allen Elementen etwa gleichzeitig erregt

Mehrere Antworten sind richtig!

b, d

22.2o Die Kontraktionskraft eines Muskels kann gesteuert werden durch

a) Änderung der Frequenz der Erregung der einzelnen motorischen Einheiten

b) Änderung der Zahl der Muskelfasern, die zu einer motorischen Einheit gehören

c) Änderung der Zahl der aktivierten motorischen Einheiten

d) Erhöhung des ATP-Spiegels in der Muskelfaser

e) <u>allein</u> durch Änderung der Zahl der aktivierten motorischen Einheiten

Mehrere Antworten sind richtig!

a, c

22.21 Beim Elektromyogramm wird registriert

a) die Amplitude der Muskelkontraktion
b) die Dauer der Muskelkontraktion
c) die Erregung in den motorischen Nervenfasern
d) die Erregung in den motorischen Einheiten
e) Änderungen in der Zahl der aktivierten motorischen Einheiten

Mehrere Antworten sind richtig!

d, e

F Motorische Systeme

Die für die willkürliche und unwillkürliche Kontrolle von Haltung und Bewegung verantwortlichen nervösen Systeme liegen in den verschiedensten Abschnitten des ZNS, vom entwicklungsgeschichtlich ältesten Teil, dem Rückenmark, bis zum jüngsten, der Hirnrinde. Die Untersuchung der motorischen Funktionen der verschiedenen Hirnabschnitte ergab, daß die bei der fortschreitenden Differenzierung des Tierreichs notwendig werdenden Ergänzungen des ZNS weniger durch Umbau der vorhandenen, als durch Überbau mit zusätzlichen Regel- und Steuersystemen bewerkstelligt wurden: das ZNS ist also hierarchisch geordnet. Wir werden in den folgenden Lektionen zunächst die Fähigkeiten der in der Hierarchie untersten Abschnitte kennen lernen und danach untersuchen, wie weit diese Fähigkeiten durch die höheren Abschnitte modifiziert und ergänzt werden.

Die einfachste Art und Weise, die Leistungen der einzelnen Abschnitte des ZNS zu studieren besteht darin, im Experiment durch entsprechende Durchschneidungen höhere Abschnitte auszuschalten. Trennt man z.B. das Rückenmark in Höhe des ersten Halswirbels (C_1) vom Rest des ZNS ab (Spinalisation), so kann man anschliessend die motorischen Fähigkeiten des Rückenmarks isoliert untersuchen. Bleibt der Hirnstamm in Kontakt mit dem Rückenmark und werden die darüberliegenden Abschnitte abgetrennt (Decerebrierung), so läßt sich der Einfluß dieses Hirnabschnittes auf das Rückenmark studieren. Schliesslich wird eine Entfernung der Hirnrinde (Decortizierung) lediglich zum Ausfall der von diesem Abschnitt kontrollierten motorischen Funktionen führen.

Bei der Betrachtung der motorischen Leistungen des ZNS darf von Anfang nicht außer acht gelassen werden, daß ein ununterbrochener Strom von afferenten Informationen zu den an der

Kontrolle von Haltung und Bewegung beteiligten zentralnervösen Strukturen notwendig ist, damit diese ihrer Aufgabe gerecht werden können. Auf der Ebene des Rückenmarks wird die Abhängigkeit der motorischen Leistungen von den afferenten Zuflüssen besonders deutlich, da hier einzelne Rezeptortypen (z.B. die Muskelspindelrezeptoren) in relativ stereotyper Weise mit den Motoneuronen zu Reflexkreisen verschaltet sind. In den ersten beiden Lektionen dieses Kapitels, die sich mit den motorischen Leistungen des Rückenmarks befassen, werden wir daher die Bedeutung der afferenten Zuflüsse für die Motorik besonders herausstellen.

Lektion 23 Spinale Motorik I: Aufgaben der Muskel- und Sehnenspindeln

In Lektion 17 wurde bereits ausführlich der Aufbau der Muskelspindeln und die zentrale Verschaltung der Ia-Afferenzen zu den homonymen Motoneuronen behandelt. Es wurde gezeigt, daß der monosynaptische Dehnungsreflex einerseits durch Dehnung des gesamten Muskels und andererseits durch intrafusale Kontraktion ausgelöst werden kann. Auf die Bedeutung der ersten Möglichkeit für die Konstanthaltung einer vorgegebenen Muskellänge und der zweiten für die Verstellung der Muskellänge wurde hingewiesen. In Lektion 16 wurde außerdem kurz erwähnt, daß die Ia-Fasern nicht nur erregende Verbindungen zu homonymen Motoneuronen, sondern auch hemmende zu antagonistischen Motoneuronen haben (siehe Abb. 16-19A).

In dieser Lektion werden wir an diese Kenntnisse anknüpfen und zunächst die zentrale Verschaltung der Ia-Afferenzen und die Bedeutung dieser Reflexschaltungen für die Motorik, insbesondere für die Konstanthaltung der Muskellänge, näher betrachten. Anschliessend werden wir die Sehnenspindeln (Golgi-Organe) kennen lernen. Dieser Rezeptor ist auch ein Dehnungsrezeptor. Die zentrale Verschaltung seiner Afferenzen und seine Aufgaben im Rahmen der Motorik ergänzen die der Muskelspindeln in einer für Haltung und Bewegung des Organismus höchst sinnvollen und zweckmässigen Weise.

Lernziele: Beschreiben der Entladungsmuster der Muskel- und Sehnenspindeln bei Dehnung und Kontraktion eines Muskels; diese Beschreibung muß enthalten, daß die unterschiedlichen Entladungsmuster bei Kontraktion durch die anatomische Lage der Rezeptoren im Muskel bedingt sind; die Beschreibung muß nicht notwendigerweise enthalten, daß die Rezeptoren auch auf die Geschwindigkeit der Längen- bzw. Spannungsänderung empfindlich sind. Schematische Zeichnung der homonymen und der antagonistischen segmentalen motorischen Reflexbögen der Muskel- und Sehnenspindelrezeptoren; es muß ersichtlich sein, wieviele Neurone jeder Reflexbogen enthält und ob die Synapsen erregend oder hemmend wirken. Schildern können, welchen Einfluß Impulse in γ-Efferenzen auf die Entladungen von Muskelspindelrezeptoren haben und wie sich über eine Veränderung der γ-Faser-Aktivität die Muskellänge verändern läßt; ferner, daß die Muskel- und Sehnenspindelrezeptoren Fühler in Regelkreisen sind, die die Muskellänge-

bzw. -spannung konstant halten können. Anhand der Reflexbogen-Skizzen ist die Arbeitsweise dieser Regelkreise bei Änderung der Muskellänge- bzw. -spannung im Prinzip zu erläutern.

23.1 Abb. 23-1A zeigt am Beispiel des Beugers (Flexors) und des Strekkers (Extensors) des Ellbogengelenks, nämlich des Musculus ..... bzw. des Musculus ...., die zentrale Verschaltung antagonistischer Ia-Muskelspindelafferenzen. (F = Flexormotoneuron, E = Extensormotoneuron).

biceps - triceps

23.2 Wie wir aus Lektion 17 (vgl. Abb. 17-9) bereits wissen, haben die Ia-Fasern .... (mono / poly)-synaptische erregende Verbindungen mit ihren eigenen, den homonymen Motoneuronen. Ferner, wie in Lektion 16 (vgl. Abb. 16-19A) und Lektion 18 erwähnt, haben Kollateralen der Ia-Fasern .... (mono / di)-synaptische hemmende Verbindungen zu den antagonistischen Motoneuronen. Letzterer Reflexbogen wird, weil er der kürzeste hemmende Reflexbogen ist, als .... Hemmung (siehe Lernschritt 18.2) bezeichnet.

mono- - di- - direkte

23.3 Die direkte Hemmung wird auch r e z i p r o k e Hemmung genannt, da Aktivität in den Ia-Fasern zur Erregung der homonymen Motoneurone und gleichzeitig zu einer .... (Erregung / Hemmung) der Antagonisten führt. Die reziproke antagonistische .... unterstützt also die durch Ia-Faseraktivität ausgelöste Kontraktion des homonymen (agonistischen) Muskels durch gleichzeitige (simultane) .... der am gleichen Gelenk angreifenden Antagonisten.

Hemmung - Hemmung - Hemmung

23.4 In Lektion 17 wurde weiterhin schon gesagt, daß die Ia-Fasern von den Dehnungsrezeptoren der Muskelspindeln kommen und daß passive Dehnung des Muskels (z.B. beim Patellarsehnenreflex) zu einer Aktivierung der Muskelspindelrezeptoren führt und den monosynaptischen Dehnungsreflex auslöst. Es wurde gezeigt, daß dieser Reflex dazu dient, eine einmal eingestellte Muskellänge .... (zu ändern / konstant zu halten) (Lernschritt 17.23 bis 17.25).

konstant zu halten

23.5 Anhand von Abb. 23-1 werden wir jetzt die Vorgänge bei einer durch eine äußere Kraft bewirkten Veränderung der Gelenkeinstellung im Zusammenhang betrachten. Wir werden feststellen, daß alle von den Muskelspindeln der Agonisten und Antagonisten ausgehenden Reflexaktivitätsänderungen dazu dienen, die Änderung der Gelenkstellung weitgehend rückgängig zu machen, also die vorgegebene Muskellänge .... zu halten.

konstant

23.6 Nehmen wir an, die in Abb. 23-1A eingestellte Gelenkstellung des Ellbogens wäre durch eine auf den Unterarm aufgelegte Last gestört, so wie das in Abb. 23-1B gezeigt ist. Die Dehnung des Biceps wird zu einer .... (vermehrten / verminderten) Aktivierung seiner Muskelspindelrezeptoren führen und dadurch (1) die Bicepsmotoneurone verstärkt .... (erregen / hemmen) und (2) die Tricepsmotoneurone verstärkt ....

vermehrten - erregen - hemmen

23.7 Während der Biceps durch die Last gedehnt wird, wird gleichzeitig der Triceps entdehnt. Diese passive Verkürzung des M. Triceps hat zur Folge, daß die Tricepsmuskelspindeln .... (mehr / weniger) aktiviert werden, wodurch (3) die homonyme Erregung der Tricepsmotoneurone .... (reduziert / erhöht) wird und (4) die reziproke Hemmung der Bicepsmotoneurone .... wird.

weniger - reduziert - vermindert (oder entsprechend)

23.8 Eine von außen erzwungene Streckung des Ellbogengelenkes führt also zu einer vermehrten Aktivierung der Bicepsmotoneurone, weil die homonyme Erregung zu- und die reziproke antagonistische Hemmung abnimmt. Gleichzeitig nimmt die Aktivität der Tricepsmotoneurone ab, weil .... (beschreiben Sie mit Ihren eigenen Worten).

die homonyme Erregung ab- und die reziproke antagonistische Hemmung zunimmt (oder entsprechend)

23.9 Insgesamt gesehen werden die in den .... (zwei / vier) Reflexbögen (mono- und disynaptische) ausgelösten Aktivitätsänderungen über eine Spannungszunahme des Biceps und eine Spannungs- .... des Triceps die Veränderungen der Gelenkstellung weitgehend rückgängig machen, also auf die Konstanthaltung der ursprünglich eingestellten Muskellänge hinwirken. Die Reflexbögen bilden also zusammen ein Längen-Kontroll-System des Muskels.

vier - Abnahme

Es wurde bereits in Lektion 17 (nach Lernschritt 17.28) gezeigt, daß die Konstanthaltung der Muskellänge über die segmentalen Reflexbögen der Ia-Afferenzen ein typischer Regelkreis ist, dessen verschiedenste Komponenten auch in der Sprache der Regeltechnik definiert und simuliert werden können. Eine solche Ersatzschaltung muß außer den bisher beschriebenen Anteilen des Regelkreises unter anderem noch die verschiedenen Zeitverzögerungen berücksichtigen, die durch die Laufzeit der Aktionspotentiale in den afferenten und efferenten Nervenfasern auftreten; ferner wäre zu berücksichtigen, daß die Entladungsfrequenz der Muskelspindelrezeptoren nicht nur proportional der Muskellänge ist (wie wir in den bisherigen Betrachtungen vereinfachend angenommen haben), sondern auch eine Komponente besitzt, die der Änderungsgeschwindigkeit der Muskellänge (also der ersten Ableitung) proportional ist (siehe Abb. 23-21B). Diese zweite Komponente sagt gewissermaßen voraus, wie weit sich die Muskellänge in Zukunft ändern wird, sofern die Änderung mit der gleichen Geschwindigkeit weitergeht. Diese Voraussage kompensiert einen Teil der durch die Laufzeit und Masseträgheit verursachten Verzögerungen der Reaktionen des Regelkreises.

In den Lernschritten 17.18 bis 17.28 wurde bereits gezeigt, daß über die efferente Innervation der intrafusalen Muskelfasern (γ-Motoaxone) der Output der Muskelspindelafferenzen beeinflußt und dadurch die Muskellänge verstellt werden kann. Arbeiten Sie bitte diese Lernschritte noch einmal durch und fahren Sie anschliessend mit dieser Lektion fort!

23.1o Kurve a in Abb. 23-1o zeigt den Zusammenhang zwischen der Muskellänge (Abscisse) und der Frequenz der Ia-afferenten Impulse von den Muskelspindelrezeptoren (Ordinate) bei geringer Aktivität der γ-Fasern, also .... (starker / geringer) intrafusaler Kontraktion. Die Entladungsfrequenz der Ia-Fasern ist der Muskellänge .... (direkt / umgekehrt) proportional.

geringer - direkt

23.11 Erhöhung der γ-Aktivität bewirkt, daß Muskelspindeln, die bisher mit geringer Frequenz feuerten (z.B. Punkt 1 in a) jetzt mit höherer Frequenz antworten (Punkt 2 in b), ohne daß sich die Muskellänge verändert hat. Diese vermehrte Aktivität der Ia-Fasern wird die homonymen Motoneurone verstärkt .... (erregen / hemmen) und die antagonistischen Motoneurone verstärkt ....

erregen - hemmen

23.12 Der afferente Output der antagonistischen Muskelspindeln ist zunächst nicht verändert, da sich, im Gegensatz zu Abb. 23-1B die Muskellänge des Agonisten und des Antagonisten .... (gleichsinnig / nicht) verändert haben.

nicht

23.13 Die verstärkte Aktivität der agonistischen Ia-Fasern wird also zu einer Kontraktion (Tonuserhöhung) des .... (Agonisten / Antagonisten) bei gleichzeitiger Erschlaffung (Tonusverminderung) des .... führen, also zu einer Bewegung im betroffenen Gelenk.

Agonisten - Antagonisten

23.14 Die Bewegung wird aufhören, sobald Punkt 3 in Kurve b erreicht ist, d.h. sobald die Muskelspindelafferenzen wieder die gleiche Anzahl Impulse aussenden wie an Punkt 1 der Kurve a. Über die γ-Efferenzen läßt sich also die Muskellänge verstellen, ohne daß sich der Output der Muskelspindelrezeptoren dauernd ändert.

23.15 Da die veränderte Gelenkstellung den Antagonisten (M. Triceps) gedehnt hat, muß, sofern Punkt 3 den gleichen Ordinatenwert haben soll wie Punkt 1, auch die Spannung der antagonistischen intrafusalen Muskelfasern etwas geändert werden. Sie muß nämlich, um den leicht erhöhten afferenten Output aus dem Antagonisten auf das ursprüngliche Niveau zu bringen, etwas .... (erhöht / vermindert) werden.

vermindert

23.16 Wird die intrafusale Spannung der antagonistischen Muskelspindeln nicht vermindert, so resultiert eine verstärkte reziproke Hemmung der agonistischen Motoneurone, die dann dazu führt, daß die Muskellänge nicht bis zu Punkt 3 in Abb. 23-1o sondern evtl. nur bis Punkt 4 verkürzt wird. Eine gegenüber Punkt 1 leicht .... (erhöhte / verminderte) agonistische Ia-Impulsfrequenz kompensiert dann die erhöhte Impulsfrequenz der antagonistischen Ia-Fasern.

erhöhte

Kontraktionen der Muskulatur können entweder über die γ-Schleife oder durch direkte Aktivation der α-Motoneurone ausgelöst werden. Die direkte Aktivation der α-Motoneurone von supraspinalen Zentren hat den Vorteil der kurzen Latenz, aber den Nachteil, daß das sorgfältige Gleichgewicht des über den Dehnungsreflex arbeitenden Längenkontroll-Systems zunächst empfindlich gestört wird, wobei die betroffenen Muskelspindeln evtl. nicht mehr ausreichend (unterschwellig) oder zu sehr (Sättigung) gedehnt werden. Dagegen bewirkt Aktivierung der γ-Schleife eine Verkürzung des Muskels ohne oder mit geringer dauernder Veränderung des Muskelspindel-Outputs. Es liegt nahe, anzunehmen, daß direkte Erregung der α-Motoneurone vor allem dann benutzt wird, wenn es auf Schnelligkeit ankommt, während Aktivierung der γ-Schleife gleichmässige und fein abgestufte Bewegungen ermöglicht. Leider ist uns über die relative Bedeutung der beiden Aktivationsmöglichkeiten noch wenig bekannt. Es bleibt daher den Ergebnissen der Experimente vorbehalten, diese Annahmen zu bestätigen oder zu widerlegen.

Außer den Muskelspindelrezeptoren findet sich im Skelettmuskel noch ein weiterer für die Motorik wichtiger Typ von Dehnungsrezeptor, die S e h n e n s p i n d e l, auch G o l g i - O r g a n genannt. Die Lage der Sehnenspindeln im Muskel, ihre Eigenschaften und die segmentale Verschaltung ihrer afferenten Fasern werden wir in den nächsten Lernschritten kennen lernen.

23.17 Abb. 23-17A zeigt die Lage eines Muskelspindelrezeptors (nur eine intrafusale Faser einer Muskelspindel ist gezeichnet) und zweier Sehnenspindelrezeptoren im Muskel (zwei extrafusale Fasern sind gezeichnet). Der Muskelspindelrezeptor schlingt sich um den Mittelteil einer .... (intra- / extra-)-fusalen Muskelfaser, während die Golgi-Organe am sehnigen Ansatz der .....-

fusalen Muskulatur liegen.

intra- - extra-

23.18 Aus der Abbildung geht weiter hervor, daß die Muskelspindelafferenzen als Ia-Fasern die Sehnenspindelafferenzen als ....-Fasern bezeichnet werden. Die Afferenzen der Sehnenspindeln, also die ......-Fasern, sind, genau wie die Ia-Fasern, dicke myelinisierte Fasern, deren Leitungsgeschwindigkeit ebenso hoch ist, wie die der Ia-Fasern, also nach Tabelle 11-33 etwa ...... m/s.

Ib - Ib - 75

23.19 Wird der Muskel von der Ruhelänge (A in Abb. 23-17) ausgehend gedehnt (B), so wird sowohl die Muskel- als auch die Sehnenspindel .... (gedehnt / entlastet). Bei anschliessender isotonischer Kontraktion (C in Abb. 23-17) bleibt die Sehnenspindel weiterhin ...., während die Muskelspindel ...... wird.

gedehnt - gedehnt - entlastet

23.2o Der in Abb. 23-17 gezeigte Befund wird häufig auch folgendermassen ausgedrückt: die Muskelspindel ist .... (parallel / hintereinander), die Sehnenspindel .... zur extrafusalen Muskulatur geschaltet. Bedingt durch diese unterschiedliche Anordnung sind die Entladungsmuster der Muskel- und Sehnenspindeln bei Kontraktion der extrafusalen Muskulatur in charakteristischer Weise verschieden.

parallel - hintereinander

23.21 Abb. 23-21 zeigt Entladungsmuster der Muskelspindel- (Ia) und

Sehnenspindel- (Ib) Afferenzen in Ruhe (A), bei Dehnung (B) und bei Kontraktion (C). Die Schwelle der Sehnenspindeln ist etwas höher als die der Muskelspindeln, sodaß für eine gegebene Muskellänge (vgl. Ia mit Ib in A und im 3. Drittel von B) die Entladungsfrequenz der Muskelspindeln .... (höher / niedriger) ist als die der Sehnenspindeln.

höher

23.22 Bei Dehnung (B) nimmt die Entladungsfrequenz der Ia- wie auch der Ib-Fasern .... (ab / zu). Während der Dehnung ist die Entladungsfrequenz .... (höher / niedriger) als nach Erreichen der neuen Länge. Letzteres bedeutet, daß die Entladungsfrequenz beider Dehnungsrezeptoren nicht nur proportional der Länge des Muskels, sondern auch proportional ist der Geschwindigkeit der Längenänderung (d.h. der ersten Ableitung der Längenänderung nach der Zeit). Diese Komponente ist bei Muskelspindeln wesentlich ausgeprägter als bei Sehnenspindeln.

zu - höher

23.23 Kontraktion der extrafusalen Muskulatur (C in Abb. 23-21) entlastet die Muskelspindeln und führt dadurch zu .... (einer Vermehrung / einem Aufhören) der Ia-Entladungen. Die Sehnenspindel bleibt gedehnt (siehe auch Abb. 23-17C), und ihre Entladungsfrequenz nimmt während der isotonischen Kontraktion vorübergehend zu, da die Beschleunigung der Last zu einer kurzzeitigen stärkeren Dehnung der Sehnenspindel führt.

einem Aufhören

23.24 Wir können daraus folgern, daß die Muskelspindeln vorwiegend die .... (Spannung / Länge) des Muskels messen, während die Sehnenspindeln vorwiegend die .... registrieren. Es ist also zu erwarten, daß bei i s o m e t r i s c h e r Kontraktion (also bei Spannungserhöhung ohne Längenänderung) die Entladungsfrequenz der Sehnenspindeln stark ...., während die der Muskelspindeln etwa .... bleiben sollte.

Länge - Spannung - zunimmt (oder entsprechend) - gleich (oder entsprechend)

23.25 Wenden wir uns jetzt der segmentalen Verschaltung der Ib-Afferenzen zu. Wie Abb. 23-25 zeigt, haben die Ib-Fasern .... (mono- / di- / poly-)synaptische .... (erregende / hemmende) Verbindungen zu ihren homonymen Motoneuronen und .....-synaptische .... (erregende / hemmende) Verbindungen zu antagonistischen Motoneuronen.

di- - hemmende - di- - erregende

23.26 Die Verschaltung ist, funktionell gesehen, ... (entsprechend / spiegelbildlich) der Ia-Fasern (siehe Abb. 23-1). Es gibt allerdings keine monosynaptischen Verbindungen zu den Motoneuronen. Sowohl die erregenden als auch die hemmenden Verbindungen sind ......synaptisch, also genauso lang wie die direkte reziprok antagonistische Hemmung der Ia-Fasern.

spiegelbildlich - di-

23.27 Da die Sehnenspindeln die Spannung des Muskels messen, wird eine starke Erhöhung der Muskelspannung, sei es durch passive Dehnung, aktive Kontraktion oder (über den Dehnungsreflexbogen!) eine Mischung von beiden, zu einer Hemmung der homonymen Motoneurone über die .... (Ia / Ib)-Fasern führen, und damit ein starkes Anwachsen der Spannung (Gefahr des Muskel- oder Sehnenrisses!) ....

Ib - verhindern (oder entsprechend)

23.28 Im Tierexperiment führt zunehmende Dehnung eines Muskels zu zunehmender Muskelspannung (über den Dehnungsreflexbogen) bis bei starker Dehnung der Muskeltonus plötzlich nachläßt. Dieses Phänomen wird "Taschenmesserklappreflex" genannt und der hemmenden Wirkung der homonymen Sehnenspindel zugeschrieben. Man hat daraus gefolgert, daß die Aufgabe des Ib-Reflexbogens vorwiegend die eines .... (Lokomotions / Schutz)-Reflexes sei.

Schutz

23.29 Wahrscheinlich ist aber die Aufgabe der Sehnenspindeln, den Muskel vor Überdehnung zu .... nur ein Teilaspekt der Sehnenspindelfunktion. Während nämlich Zunahme der Muskelspannung eine Hemmung der homonymen Motoneurone bewirkt, wird Abnahme der Muskelspannung über eine Disinhibition (Wegnahme von Hemmung, Enthemmung) eine Erregbarkeitszunahme der homonymen Motoneurone ergeben.

schützen

23.3o Mit anderen Worten: der Reflexbogen der Sehnenspindeln ist so verschaltet, daß er dazu dienen kann, die .... (Länge / Spannung) des Muskels konstant zu halten.

Spannung

23.31 Jeder Muskel besitzt also zwei Rückkopplungs(feedback)systeme (Regelkreise): ein Längen-Kontroll-System über die ....-spindeln und ein Spannungs-Kontroll-System über die .....-spindeln.

Muskel - Sehnen

Vom regelungstechnischen Standpunkt ist die Notwendigkeit des Spannungs-Kontroll-Systems neben dem des Längen-Kontroll-Systems nicht sofort einsichtig. In einem idealen Längen-Kontroll-Regelkreis wäre die vom Muskel entwickelte Kraft immer proportional der efferenten Impulse in den α-Motoaxonen, und ein Spannungs-Kontroll-System wäre überflüssig. Wir wissen aber aus Kapitel E, daß die vom Muskel entwickelte Kraft auch von der Vordehnung, der Geschwindigkeit der Kontraktion und dem Grad der Ermüdung des Muskels abhängt. Die durch diese Faktoren verursachten Abweichungen der Muskelspannung vom gewünschten Wert werden von den Sehnenspindeln gemessen und über das Spannungs-Kontroll-System korrigiert.

Beantworten Sie bitte die folgenden Fragen zur Überprüfung Ihres neu erworbenen Wissens:

23.32 Welche der folgenden Aussagen ist / sind richtig?

a) Die Muskelspindeln liegen parallel zur intrafusalen Muskulatur
b) Die Sehnenspindeln liegen hintereinander zur extrafusalen Muskulatur
c) Die Sehnenspindeln werden von Ia-Afferenzen innerviert
d) Die Ib-Afferenzen haben di-synaptische erregende Verbindungen zu homonymen Motoneuronen
e) Die efferente Innervation der Sehnenspindeln erfolgt über γ-Fasern
f) Alle Aussagen in a - e sind falsch

b

23.33 Welche drei Reflexbögen der Muskel- und Sehnenspindeln (Ia- und Ib-Fasern) haben je ein Interneuron?

1) reziproke antagonistische Hemmung der Ia-Fasern
2) hemmende Verbindung der Ib-Fasern zu homonymen Motoneuronen
3) erregende Verbindungen der Ib-Fasern zu antagonistischen Motoneuronen (in beliebiger Reihenfolge)

23.34 Welche der folgenden Zuflüsse eines Motoneurons wirken erregend?

a) Afferente Aktivität von homonymen Muskelspindeln
b) Afferente Aktivität von homonymen Sehnenspindeln
c) Afferente Aktivität von antagonistischen Muskelspindeln
d) Afferente Aktivität von antagonistischen Sehnenspindeln

a, d

23.35 Erhöhte Aktivität der γ-Efferenzen eines Beugermuskels

a) läßt die Gelenkstellung unverändert
b) bewirkt eine Streckung des Gelenks über das Spannungskontrollsystem
c) erhöht den Tonus der Beuger und Strecker bei unveränderter Gelenkstellung
d) führt reflektorisch zu einer Beugung des Gelenks
e) vermindert die Ia-Aktivität des antagonistischen Streckers

d

23.36 Der Taschenmesserklappreflex (plötzliches Nachlassen des Muskeltonus bei extremer Dehnung) ist verursacht durch

a) starke Erregung der homonymen Muskelspindeln
b) starke Erregung der antagonistischen Muskelspindeln
c) völlige Entlastung der antagonistischen Muskelspindeln
d) starke Erregung der homonymen Sehnenspindeln
e) völlige Entlastung der heteronymen Sehnenspindeln

d

23.37 Welcher Rezeptortyp ist

a) der Fühler im Längen-Kontroll-System des Muskels
b) der Fühler im Spannungs-Kontroll-System des Muskels

a) die Muskelspindeln - b) die Sehnenspindeln

Lektion 24 Spinale Motorik II: Polysynaptische motorische Reflexe; der Flexorreflex

In der vorhergehenden Lektion haben wir die Aufgaben der im Muskel selbst liegenden Rezeptoren, der Muskel- und Sehnenspindeln, betrachtet. Viele der übrigen Rezeptoren des Organismus, z.B. die der Haut, können ebenfalls motorische Reflexe auslösen (siehe Beispiele in Lektion 18). Experimente an spinalisierten Tieren haben gezeigt, daß die Reflexbögen von vielen dieser Reflexe im Rückenmark verlaufen. Ihnen allen ist gemeinsam, daß sie polysynaptisch sind, also mehr als 1 Interneuron auf ihrem Reflexweg im Rückenmark liegt.

Im folgenden werden wir die wichtigsten dieser polysynaptischen spinalen motorischen Reflexe und ihre Eigenschaften kennen lernen. Das prominenteste Beispiel ist der Flexorreflex, den wir deswegen zum Ausgangs- und Mittelpunkt unserer Erörterungen machen. Wir werden aber sehen, daß gleichzeitig mit dem Flexorreflex immer auch andere Reflexbögen aktiviert werden, die hauptsächlich dafür sorgen sollen, daß die durch den Flexorreflex ausgelösten Störungen des Körpergleichgewichts aufgefangen und ausgeglichen werden.

Rückenmarksdurchtrennungen beim Menschen treten bei Unfällen, insbesondere im Straßenverkehr, immer häufiger auf. Das klinische Bild wird als Querschnittslähmung bezeichnet. Im letzten Teil dieser Lektion werden wir sehen, zu welchen reflektorischen Leistungen das isolierte menschliche Rückenmark fähig ist.

Lernziele: Schematische Zeichnung der Reflexbögen des Flexorreflexes und der Reflexbögen der Schmerzafferenzen zu den ipsilateralen Extensor- und den kontralateralen Flexor- und Extensor-Motoneuronen. Aus der Zeichnung muß der polysynaptische Charakter dieser Reflexbögen hervorgehen, und es muß ersichtlich sein, daß die Bahnen für die kontralateralen Reflexwirkungen in der vorderen Kommissur kreuzen. Auswendig wissen, welche Rezeptoren und afferenten Fasern den Flexorreflex und den gekreuzten Streckreflex auslösen; anhand der Zeichnung die spinale synaptische Verschaltung dieser beiden Reflexe erläutern. Die Begriffe propriospinale Neurone und propriospinale Bahnen müssen definiert werden können. In Auswahl-Antwortfragen muß erkannt werden, daß die meisten spinalen Neurone propriospinal sind. Ferner soll bekannt sein, daß bei kompletten Querschnittslähmungen des Menschen zunächst ein spinaler Schock auftritt, dessen wichtigstes Symptom die völlige somatische und autonome Areflexie ist; ferner, daß im Verlauf von Wochen und Monaten ein Teil der Reflexe zurückkehrt, wobei die Mechanismen des spinalen Schocks wie auch der Erholung noch weitgehend unbekannt sind.

24.1 Wird am spinalisierten Tier eine Hinterpfote schmerzhaft gereizt (durch Kneifen, starke elektrische Reize, Hitze) so beobachtet man ein Wegziehen der gereizten Extremität, also eine Beugung (Flexion) in Sprung-, Knie- und Hüftgelenk. Dieses Phänomen bezeichnet man als den .... (Flexor / Extensor)-Reflex.

Flexor

24.2 Schmerzhafte Reizung der Vorderpfote bewirkt ebenfalls ein Wegziehen der gereizten Extremität, also einen ....reflex. In diesem Fall werden Sprung-, Ellbogen- und Schultergelenk ...... (gebeugt / gestreckt). Die Rezeptoren dieses Reflexes liegen in der Haut der Extremitäten, die Effektoren sind die Flexormuskeln. Es handelt sich also um einen .... (Eigen / Fremd)-Reflex.

Flexor - gebeugt - Fremd

24.3 Der Flexorreflex dient offensichtlich dazu, die Extremität aus dem Bereich des schmerzhaften, d.h. schädlichen, Reizes wegzuziehen. Er ist also ein typischer .... (Nutritions / Lokomotions / Schutz)-Reflex.

Schutz

24.4 Pressen einer Pfote mit verschiedener Intensität zeigt, daß Reflexzeit und -erfolg stark von der Reizintensität abhängen. Mit Zunehmen der Reizintensität wird die Reflexzeit kürzer und das

Wegziehen der Extremität erfolgt brüsker. Diese Möglichkeit der Summation ist, wie wir in Lektion 18 gesehen haben, eine typische Eigenschaft .... (mono / poly)-synaptischer Reflexe.

poly

24.5 Aus unseren Beobachtungen können wir also zusammenfassend schliessen: der Flexorreflex ist von der anatomischen Lage der Rezeptoren und Effektoren her gesehen ein ....; seine Eigenschaften zeigen, daß er einen spinalen, ...-synaptischen Reflexbogen besitzt. Funktionell gesehen ist er ein ....

Fremdreflex - poly- - Schutzreflex

24.6 Durch Betasten der Extremitätenmuskulatur während eines Flexorreflexes kann man feststellen, daß die Streckmuskulatur während der Beugung erschlafft. Dies läßt darauf schliessen, daß die Extensormotoneurone während dieser Zeit .... (erregt / gehemmt) werden.

gehemmt

24.7 Ferner läßt sich beobachten, daß die Flexion einer Hinter- oder Vorderextremität immer von einer Streckung (Extension) der gegenüberliegenden (kontralateralen) Extremität begleitet wird. Schmerzhafte Reizung einer Extremität hat also ipsilateral einen Flexorreflex und kontralateral einen ....reflex zur Folge.

Extensor- oder Streck-

24.8 Der kontralaterale Streckreflex (........-reflex) wird auch als gekreuzter Streckreflex bezeichnet, da er immer gleichzeitig mit dem Flexorreflex auf der kontralateralen Seite auftritt. Betasten der kontralateralen Extremität während des gekreuzten Extensorreflexes zeigt, daß die Beugemuskulatur während der Streckung erschlafft. Dies läßt darauf schliessen, daß während der Erregung der kontralateralen Extensormotoneurone die kontralateralen Flexormotoneurone .... werden.

Extensor- - gehemmt

24.9 Insgesamt werden auf segmentaler Ebene durch schmerzhafte Reizung einer Extremität offensichtlich 4 Reflexbögen aktiviert. Es kommt (1) zu einer .... (Erregung / Hemmung) aller ipsilateralen Flexormotoneurone (alle Gelenke werden gebeugt = Flexorreflex); (2) zu einer .... der ipsilateralen Extensormotoneurone; (3) zu einer .... der kontralateralen Extensormotoneurone (gekreuzter Streckreflex) und (4) zu einer .... der kontralateralen Flexormotoneurone.

Erregung - Hemmung - Erregung - Hemmung

24.1o Die elektrophysiologisch-experimentelle Analyse des Flexor- und der ihn begleitenden Reflexe hat die bisher getroffenen Schlußfolgerungen über die Reflexbögen dieser Reflexe bestätigt: Abb. 24-1o zeigt schematisch die polysynaptischen Reflexverbindungen einer Hautafferenz eines Schmerzrezeptors auf segmentaler Ebene. Über mehrere Interneurone (nur je 2 sind gezeichnet) werden die ipsilateralen ....-motoneurone erregt und die ipsilateralen ....-motoneurone gehemmt.

Flexor- - Extensor-

24.11 Die ipsilateral ankommende Aktivität aus den Schmerzrezeptoren wird über Interneurone, deren Axone in der vorderen Kommissur kreuzen, nach kontralateral übertragen. Hier werden, ebenfalls über polysynaptische Reflexbögen, die ......-motoneurone erregt und die ....-motoneurone gehemmt.

Extensor - Flexor

Nicht jeder hat die Möglichkeit, im Labor den Flexorreflex, den gekreuzten Streckreflex und die dazu reziproken Hemmungen am spinalisierten Tier kennenzulernen. Der Flexorreflex kann aber auch ohne Spinalisierung bei neugeborenen oder wenigen Tagen alten Haustieren (Hunden, Katzen etc), oder beim menschlichen Säugling gut beobachtet werden, da in dieser Zeit die übergeordneten Hirnabschnitte noch nicht voll ausgereift sind und daher die einfachen spinalen Reflexmuster noch nicht durch kompliziertere überdeckt werden.

Flexorreflexe werden nicht nur durch schmerzhafte Reizung der Haut, sondern auch durch schmerzhafte Reizung des darunterliegenden Bindegewebes, der Muskeln und der Gelenkkapseln verursacht. Die Rezeptoren sind teils von dünnen myelinisierten, teils von unmyelinisierten Afferenzen innerviert. Man hat die Haut-, Gelenk- und Muskelafferenzen, die bei entsprechender Aktivierung (natürliche Reizung der Rezeptoren oder elektrische Reizung der Nerven) Flexorreflexe auslösen, auch als Flexor-Reflex-Afferenzen zusammengefaßt, um damit zum Ausdruck zu bringen, daß sie, bei aller Verschiedenheit ihrer Rezeptoren und ihres Innervationsgebietes, sehr ähnliche, spinale, motorische Reflexe auslösen.

Bei lang anhaltender schmerzhafter Reizung geht der gekreuzte Streckreflex in eine rhythmische Beugung und Streckung des kontralateralen Beines über. Die gekreuzten Reflexbögen dienen also zwei Funktionen: (1) Der verstärkte Tonus der kontralateralen Extensormuskulatur während des Flexorreflexes verhindert ein Einknicken der Gelenke beim Wegfall der stützenden Wirkung des anderen, gebeugten Beines und (2) die durch lang anhaltende schmerzhafte Reizung induzierte rhythmische Aktivität bewegt den Organismus aus dem Bereich des schädlichen Reizes hinaus. Stärkere schmerzhafte Reizung einer Extremität führt darüberhinaus oft nicht nur zum ipsilateralen Flexor- und kontralateralen Streckreflex, sondern auch zu einer Beteiligung der anderen beiden Extremitäten. Daraus folgt, daß die afferenten Fasern auch Verbindungen zu weit entfernten spinalen Segmenten haben müssen. Diese langen intraspinalen Reflexbögen wollen wir jetzt kennen lernen.

24.12 Werden alle Hinterwurzeln eines Rückenmarks durchschnitten und dieses außerdem von den höhergelegenen(rostral, cranial) Hirnabschnitten abgetrennt, so degenerieren (absterben) in diesem "isolierten Rückenmark" alle Fasern, deren Zellen nicht im Rükkenmark liegen. Also alle Hinterwurzelfasern (Zellen liegen in den ....) und alle von cranial in das Rückenmark eintretende (descendierende, absteigende) Axone.

Hinterwurzelganglien = Spinalganglien

24.13 In solchen Präparaten bleibt die .... (weiße / graue) Substanz praktisch unverändert, da sie die Somata der Neurone des Rückenmarks enthält. Überraschenderweise ist aber auch die umgebende .... Substanz, die durch die auf- und absteigenden Axone gebildet wird, nur wenig vermindert.

graue - weiße

24.14 Dies läßt darauf schliessen, daß die meisten Axone, die aus den Neuronen der .... Substanz stammen, ... (nicht innerhalb / innerhalb) des Rückenmarks enden. Neurone, deren Axone nur im Rückenmark verlaufen und enden, bezeichnet man als propriospinale Neurone. Auf- oder absteigende Axone (Nervenfasern)-bündel nennt man propriospinale Bahnen.

graue - innerhalb

24.15 Die meisten Neurone der grauen Substanz sind also .....-spinale Neurone. Schon dieser anatomische Befund weist auf die große Bedeutung der Verbindungen zwischen den einzelnen Rückenmarksegmenten hin.

proprio-

24.16 Abb. 24-16 zeigt, daß eine afferente Faser, neben ihren segmentalen (Abb. 23-1, 23-25, 24-1o) und supraspinalen (siehe dafür Lektion 29 im Kapitel Sensorische Systeme) Verbindungen, in der Regel .... (eine / mehrere) Verbindungswege zu benachbarten und weiter entfernten Segmenten besitzt. Zum ersten teilt sich eine afferente Faser nach ihrem Eintritt in das Rückenmark in mehrere Kollateralen auf, und einige Kollateralen ziehen direkt, ohne Umschaltung über ein Interneuron, zu benachbarten Segmenten.

mehrere

24.17 Ferner bilden Kollateralen der afferenten Faser auf der Höhe der Eintrittszone erregende Synapsen mit propriospinalen Interneuronen, deren Axone entweder ipsilaterale oder, nach Kreuzung in der vorderen Kommissur, ...laterale Reflexverbindungen knüpfen.

contra-

24.18 Details der propriospinalen Bahnen werden hier nicht behandelt. Es genügt, sich einzuprägen, daß in einzelnen Bahnen die propriospinalen Axone sehr kurz sind (wenige Millimeter oder noch weniger), also nur in ihre unmittelbare Umgebung projizieren, während andere, wie in Abb. 24-16 angedeutet, sich über viele Segmente erstrecken.

24.19 Fassen wir zusammen: Neurone der grauen Substanz, deren Axone das Rückenmark nicht verlassen, nennen wir .... Neurone. Degenerationsversuche haben gezeigt, daß .... (die Mehrzahl / ein geringer Teil) der intraspinalen Neurone zu dieser Gruppe der .... Neurone gehört.

propriospinale - Mehrzahl - propriospinalen

24.2o Die Aufgabe der propriospinalen Bahnen ist die Verbindung der einzelnen Segmente untereinander. Sie bilden also (siehe Abb. 24-16) ....-segmentale Reflexbögen. Z.B. führt am spinalisierten Tier eine schmerzhafte Reizung einer Extremität nicht nur zu einem gekreuzten Streckreflex, sondern auch zu einer Erregung der Extensormotoneurone der beiden übrigen Extremitäten. Bei anhaltender schmerzhafter Reizung kann diese Extension in eine rhythmische Streckung und Beugung aller drei nicht gereizten Extremitäten, also in eine Laufbewegung, übergehen.

inter-

Steh- und Laufreflexe können am spinalisierten Tier auch durch nichtschmerzhafte Reizung, z.B. durch Druck auf die Fußsohlen, ausgelöst werden (siehe auch Lektion 23). Alle diese Experimente unterstreichen, daß die Verknüpfung der Neurone des Rückenmarks es ermöglicht, auf entsprechenden Anstoß aus der Peripherie oder von höheren Abschnitten des ZNS, komplexe motorische Bewegungen auszuführen und aufeinander abzustimmen. Wir bezeichnen dies als die integrative Funktion des Rückenmarks. Bei weitem nicht für alle uns bekannten spinalen Reflexbögen ist die funktionelle Bedeutung bereits voll einsichtig. Ein Beispiel bietet die in Abb. 16-19 gezeichnete Renshaw-Hemmung, die von Motoaxon-Kollateralen (die sich noch innerhalb des Rückenmarks von den Motoaxonen abzweigen) über ein hemmendes Interneuron (Renshaw-Zelle) zu den Motoaxonen zurückführt. Sie ist ein negativer Rückkopplungs-Schaltkreis, wie er im ZNS und in der Technik häufig benutzt wird, und hat als solche sicher die Aufgabe, ein unkontrolliertes Aufschaukeln (Schwingen) der Motoneuronenaktivität zu verhindern; ihre genaue Rolle im Rückenmark ist aber noch unklar.

Bei den höher entwickelten Wirbeltieren, insbesondere den Säugern, haben die höheren Abschnitte des ZNS mehr und mehr die Kontrolle der Rückenmarks-Funktionen übernommen, sodaß das isolierte Rückenmark nur noch in sehr bescheidenem Umfang zu Regel- und Steuerleistungen fähig ist. Beim Menschen resultiert eine Durchtrennung des Rückenmarks in einer sofortigen und permanenten Lähmung aller Willkürbewegungen derjenigen Muskeln, die von den caudal der Verletzung gelegenen Rückenmarkssegmenten versorgt werden (Querschnittslähmung, Paraplegie). Bewußte Empfindungen aus den betroffenen Dermatomen sind ebenfalls für immer unmöglich geworden. Auch alle Reflexe sind zunächst erloschen (Areflexie). Einige erholen sich anschliessend in gewissem Umfang, andere werden sogar stärker als zuvor.

Die Muskulatur ist zunächst schlaff und Reflexe (z.B. Dehnungsreflexe bei passiver Bewegung) können nicht ausgelöst werden. Korrekte Pflege vorausgesetzt, erscheint nach etwa 2 Wochen ein Flexorreflex bei kräftigem Bestreichen der Fußsohle. Die Zehen werden dabei zum Fußrücken gestreckt und gespreizt (sogen. "Babinskisches Zeichen"). Nach einigen Monaten können die Flexorreflexe außerordentlich stark werden, und ihr Auftreten ist oft von starken vegetativen Reflexen, wie Schweißausbruch, Blasen- und Mastdarm-Kontraktion, begleitet. Extensorreflexe entwickeln sich noch langsamer als die Flexorreflexe und sind meist wenig ausgeprägt. Auch alle vegetativen (autonomen) Reflexe (siehe Lektion 36) sind zunächst völlig verschwunden und kehren erst nach Monaten in wechselndem Umfang wieder. Abweichungen von diesem klinischen Bild, vor allem starke Extensorreflexe und erhöhter Muskeltonus kurz nach der Verletzung, sind meist ein Zeichen für eine inkomplette Durchtrennung des Rückenmarks mit entsprechend günstigeren Besserungsaussichten für Motorik und Sensibilität.

Die Ausfallerscheinungen nach Rückenmarksdurchtrennung werden als spinaler Schock bezeichnet. Im Tierexperiment läßt sich zeigen, daß auch eine funktionelle Durchtrennung durch lokale Abkühlung oder Lokalanästhesie einen spinalen Schock hervorruft. Nach einer ersten Durchtrennung und einer Rückkehr der Reflexe löst eine weitere Durchtrennung unterhalb der ersten Schnittstelle keinen spinalen Schock mehr aus. Entscheidend für sein Auftreten ist also der Verlust der Verbindung zum übrigen ZNS. Über die Ursachen des spinalen Schocks und über die Mechanismen die zur Rückkehr der Reflexe führen, besitzen wir nur sehr unvollkommene und unbefriedigende Kenntnisse. Wenn man einmal annimmt, daß durch die Durch--trennung der descendierenden (absteigenden) Bahnen zahlreiche erregende Antriebe auf α- oder γ-Motoneurone und andere spinale Neurone ausfallen und evtl. dazu hemmende spinale Interneurone enthemmt werden, sodaß es insgesamt zu einer starken Reflexunterdrückung kommt, so stellt sich sofort die Frage, welche Mechanismen für die Rückkehr einiger Rückenmarksfunktionen verantwortlich sind, und warum die Erholungsperiode viele Monate dauert. Eine Reihe von Einzelbeobachtungen haben Anlaß zu verschiedenen Theorien über diese Prozesse gegeben. Die experimentelle Bestätigung oder Widerlegung dieser Vorschläge ist aber noch weitgehend eine Aufgabe zukünftiger Forschung.

Mit Hilfe der folgenden Fragen können Sie Ihr Wissen über polysynaptische motorische Reflexe überprüfen:

24.21 Welche der folgenden Bezeichnungen treffen auf den Flexorreflex zu? (Wählen Sie drei aus!)
a) Eigenreflex
b) Fremdreflex
c) Monosynaptischer Reflex
d) Disynaptischer Reflex
e) Polysynaptischer Reflex
f) Nutritionsreflex
g) Schutzreflex
h) Lokomotionsreflex

b, e, g

24.22 Welche spinalen Afferenzen können den Flexorreflex aktivieren?
a) Ia-Fasern der primären Muskelspindelrezeptoren
b) Gruppe III-Fasern von den Schmerzrezeptoren der Haut
c) Ib-Fasern der Golgi-Sehnenspindelrezeptoren
d) Jede spinale Afferenz kann bei sehr starker überschwelliger Reizung den Flexorreflex aktivieren

b

24.23 Schmerzhafte Reizung einer Extremität aktiviert den Flexorreflexbogen. Außerdem beobachtet man
a) eine Hemmung der ipsilateralen Flexormotoneurone
b) eine Hemmung der ipsilateralen Extensormotoneurone
c) eine Erregung der kontralateralen Flexormotoneurone
d) eine Erregung der kontralateralen Extensormotoneurone
e) eine Hemmung der kontralateralen Flexormotoneurone

b, d, e

24.24 Wie bezeichnet man spinale Neurone, deren Axone nur innerhalb des Rückenmarks verlaufen?

propriospinale Neurone

24.25 Wird im Tierexperiment ein Rückenmark von allen afferenten und descendierenden Verbindungen isoliert, so degenerieren alle Axone, deren Zellen nicht im Rückenmark liegen. Die weiße Substanz enthält nur noch propriospinale Bahnen und ist

a) auf weniger als die Hälfte ihrer ursprünglichen Ausdehnung reduziert
b) völlig verschwunden
c) nur wenig vermindert
d) völlig erhalten
e) völlig erhalten, aber die graue Substanz ist verschwunden

c

24.26 Rückenmarksdurchtrennung beim Menschen führt zum spinalen Schock. Während des spinalen Schocks

a) sind alle motorischen und vegetativen Reflexe erloschen
b) sind die motorischen Reflexe erloschen, die vegetativen gesteigert
c) sind die Extensorreflexe erloschen, die Flexorreflexe gesteigert
d) sind alle Reflexe unverändert

a

Lektion 25 Funktionelle Anatomie supramedullärer motorischer Zentren

Das Zentralnervensystem wird üblicherweise nach seinem entwicklungsgeschichtlichen Alter in einzelne Abschnitte eingeteilt. Innerhalb der einzelnen Abschnitte werden als K e r n e oder G a n g l i e n Anhäufungen von anatomisch und funktionell zusammenhängenden Neuronen gegeneinander abgegrenzt. Als T r a c t u s oder B a h n e n bezeichnet man Bündel von Nervenfasern (Axone), die die einzelnen Hirnabschnitte miteinander und untereinander verbinden. Die Tractus erscheinen im ungefärbten histologischen Schnitt wegen der Markscheiden der myelinisierten Fasern weiß, während die Kerngebiete grau aussehen (Gehirn beim Metzger kaufen, Längs- und Querschnitte machen!). Im Rückenmark ist die graue Substanz, also die Somata der Neurone von weißer Substanz umgeben (siehe Abb. 4-3), beim Großhirn ist es umgekehrt: die Hirnrinde erscheint grau, da in ihr die Somata der Hirnzellen liegen, während die zum Hirnstamm ziehenden Axone das darunterliegende Gewebe weiß erscheinen lassen.

Der genaue Verlauf der einzelnen Bahnen im Gehirn kann experimentell durch Durchschneidungsversuche erforscht werden, da Nervenfasern (Axone) immer dann innerhalb einiger Tage absterben (degenerieren), wenn sie von ihrem Soma abgetrennt werden. Beispiel: Degeneration eines Nervenfaserbündels unterhalb (caudal) der Schnittstelle bedeutet, daß die Zellkörper dieser Axone oberhalb (cranial) der Schnittstelle liegen; es handelt sich also um degenerierende Axone einer efferenten, von zentral nach peripher leitenden Bahn. Mit dieser Technik sind bereits sehr viele, aber bei weitem noch nicht alle Längs- und Querverbindungen des ZNS dargestellt worden. Elektrophysiologische Reiz- und Ableitetechniken ergänzen und erweitern heutzutage die histologischen Techniken.

In dieser Lektion geben wir eine schematisierte, stark vereinfachte Darstellung der wichtigsten motorischen Kerngebiete und ihrer Verbindungen unter Verzicht auf eine entwicklungsgeschichtliche Zuordnung und unter Zusammenfassung, besonders im Hirnstamm, von zahlreicheren kleineren Kerngebieten zu funktionell größeren Einheiten (Zentren). Auf die Histologie der einzelnen Kerngebiete wird nicht eingegangen; die Feinstruktur der Großhirnrinde wird erwähnt, die der Kleinhirnrinde schematisch dargestellt. Letztere ist eine verhältnismässig einfache Struktur und wir kennen die Verknüpfungen der einzelnen Zellen bereits so gut, daß wir gewisse Schlüsse auf ihre Funktion ziehen können (Lektion 27).

Es muß betont werden, daß die Anatomie der supramedullären zentralnervösen Strukturen eine schwierige Materie ist, sowohl im Hinblick auf den makroskopischen Aufbau, wie auch auf die Feinstruktur der einzelnen Anteile. Für den, der sich näher damit befassen will, stehen eine Reihe von Lehrbüchern zur Verfügung, neuerdings auch eines in programmierter Form (SIDMAN & SIDMAN: Neuroanatomie, Springer-Verlag).

Lernziele: Auswendig wissen, daß die supramedullären motorischen Zentren vor allem in folgenden Hirnregionen liegen: a) in und um den Gyrus praecentralis der Hirnrinde, b) in den Basalkernen, c) dem Kleinhirn, d) dem Hirnstamm. Ursprung, Verlauf und Ziel der Pyramidenbahn und der extrapyramidalen motorischen Bahnen beschreiben können, wobei die Beschreibung die in den Lernschritten 25.17 und 25.25 aufgezählten Eigenschaften der beiden efferenten Systeme enthalten muß. Anhand einer Skizze ist die Verschaltung der folgenden Strukturen des Kleinhirns zu erläutern: Kletterfasern, Moosfasern, Körnerzellen, Korbzellen, Purkinje-Zellen. Die Skizze ist so anzulegen, daß die Schichtung der Kleinhirnrinde in Molekularschicht, Purkinjezellschicht und Körnerschicht deutlich wird.

25.1 Das Rückenmark enthält die Motoneurone und ist, wie wir gesehen haben, zu zahlreichen komplexen motorischen Leistungen fähig. Oberhalb des Rückenmarks (supraspinal) liegen aber noch weitere wichtige motorische Zentren, deren Funktionen wir in den folgenden Lektionen kennen lernen werden. Im Blockdiagramm der Abb. 25-1 sind insgesamt ...... (Anzahl?) s u p r a s p i n a l e motorische Zentren eingezeichnet.

4

25.2 Diese 4 s u p r a s p i n a l e n motorischen Zentren sind in Abb. 25-1 (in beliebiger Reihenfolge) als ...., ..., ... und .... benannt.

Motorcortex - Basalkerne - Hirnstamm - Kleinhirn

25.3 Es fällt auf, daß Hirnstamm, Basalkerne und Motorcortex h i n t e r e i n a n d e r geschaltet sind, während das .... sozusagen im Nebenschluß liegt, also p a r a l l e l zu den anderen motorischen Zentren geschaltet ist.

Kleinhirn

25.4 Alle efferenten motorischen Bahnen sind .... (schwarz / rot), die afferenten Bahnen sind .... eingezeichnet. Die gestrichelten Pfeile bezeichnen die Verbindungen zwischen Großhirn- und Kleinhirnrinde (cerebro-cerebellare Bahnen).

rot - schwarz

25.5 Bei den motorischen Bahnen sind die wichtigsten Umschaltstellen durch Unterbrechungen der Bahnen angegeben. Es fällt auf, daß die eine der beiden Bahnen vom Motorcortex ununterbrochen ins Rückenmark zieht, während die andere 2 mal unterbrochen ist, nämlich in den .... und im ....

Basalkernen - Hirnstamm

25.6 Diejenige Bahn, die vom Motorcortex ununterbrochen bis ins ..... (Medulla) zieht, bezeichnen wir als c o r t i c o - s p i n a l e Bahn oder Tractus ....-spinalis. Die ....-spinale Bahn durchläuft im Hirnstamm eine Struktur, die als Pyramide bezeichnet wird. Daher heißt die ....-spinale Bahn auch Pyramidenbahn.

Rückenmark - cortico - cortico - cortico

25.7 Alle anderen motorischen Bahnen, die nicht durch die Pyramide führen, werden als extrapyramidale Bahnen zusammengefaßt. Es gibt zahlreiche extrapyramidale Bahnen, besonders vom Hirnstamm ins Rückenmark, ihre Namen leiten sich meist vom Ursprung und Ziel ihrer Neurone ab (Beispiel: Tractus reticulo-spinalis, vestibulo-spinalis, rubro-spinalis etc).

25.8 Das Kleinhirn erhält über Axon-Kollateralen und spezielle Bahnen (siehe rote, schwarze und gestrichelte Pfeile in das Kleinhirn) genaue "Durchschläge" (Kopien) der afferenten und efferenten Informationsflüsse von und nach den motorischen Zentren. Es kann seinerseits sowohl Meldungen an die Großhirnrinde geben (gestrichelter Pfeil a u s dem Kleinhirn) wie auch (roter Pfeil a u s dem Kleinhirn) über die .... (Pyramidenbahn / extrapyramidale Umschaltstellen) direkt auf die motorischen Zentren im Hirnstamm einwirken.

extrapyramidale Umschaltstellen

25.9 Die Abb. 25-9 gibt in einer Seitenansicht die ungefähre Lage der motorischen Zentren in Gehirn und Rückenmark durch die rot schraffierten Areale wieder. Betrachten Sie das Bild genau, dekken Sie das Bild ab und zeichnen Sie es neu mit Beschriftung der als 1-5 gezeigten motorischen Zentren.

siehe Abb. 25-9

Alle motorischen Zentren sind paarig angelegt, d.h., sie kommen in der rechten und linken Hirnhälfte je einmal vor, wie das im schematischen Querschnitt des Rückenmarks unten in der Abb. 25-9 für die Motoneuronenkerne angedeutet ist. Die motorischen Zentren des Hirnstammes umfassen eine Reihe kleinerer Kerngebiete die sich über den ganzen Hirnstamm verteilt finden. Daher ist dort die rote Schraffur nur als sehr ungefähr anzusehen.

Die Basalkerne sind dagegen sehr klar abgegrenzte größere Kernstrukturen von denen die wichtigsten als Striatum (Putamen und Caudatum) und als Pallidum bezeichnet werden. Die Basalkerne liegen in unmittelbarer Nähe des Thalamus, der das wichtigste sensible Kerngebiet des Gehirns darstellt. Alle diese Kerne sind von der Hirnrinde überdeckt, daher von aussen nicht sichtbar und auch operativ nur durch die Hirnrinde zugänglich. Der M o t o r c o r t e x liegt dagegen weitgehend auf der Oberfläche der Hirnrinde. Das wichtigste, aber nicht das einzige cortikale motorische Areal ist die vor der Zentralfurche (Sulcus centralis) liegende Hirnwindung, der Gyrus praecentralis. Die Pyramidenbahn (Tractus cortico-spinalis) nimmt von hier, aber auch von umgebenden Arealen ihren Ausgang.

Das K l e i n h i r n (Cerebellum) fällt durch seine von der übrigen Hirnrinde völlig verschiedenen Oberflächenstruktur auf. Es ist vom übrigen Gehirn deutlich abgegrenzt und mit diesem über dicke Stränge afferenter und efferenter Bahnen verbunden. Die Unterschiede im Aussehen der Großhirn- und Kleinhirnrinde sind durch die Anordnung der Neurone und ihrer Axone in diesen Rindengebieten bedingt. Wie beim Großhirn umhüllt die Kleinhirnrinde einige Kerngebiete. Diese "Kleinhirnkerne" sind Umschaltstellen für die zu- und von der Kleinhirnrinde kommenden Impulse.

Vergleichen Sie jetzt nochmals Ihre Zeichnung mit der Abb. 25-9. Korrigieren Sie evtl. Fehler und beschriften Sie erneut die motorischen Zentren.

25.1o Den Verlauf des Tractus cortico-spinalis, der ....-bahn zeigt in mehr Detail die Abb. 25-1o. Die Urpsrungszellen liegen im motorischen Cortex, also in und um den Gyrus .... (prae / post)-centralis. Die Axone der Pyramidenbahnen laufen .... (ohne / mit) Unterbrechung bis ins Rückenmark. Dies bedeutet, daß beim Menschen diese Axone zum Teil über .... (1m / 1om) lang sein müssen.

Pyramiden - prae- - ohne - 1m

25.11 Die Axone der Pyramidenbahn ziehen zunächst zwischen Thalamus und den .... in den Hirnstamm. Diese Gegend bezeichnen wir als Capsula interna (innere Kapsel) des Gehirns, da hier die Pyramidenbahn und andere Bahnen den Thalamus wie eine Kapsel einhüllen. Diese Gegend ist klinisch sehr wichtig, da es hier häufig durch Blutungen oder Verstopfungen der Blutgefäße (z.B. infolge Arteriosklerose) zu einer Leitungsunterbrechung mit entsprechender lebensbedrohender Symptomatik kommt (sogenannter Hirnschlag oder Schlaganfall).

Basalkernen

25.12 Die Pyramidenbahn tritt dann in den Hirnstamm ein. Ein .... (Großteil / kleiner Teil) der Fasern kreuzt hier auf die andere Seite und zieht nach der Kreuzung im postero-lateralen (hinteren - seitlichen) Quadranten (Viertel) des Rückenmarks nach caudal ("abwärts"). Der andere, kleinere Teil verläuft .... (ungekreuzt / gekreuzt) in den antero-medialen Abschnitten des Rückenmarks nach caudal. Dieser Anteil der Pyramidenbahn erreicht in der Regel das Cervikal(Hals)mark und Thorakal(Brust)-mark, nicht das Lumbal(Lenden)mark.

Großteil - ungekreuzt

25.13 Von den etwa 1.000.000 Fasern jedes cortico-spinalen Tracts (nur ein Tract ist in Abb. 25-10 gezeichnet) kreuzen im unteren Teil des Hirnstammes 75 - 90% der Fasern (die Kreuzungsstelle heißt ihrer Form wegen Pyramide) die anderen Axone bleiben ipsilateral. Unterbrechung einer Pyramidenbahn in der Capsula interna wird also vorwiegend zu klinischen Symptomen auf der .... (ipsilateralen / kontralateralen) Seite der Schädigung führen. Bitte versuchen Sie jetzt Abb. 25-10 zu reproduzieren.

kontralateralen

25.14 Im Rückenmark enden die Axone der Pyramidenbahn an .... (Interneuronen / Motoneuronen) (s. Abb. 25-10). Die Axone des lateralen cortiko-spinalen Tracts .... (kreuzen / kreuzen nicht) auf die andere Seite zurück, die ungekreuzten Axone kreuzen zum Teil auf spinaler Ebene auf die kontralaterale Seite. Funktionell entsprechen letztere Axone also .... (denen / nicht denen), die auf der Ebene der Pyramide im Hirnstamm kreuzen.

Interneuronen - kreuzen nicht - denen

25.15 Die Mehrzahl aller vom Motorcortex einer Hirnhälfte ausgehenden Pyramidenaxone wirkt also über Interneurone auf Motoneurone der .... (ipsilateralen / kontralateralen) Seite. Dabei wirken die von einem umschriebenen Areal des Motorcortex ausgehenden Axone immer auf bestimmte periphere Muskeln, d.h. der Motorcortex ist s o m a t o t o p i s c h organisiert. Für den Gyrus praecentralis ist diese somatotopische Organisation in Abb. 25-9 gezeigt.

kontralateralen

25.16 Die Pyramidenzellen des Fußes liegen am weitesten ...... (medial {gegen die Mitte bzw. gegen oben} / lateral {gegen die Seite bzw. seitlich unten}), die des Gesichts, der Lippen und der Zunge am weitesten .... Es fällt auf, daß die Areale der Vorderextremität und des Gesichts besonders viel Platz auf dem Gyrus praecentralis einnehmen. Die funktionelle Bedeutung dieses Befundes wird in Lektion 27 erläutert.

medial (Abb. 25-9) - lateral

25.17 Fassen wir zusammen: die cortico-spinalen Bahnen nehmen ihren Ausgang von Zellen des Motorcortex. Die Mehrzahl der corticospinalen Axone kreuzt im Hirnstamm auf die kontralaterale Seite und zieht im .... (medialen / lateralen) cortico-spinalen Tract des Rückenmarks nach caudal. Auf segmentaler Ebene enden die Axone der Pyramidenbahn vorwiegend an ......(Zwischen)-neuronen. Es besteht eine Zuordnung zwischen Arealen des Motorcortex und Muskelgruppen der Peripherie, der Motorcortex ist ....-topisch organisiert.

lateralen - Inter- - somato-

25.18 Alle anderen vom Motorcortex und anderen supraspinalen Zentren ausgehenden motorischen (efferenten) Bahnen, unterscheiden sich in 2 Punkten von den Pyramidenbahnen: 1. Kreuzen die Axone dieser Bahnen nicht in der Pyramide, daher ihr Name .... Bahnen.

extrapyramidale

25.19 Zweitens, wie Abb. 25-19 und Abb. 25-1 zeigen, haben alle extrapyramidalen motorischen Bahnen .... (keine / eine oder mehrere) Synapsen auf dem Weg ins Rückenmark. So enden alle vom Motorcortex ausgehenden extrapyramidalen Bahnen spätestens im Hirnstamm, oft schon in den motorischen Basalkernen der Hirnrinde, z.B. dem .... oder dem Pallidum.

eine oder mehrere - Striatum

25.2o In Abb. 25-19 sind die 4 wichtigsten extrapyramidalen Verbindungen zwischen Motorcortex und Hirnstamm angegeben: 1. Direkt vom Cortex zum Hirnstamm (durch die Capsula interna); 2. und 3. einmalige Umschaltung entweder im .... oder im ...., 4. zweimalige Umschaltung zunächst im .... dann im ...... (nicht umgekehrt). Die Axone enden im Hirnstamm .... (ohne daß / nachdem) sie auf die andere Seite gekreuzt haben.

Striatum - Pallidum - Striatum - Pallidum - ohne daß

25.21 Vom Hirnstamm nehmen dann eine Reihe extrapyramidaler motorischer spinaler Bahnen ihren Ausgang. In Abb. 25-19 sind ......

(Anzahl angeben) eingezeichnet. Ihre Namen leiten sich vom Ursprungsort im Hirnstamm (Formatio reticularis, Vestibulariskerne, Nucleus ruber) und ihrem Verlauf im Rückenmark (med., lat.) ab. Sie heißen Tractus .... (in beliebiger Reihenfolge).

4 - Tractus reticulo-spinalis lat. - Tractus reticulo-spinalis med. - Tractus vestibulo-spinalis - Tractus rubro-spinalis

25.22 Eine direkte Zuordnung der einzelnen vom Motorcortex ausgehenden extrapyramidalen Bahnen zu den efferenten spinalen Tractus ist wegen der komplexen Vermaschung der in den Hirnstamm eintretenden Bahnen, die nicht nur vom motorischen Cortex stammen (siehe Abb. 25-1, Zuflüsse aus dem Kleinhirn), nicht möglich. Abb. 25-19 zeigt jedoch, daß die vom Motorcortex ausgehende Aktivität im wesentlichen durch Neurone des Hirnstammes zu den .... (reticulo / vestibulo)-spinalen Bahnen der anderen Seite übertragen wird.

reticulo

25.23 Die Axone der Tractus reticulo-spinales verlaufen .... (gekreuzt / ungekreuzt), sodaß vom peripheren Muskel her gesehen, auch bei den extrapyramidalen Bahnen die Einflüsse des .... (ipsilateralen / kontralateralen) Motorcortex überwiegen. Die Tractus rubro-spinalis und vestibulo-spinalis sind Beispiele extrapyramidaler Bahnen, die ihre Zuflüsse im wesentlichen n i c h t vom Motorcortex erhalten. Am wichtigsten sind hier die Einflüsse des Kleinhirns (Tractus rubro-spinalis) und des Gleichgewichtsorgans (Tractus vestibulo-spinalis).

ungekreuzt - kontralateralen

25.24 Es gilt also festzuhalten, daß die extrapyramidalen motorischen Bahnen, im Gegensatz zur Pyramidenbahn, ihren Ursprung nicht nur im Motorcortex haben, sondern auch in anderen Hirnstrukturen, wie dem ....hirn und den ....-Kernen (Kerngebieten des Gleichgewichtsorgans). Bis auf die Basalganglien liegen alle wichtigen supraspinalen Umschaltstellen der extrapyramidalen motorischen Bahnen im .... (Motorcortex / Hirnstamm).

Klein- - Vestibularis - Hirnstamm

25.25 Ergänzen Sie nun Abb. 25-25 zu einer Zeichnung, die der Abb. 25-19 entspricht. Fassen wir jetzt zusammen: als extrapyramidale motorische Bahnen bezeichnen wir alle efferenten Bahnen, die zwei Bedingungen erfüllen: 1. ...., 2. .... Soweit diese vom Motorcortex ausgehen, werden die Bahnen entweder erstmals im Hirnstamm umgeschaltet, oder .... Die extrapyramidal übermittelten corticalen Einflüsse auf die Muskulatur stammen weitgehend von der ....lateralen Hirnhälfte.

1. entsprechend 25.18 letzter Satz - 2. entsprechend 25.19 erster Satz - entsprechend 25.2o - kontra

Die Lage der wichtigsten motorischen Zentren des Nervensystems und ihre Hauptverbindungswege sind uns damit bekannt. Ihr mikroskopischer Aufbau, d.h. die Anordnung und Verknüpfung der in den einzelnen Kerngebieten vorkommenden Neurone, wird weitgehend ausgelassen, weil uns derzeit noch zu wenig über die Zusammenhänge zwischen der Funktion der supraspinalen Gehirnregionen und ihrem mikroskopischen Aufbau bekannt ist. In dieser Hinsicht am besten erforscht ist die Kleinhirnrinde, deren relativ einfacher histologischer Aufbau (siehe die folgenden Lernschritte 25.26 - 25.35) die Erforschung ihrer physiologischen Funktion erleichtert. Dagegen ist der Motorcortex, wie die gesamte Hirnrinde, wesentlicher komplexer aufgebaut und damit weitaus schwieriger zu analysieren. Seine Struktur soll daher hier nur kurz besprochen werden.

Wie in der gesamten Großhirnrinde, so wechseln sich auch im Motorcortex Schichten, die vorwiegend Zellkörper enthalten, mit solchen ab, in denen vorwiegend Axone verlaufen, sodaß die frisch angeschnittene Rinde ein streifiges Aussehen zeigt. Typischerweise werden aufgrund der Zellformen und ihrer Anordnung 6 Schichten unterschieden, wobei manche in 2 und mehr Unterschichten aufgeteilt werden. Die Gesamtdicke dieser 6 Schichten schwankt im menschlichen Cortex, dessen Oberfläche etwa 22oo cm^2 beträgt, zwischen 1,5 und 4,5 mm. Auch das Aussehen und die relative Dicke der einzelnen Schichten ist nicht überall gleich. Die systematische mikroskopische Untersuchung dieser Unterschiede hat zur Anlage von Hirnkarten geführt, auf denen die Hirnfelder gleicher histologischer Struktur eingetragen sind. In gewissem Umfang decken sich diese histologischen Hirnfelder mit denjenigen Arealen, denen aufgrund physiologischer Untersuchungen und klinischer Befunde bestimmte Funktionen zugeschrieben werden. So läßt sich der Gyrus postcentralis (hauptsächlich sensorische Funktion) in seinem Feinbau gut abgrenzen vom Gyrus praecentralis, der ja hauptsächlich motorische Funktionen hat.

Der Gyrus praecentralis ist vor allem gekennzeichnet durch seine beträchtliche Dicke von 3,5 - 4,5 mm und durch die Riesenpyramidenzellen (Betz'sche Zellen, Durchmesser 5o-1ooµ) in der V. Rindenschicht (von der Oberfläche nach der Tiefe gezählt). Diese und andere weniger große Pyramidenzellen in der III. Schicht sind die Ursprungszellen der Pyramidenbahn, ihre Axone ziehen nach unten in Richtung innere Kapsel, ihre Dendriten streben großenteils der Rindenoberfläche zu. Die Benennung der Pyramidenzellen erfolgte aufgrund ihrer Form lange bevor bekannt wurde, daß sie die Ursprungszellen der Pyramidenbahn sind; die Übereinstimmung in der Namensgebung ist also zufällig, auch in anderen Hirnarealen gibt es Pyramidenzellen. Von den Riesenpyramidenzellen gehen die schnellsten Axone der Pyramidenbahn aus (Leitungsgeschwindigkeit 6o - 9o m/s), aber sie machen nur etwa 3% (3o.ooo von $1o^6$ pro Hirnhälfte) der Pyramidenaxone aus, alle anderen leiten wesentlich langsamer. Neurone wie die Betz-Zellen, deren Axone die integrierte Information aus der Grosshirnrinde in die Peripherie tragen, sind weitaus weniger zahlreich als die anderen corticalen Neurone, deren Axone innerhalb der Rinde bleiben oder zu anderen ipsi- oder kontralateralen Rindenabschnitten ziehen, also der cortikalen Informationsverarbeitung dienen. Erstere bezeichnet man als Projektions-, letztere als Assoziationsneurone. Im ganzen liegen die Assoziationsneurone mehr in den oberflächlichen Rindenschichten, die Projektionsneurone in den tieferen.

25.26 Im Gegensatz zur Großhirnrinde hat die K l e i n h i r n r i n d e nur drei deutlich voneinander getrennte Schichten, die außerdem in allen Abschnitten der Kleinhirnrinde praktisch gleich aussehen. Die oberflächliche Schicht, in Abb. 25-26 als .... bezeichnet, wird von der untersten Schicht, der ...., durch eine Lage Purkinje-Zellen (Purkinje-Zell-Schicht) getrennt.

Molekularschicht - Körnerschicht

25.27 Die oberflächliche und die tiefe Schicht, also die .... und die .... erhielten ihren Namen durch ihr feingepunktetes bzw. gekörntes Aussehen im frischen Rindenquerschnitt. Die zwischen den beiden Schichten liegenden ....-Zellen sind grosse Neurone mit einem weit in die Molekularschicht sich verzweigenden Dendritenbaum. Eine solche Purkinje-Zelle wurde bereits in Abb. 1-5 gezeigt.

Molekularschicht - Körnerschicht - Purkinje-

25.28 Außer den Purkinje-Zellen finden sich in der Kleinhirnrinde noch zwei weitere Zelltypen, einer in der Körnerschicht, die .... und einer in der Molekularschicht, die .... Insgesamt finden sich also in der Kleinhirnrinde ...... verschiedene Zelltypen.

Körnerzellen - Korbzellen - 3

25.29 In die Kleinhirnrinde treten zwei Arten von Axonen (Fasern) ein. In Abb. 25-26A ist eine davon gezeichnet. Sie heißt .... Sie durchläuft die Körnerschicht und endet in der Molekularschicht .... (am Soma / an den Dendriten) der Purkinje-Zellen. Dabei "klettern" die Verzweigungen der Kletterfasern an den Ästen des Dendritenbaumes hoch und ranken sich wie Efeu um seine Zweige herum.

Kletterfaser - an den Dendriten

25.3o Die andere Faser (Abb. 25-26B) wird als .... bezeichnet. Sie endet bereits in der Körnerschicht an den .... Deren Axone ziehen zwischen den Purkinje-Zellen in die Molekularschicht und teilen sich dort T-förmig in 2 Axon-Kollateralen auf.

Moosfaser - Körnerzellen

25.31 Die Axone der Körnerzellen werden als .... bezeichnet. Sie sehen im Querschnitt wie kleine Punkte (Moleküle) aus, daher der Name dieser Schicht.

Parallelfasern

25.32 Jede der Parallelfasern hat eine Länge von etwa 2 - 3 mm, wobei sie auf einigen Dutzend bis einigen hundert Dendriten zweier Zelltypen Synapsen bilden: den .... und den Purkinje-Zellen.

Korbzellen

25.33 Die Korbzellen wiederum senden ihre Axone .... (zum Soma / zu den Dendriten) der Purkinje-Zellen. Die Moosfasern erreichen die Purkinje-Zellen also nicht direkt (wie die Kletterfasern) sondern über ein bzw. zwei Interneurone, die .... und die Korbzelle.

zum Soma - Körnerzelle

25.34 Aus der Kleinhirnrinde laufen nur die Axone der ......-Zellen zu den Neuronen der Kleinhirnkerne. Diese Kleinhirnkernneurone erhalten außerdem Kollateralen der ....-fasern (Abb. 25-26A) und der ....-fasern (Abb. 25-26B).

Purkinje- - Kletter- - Moos-

25.35 Fassen wir also zusammen: die Kleinhirnrinde hat zwei "Eingänge": die Moosfasern und die Kletterfasern und einen "Ausgang": die Axone der ....-Zellen. Die Kletterfasern bilden Synapsen mit den Dendriten der ....-Zellen, die Moosfasern mit den ....-Zellen.

Purkinje- - Purkinje- - Körner-

25.36 Die Axone der Körnerzellen, die ....-fasern bilden Synapsen sowohl mit den Purkinje-Zellen als auch mit den Korbzellen. Letztere wiederum haben Synapsen .... (am Soma / an den Dendriten) der ....-Zellen.

Parallel- - am Soma - Purkinje-

Die gesamte Informationsverarbeitung der Kleinhirnrinde geschieht also in Neuronennetzwerken wie eines in Abb. 25-26C aus den Teilabbildungen A und B zusammengesetzt wurde. Insgesamt besitzt die menschliche Kleinhirnrinde etwa 15 Millionen Purkinje-Zellen. Jede davon erhält Synapsen von nur einer einzelnen Kletterfaser aber von vielen tausend Parallelfasern und einigen Dutzend Korbzellen. Die Funktion der Kleinhirnrinde wird von den räumlichen Verknüpfungen dieser Bahnen, der erregenden oder hemmenden Polarität der Schaltstellen und der zeitlichen Abfolge der synaptischen und der Aktionspotentiale abhängen. Die wichtigsten Tatsachen darüber werden in Lektion 27 berichtet.

Überprüfen Sie jetzt Ihr neu erarbeitetes Wissen:

25.37 Welche der folgenden Strukturen hat / haben vorwiegend motorische Funktion

a) Thalamus
b) Gyrus postcentralis
c) Sulcus centralis

d) Pallidum
e) Hinterhorn des Rückenmarks

d

25.38 Die Pyramidenbahn
a) wird nur im Hirnstamm umgeschaltet
b) kreuzt zu 75 - 9o% auf die kontralaterale Seite
c) hat ihren Urpsrung vorwiegend im Gyrus postcentralis
d) endet vorwiegend an medullären Interneuronen
e) wird auch als Tractus cortico-spinalis bezeichnet

b, d, e

25.39 Welche der folgenden Aussagen ist / sind falsch?
a) Eine Unterbrechung der motorischen Bahnen in der Capsula interna führt zu motorischen Störungen (Lähmungen) auf der der Schädigung gegenüberliegenden Körperhälfte.
b) Vom Motorcortex ausgehende extrapyramidale efferente Axone enden spätestens im Hirnstamm.
c) Der Gyrus praecentralis ist somatotopisch organisiert, d.h. bestimmte Areale versorgen bestimmte periphere Muskeln oder Muskelgruppen.
d) Alle vom Hirnstamm ausgehenden extrapyramidalen Bahnen verlaufen ungekreuzt

d

25.4o Die Dendriten der Purkinje-Zellen des Kleinhirns erhalten Synapsen von
a) den Parallelfasern der Körnerzellen
b) den Moosfasern
c) den Kletterfasern
d) den Axonen der Korbzellen

a, c

25.41 Die folgenden Axone bilden afferente Bahnen der Kleinhirnrinde

a) Moosfasern
b) Parallelfasern
c) Purkinje-Zellaxone
d) Kletterfasern

a, d

Lektion 26 Reflektorische Kontrolle der Körperstellung im Raum

Diese Lektion beschreibt die Leistung der motorischen Zentren des Hirnstammes. Experimentell lassen sich diese untersuchen, indem man die Verbindungen des Hirnstammes zu den höher gelegenen motorischen Zentren, also zu den Basalganglien und zur Hirnrinde, unterbricht und evtl. auch das Kleinhirn ausschaltet. Neben solchen kompletten Querschnittdurchtrennungen haben mehr isolierte Reiz- und Ausschaltversuche zu unseren Kenntnissen über die motorischen Zentren des Hirnstammes beigetragen.

Es hat sich herausgestellt, daß diese Zentren hauptsächlich für die reflektorische Kontrolle der Körperstellung im Raum verantwortlich sind. Für diese Aufgabe verwerten sie die afferenten Meldungen zahlreicher Rezeptoren des Organismus. Von besonderer Wichtigkeit sind dabei die Rezeptoren der Gleichgewichtsorgane (die auf beiden Seiten im Innenohr liegen) und die Dehnungs- und Gelenkrezeptoren der Halsmuskulatur. Mit ihrer Hilfe ist den motorischen Zentren des Hirnstammes eine kontinuierliche, völlig unwillkürliche Einstellung und Aufrechterhaltung der normalen Körperhaltung möglich.

Lernziele: Auswendig wissen, welche zentralnervösen Strukturen beim decerebrierten Tier und beim Mittelhirntier in funktionell intakter Verbindung mit dem Rückenmark bleiben. Es muß geschildert werden, daß die wesentlichen Befunde beim decerebrierten Tier (a) die Enthirnungsstarre = starkes Überwiegen des Extensortonus und(b) das Vorhandensein von Haltereflexen sind, während beim Mittelhirntier die Tonusverteilung normaler (physiologischer) ist und neben den Haltereflexen auch Stellreflexe nachgewiesen werden können. Je ein Halte- und Stellreflex sind auswendig zu wissen. In Auswahl-Antwort-Fragen muß erkannt werden, daß insbesondere das Gleichgewichtsorgan und die Muskel- und Gelenk-Rezeptoren des Halses die Rezeptoren für die Halte- und Stellreflexe sind.

26.1 Als Hirnstamm bezeichnen wir die auf dem Längsschnitt in Abb. 26-1 in grauer Rasterung hervorgehobenen Abschnitte des ZNS. Caudal geht der Hirnstamm in das .... über, nach rostral (cranial) schließt sich das Zwischenhirn an, das vor allem die sensiblen Kerne des Thalamus (siehe Lektion 3o) und die für das vegetative (autonome) Nervensystem wichtigen Zentren (siehe Lektion 37) enthält.

Rückenmark

26.2 Von caudal nach cranial lassen sich histologisch, entwicklungsgeschichtlich und zum Teil auch funktionell 3 Anteile des Hirnstammes gegeneinander abgrenzen, nämlich 1. ...., 2. ...., 3. .... Die ungefähren Grenzen der einzelnen Anteile untereinander sind in Abb. 26-1 gestrichelt eingezeichnet.

Medulla oblongata - Pons - Mittelhirn

26.3 In Abb. 25-9 hatten wir die motorischen Zentren des Hirnstammes mit (Zahl angeben) ...... bezeichnet. Vergleichen Sie bitte diese Abbildung mit der Abb. 26-1 und stellen Sie fest, welche motorischen Zentren c r a n i a l vom Hirnstamm liegen.

3

26.4 Die cranial vom Hirnstamm liegenden motorischen Zentren sind die .... und der .... Sie senden ihre Information über .... (die Pyramidenbahn / extrapyramidale Bahnen) in den Hirnstamm (Vgl. im Zweifelsfall die Abb. 25-1o und 25-19).

Basalganglien - Motorcortex - extrapyramidale Bahnen

26.5 Wie Abb. 26-5 zeigt, sind noch weitere Zuflüsse für die motorischen Zentren des Hirnstammes wichtig. Es sind dies einmal Rezeptoren aus der Körperperipherie, zum anderen das Kleinhirn und schliesslich das ....

Gleichgewichtsorgan

Das G l e i c h g e w i c h t s o r g a n liegt unmittelbar neben dem Innenohrapparat. Beide werden von einem gemeinsamen Hirnnerven versorgt, dem Nervus statoacusticus. Die Hohlräume beider Organe stehen in offener Verbindung miteinander. Sie sind schon in ihrer Form sehr komplexe Strukturen und werden daher gemeinsam als Labyrinth bezeichnet. Das Labyrinth ist völlig im Knochen des Schläfenbeins eingebettet und deswegen experimentell und klinisch operativ nur schwer zugänglich. Das Gleichgewichtsorgan vermittelt uns sowohl Information über die Stellung unseres Kopfes im Raum (die wir auch bei geschlossenen Augen und Fehlen anderer Anhaltspunkte genau angeben können), wie auch über Winkelbeschleunigung (bei Drehungen) und Progressivbeschleunigung (Fahrstuhl). Und zwar werden sowohl positive als auch negative Beschleunigungen angezeigt. (Das Gleichgewichtsorgan ist ein träges Meßsystem. Es führt daher oft auch nach Aufhören einer Beschleunigung zu Sinnesempfindungen, so z.B. bei plötzlichem Anhalten nach längerem Drehen. Sind die Augen geöffnet, so werden dem ZNS dann zwei sich widersprechende afferente Informationen zugeführt. Dies führt subjektiv zu Schwindelempfindungen, objektiv zu gestörter motorischer Koordination).

26.6 Die Einflüsse der cranial vom Hirnstamm liegenden motorischen Zentren, also der .... und der .... kann man durch eine Querschnittsdurchtrennung an der oberen Grenze des Hirnstammes ausschalten. (Um alle Zweifel auszuschalten, wird das rostral der Schnittstelle gelegene Hirngewebe meist völlig entfernt). Nach Abb. 26-6 nennt man ein solches Tier ein .... (Mittelhirn / decerebriertes)-Tier.

Basalganglien - Hirnrinde - Mittelhirn-Tier

26.7 Erfolgt die Schnittführung etwas tiefer, etwa an der Grenze zwischen Mittelhirn und Pons, so wird ein solches Tier als .... Tier bezeichnet. Dieses Tier hat nur noch die folgenden Teile des Hirnstammes über das Rückenmark in Verbindung mit der Körperperipherie: 1. ...., 2. ....

decerebriertes - Medulla oblongata - Pons

26.8 Beide, das Mittelhirntier und das decerebrierte Tier, verfügen über die gleichen afferenten Zuflüsse. Sie sind (entsprechend Abb. 26-5) in Abb. 26-6 mit 6 = ... und mit 7 = ... bezeichnet. Auch die Verbindungen des Kleinhirns, 5, bleiben erhalten. Ihre Ausschaltung beeinflußt das motorische Verhalten solcher Tiere nicht.

Gleichgewichtsorgan - Körperperipherie

26.9 Bevor wir jetzt die Eigenschaften decerebrierter Tiere betrachten, erinnern wir uns nochmals an den Zustand der Muskulatur bei Durchtrennungen des Rückenmarks (Querschnittslähmungen): hier war die Muskulatur entweder völlig schlaff oder der Tonus der .... (Extensoren / Flexoren) überwog. Der querschnittgelähmte Mensch, bzw. ein Spinaltier .... (ist / ist nicht) in der Lage zu stehen.

Flexoren - ist nicht

26.1o Beim decerebrierten Tier finden wir dagegen eine starke Tonuserhöhung der gesamten Extensormuskulatur. Das Tier hält dadurch alle 4 Extremitäten in maximaler .... (Beuge- / Streck)-stellung. Kopf und Schwanz sind zum Rücken hin gebogen. Man bezeichnet dieses Bild als Enthirnungs- oder Decerebrationsstarre.

Streck-

26.11 Wird ein decerebriertes Tier aufgerichtet, so bleibt es stehen, da durch den hohen Tonus der .... (Extensor / Flexor) Muskulatur die Gelenke .... (nicht einknicken / maximal gebeugt sind). Die unnatürlich überstreckte Haltung des Tieres wirkt wie eine Karikatur des normalen Stehens.

Extensor - nicht einknicken

26.12 Wie in Abb. 26-6B zu sehen, bleibt beim decerebrierten Tier ein Teil des Hirnstammes, nämlich .... und .... in Verbindung mit dem Rückenmark während alle höher liegenden Hirnanteile abgetrennt und entfernt werden.

Medulla oblongata - Pons

26.13 Da das decerebrierte Tier aufrecht stehen bleibt, das spinalisierte Tier aber nicht, ist zu schliessen, daß .... und .... motorische Zentren enthalten, die den Muskeltonus der Extremitäten so steuern, daß diese das Gewicht des Körpers tragen können.

Medulla oblongata - Pons

26.14 Fassen wir zusammen: ein decerebriertes Tier entwickelt einen hohen Tonus der ....muskulatur. Dieses Bild wird als Enthirnungs- oder Decerebrations-......... bezeichnet. Wird ein solches Tier aufgerichtet, ... (bleibt es stehen / knikken seine Gelenke durch das Körpergewicht ein). Medulla oblongata und Pons enthalten also .... Zentren, die die Haltung des Organismus entgegen der Schwerkraft steuern können. Im decerebrierten Tier sind diese Zentren .... (maximal gehemmt / enthemmt).

Extensor- - -starre - bleibt es stehen - motorische - enthemmt

Die Tonusverteilung der Muskulatur eines decerebrierten Tieres kann durch passives Bewegen des Kopfes verändert werden. Da Bewegungen des Kopfes die Stellung des Kopfes im Raum und die Stellung des Kopfes relativ zum Körper ändern, kann diese Tonusänderung durch Meldungen aus dem Gleichgewichtsorgan und / oder der Halsmuskulatur hervorgerufen werden Es ist daher notwendig, die Tonusänderungen nach Ausschalten der einen oder anderen Informationsquelle zu untersuchen. Entfernt man beispielsweise beide Labyrinthe, so wird die Stellung des Kopfes im Raum nicht mehr angezeigt, die Rezeptoren der Halsmuskulatur und der Gelenke der Halswirbelsäule werden aber jede Änderung der Kopfstellung relativ zur Körperstellung melden. Diese Meldungen führen in den motorischen Zentren des Hirnstammes zu entsprechenden, sinnvollen Korrekturen der Tonusverteilung der Körpermuskulatur. Wir werden jetzt Beispiele solcher "Halsreflexe" kennen lernen.

26.15 Wird bei einem decerebrierten, stehenden Tier (Labyrinth entfernt), der Kopf nach oben gebeugt (roter Pfeil in Abb. 26-15A), so ändert sich der Tonus der Extremitätenmuskulatur wie angezeigt: der Streckertonus der Hinterextremität .... (erhöht / verringert) sich, der der Vorderextremität .... sich.

verringert - erhöht

26.16 Beim Beugen des Kopfes nach unten (roter Pfeil in Abb. 16-15B), treten umgekehrte Änderungen der Tonusverteilung auf: der Streckertonus der Vorderextremitäten .... sich, der der Hinterextremitäten .... sich.

verringert - erhöht

26.17 Ein drittes Beispiel: wird der Kopf nach der Seite gewendet, also das Gleichgewicht der Körperhaltung gestört, so wird dies durch entsprechende Tonusänderung der Extremitätenmuskulaturen kompensiert. Beim Drehen des Kopfes nach rechts (und damit Verlagerung des Körpergewichts auf die rechte Seite) erhöht sich also der Extensortonus der beiden .... (rechten / linken) Extremitäten und er verringert sich in den beiden .... Extremitäten.

rechten - linken

26.18 In allen drei Fällen wird die neue Körperhaltung solange beibehalten, wie der Kopf in der veränderten Stellung verbleibt. Man bezeichnet diese Reflexe daher als H a l t e r e f l e x e, manchmal auch als Stehreflexe, da sie am ruhig stehenden Tier beobachtet werden. Wie bereits gesagt, liegen die Rezeptoren für die oben genannten Haltereflexe .... (im Labyrinth / in der Halsmuskulatur).

in der Halsmuskulatur

26.19 Auch vom Labyrinth lassen sich Haltereflexe auslösen (Beispiele werden hier nicht angegeben). Diese summieren sich mit den "Halsreflexen" wenn beide Informationsquellen intakt sind. Wir können also definieren: Tonusänderungen der Extremitätenmuskulatur, hervorgerufen durch Änderungen der Stellung des Kopfes, bezeichnen wir als ....

Haltereflexe

26.2o Die motorischen Zentren in Medulla oblongata und Pons sind also nicht nur in der Lage, den Tonus der Extremitätenmuskulatur so hoch zu halten, daß der Körper entgegen der Schwerkraft stehen bleibt (Decerebrationsstarre), sie können diesen Tonus auch entsprechend den Meldungen aus Halsmuskeln und Labyrinthen modifizieren. Diese Reflexe bezeichnen wir als ....

Haltereflexe

Ein interessanter Sonderfall der Haltereflexe wird durch die kompensatorischen Augenstellungen gebildet. Diese Bewegungen der Augäpfel sorgen dafür, daß sich bei Kopfbewegungen die Lage der Gesichtsfelder nicht ändert, die Netzhautbilder also stehen bleiben. Beim Menschen und bei Tieren mit frontalen Augen wird dies vorwiegend durch die optischen Meldungen der sich überlappenden Gesichtsfelder erreicht, aber bei Tieren mit seitlich angeordneten Augen, bei denen sich die Gesichtsfelder beider Augen wenig oder nicht überlappen, wird die Spannungsverteilung der Augenmuskulatur weitgehend durch das Zusammenarbeiten von Labyrinth- und Halsreflexen beherrscht. Dreht man z.B. den Kopf eines Kaninchens so, daß die rechte Gesichtshälfte sich nach unten bewegt, so wird das rechte Auge nach oben und das linke (oben befindliche Auge) nach unten abgelenkt. Es wird hierdurch, bis zu einem gewissen Grade, erreicht, daß die Augen der Kopfstellung nicht folgen, sondern ihre Lage zum Horizont beibehalten.

Ein decerebriertes Tier bleibt stehen, wenn man es hinstellt, es fällt aber um, wenn man es anstößt und es richtet sich nach dem Umfallen nicht mehr auf. Das starke Überwiegen des Extensortonus entspricht auch nicht der Tonusverteilung des normalen Stehens, bei dem die Beuger und Strekker zur Fixation eines Gelenks etwa gleichmässig aktiviert werden. Läßt man jedoch neben Medulla oblongata und Pons auch das Mittelhirn in Verbindung mit dem Rückenmark, so werden die motorischen Fähigkeiten, wie wir jetzt lernen werden, beträchtlich verbessert.

26.21 Beim Mittelhirntier (Abb. 26-6A) bleibt der gesamte Hirnstamm in Verbindung mit dem Rückenmark, also 1. Medulla oblongata, 2. .... und 3. Mittelhirn.

Pons

26.22 Die Pfeile 5, 6 und 7 in Abb. 26-6A bezeichnen die motorisch relevanten Zuflüsse zum Hirnstamm des Mittelhirntieres. Diese Zuflüsse unterscheiden .... (sich / sich nicht) von denen des decerebrierten Tieres und bestehen 5. ...., 6. ...... und 7. ....

sich nicht - 5. Kleinhirn - 6. Gleichgewichtsorgan - 7. Körperperipherie

26.23 Unterschiede in den motorischen Leistungen des Mittelhirntieres gegenüber denen des decerebrierten Tieres müssen also überwiegend durch die .... (neuen afferenten Zuflüsse / motorischen Zentren des Mittelhirns) bedingt sein. Die zwei bemerkenswertesten Unterschiede zum decerebrierten Tier sind 1. das Mittelhirntier hat keine Decerebrationsstarre, d.h. die einseitige Bevorzugung der Streckmuskeln fällt fort. 2. Das Mittelhirntier vermag sich selbst zu stellen.

motorischen Zentren des Mittelhirns

26.24 Das Mittelhirntier .... (zeigt / zeigt keine) Decerebrationsstarre. Das Tier bleibt aber in normaler Körperstellung stehen. Daraus läßt sich schliessen, daß die Tonusverteilung in den Extensoren und Flexoren der Gelenke .... (genauso / physiologischer) ist .... (als / wie) die des decerebrierten Tieres.

zeigt keine - physiologischer - als

26.25 Noch wichtiger als die .... (fehlende / vorhandene) Decerebrationsstarre ist die Fähigkeit der Mittelhirntiere, sich in die normale Körperstellung aufzustellen. Aus allen abnormalen Lagen wird jeweils die Grundhaltung reflektorisch und mit vollständiger Sicherheit eingenommen. Diejenigen Reflexe, die das Aufstellen in die normale Körperstellung bewirken, bezeichnen wir als S t e l l r e f l e x e.

fehlende

26.26 Es hat sich gezeigt, daß das Aufrichten in die normale Körperstellung, also der Ablauf der .... (Stellreflexe / Haltereflexe) in einer bestimmten Reihenfolge, kettenförmig gewissermassen, erfolgt. Zunächst wird immer über Meldungen aus dem Labyrinth (Gleichgewichtsorgan) der Kopf in die Normalstellung gebracht.

Stellreflexe

26.27 Diese Reflexe, die den Kopf immer in die Normalstellung im Raum bringen, werden, da sie vom Labyrinth ausgehen, als Labyrinth- .... (Stell / Halte)-Reflexe bezeichnet. Das Aufrichten des Kopfes, z.B. aus liegender Stellung, verändert .... (dann / nicht) die Lage des Kopfes zum übrigen Körper, was durch die Rezeptoren der Halsmuskulatur angezeigt wird.

Stell- - dann

26.28 Die Meldungen aus den Rezeptoren der Halsmuskulatur bewirken, daß der Rumpf dem Kopf in die Normalstellung folgt. Analog den Labyrinth-Stellreflexen werden diese Reflexe als Halsmuskel- .... bezeichnet.

Stellreflexe

26.29 Beim Mittelhirntier bewirken also zwei aufeinanderfolgende Gruppen von Reflexen das Aufrichten des Körpers. Zunächst wird der Kopf über die ......-........-reflexe in Normalstellung gebracht, anschliessend folgt die Körper dem Kopf über die ....- ....-......... .

Labyrinth-Stell- - Halsmuskel-Stell-Reflexe

Stellreflexe sind also Reflexe, die den Körper wieder in die normale Stellung zurückbringen, wenn er durch die eine oder andere Ursache aus dieser Normalstellung herausgebracht worden ist. Durch diese Reflexe werden also die normale Körperhaltung und das Körpergleichgewicht unwillkürlich aufrecht erhalten. Außer den Genannten gibt es noch eine Reihe anderer Stellreflexe, die z.B. von den Rezeptoren der Körperoberfläche ihren Ausgang nehmen und auf Kopf- und Körperstellung wirken. Nimmt man noch die optischen Stellreflexe dazu, die bei Mittelhirntieren ausgeschaltet sind, aber unter anderen experimentellen Bedingungen nachgewiesen werden können, so wird klar, daß das Aufrichten in die normale Körperstellung über diese mehrfachen Auslösungsmöglichkeiten zu den bestgesicherten Funktionen des ZNS gehört. Durch die Halte- und Stellreflexe wird die Einnahme der Grundstellung und die Annahme und das Aufrechterhalten einer bestimmten Haltung gewährleistet. Wichtig ist, daß bei diesen Reaktionen der Kopf, in welchem Auge, Ohr und Geruchsorgan liegen, eine überwiegende Rolle spielt. So kommt es, daß bereits auf Fernreize hin der Körper die passende Stellung, welche häufig eine Verteidigungsstellung sein wird, einnehmen kann.

Die bisher geschilderten Reflexe werden oft als s t a t i s c h e Reflexe zusammengefaßt, da sie die Körperstellung und das Gleichgewicht beim ruhigen Liegen, Stehen und Sitzen in den verschiedensten Stellungen bedingen und erhalten. Daneben sind beim Mittelhirntier auch eine Reihe von Reflexen nachweisbar, die durch Bewegungen ausgelöst werden und daher als s t a t o - k i n e t i s c h e Reflexe zusammengefaßt werden. Viele davon nehmen ihren Ausgang vom Labyrinth. Am bekanntesten sind die Kopf- und Augendrehreaktionen. Wird ein Tier beispielsweise im Uhrzeigersinn gedreht, so wird der Kopf im Gegenuhrzeigersinn gewendet, usw. Diese Reaktionen sind kompensatorisch, d.h. Augen und Kopf werden so bewegt, daß die optischen Bilder während der Bewegung nach Möglichkeit erhalten bleiben. Nach Abschluß der Bewegung werden sie dann durch statische Reflexe (kompensatorische Augenstellungen, siehe Klartext nach 26.2o) festgehalten. Andere wichtige stato-kinetische Reflexe sorgen für Gleichgewicht und korrekte Körperstellung bei Sprung und Lauf. Diese Reflexe bewirken beispielsweise, daß eine Katze immer in korrekter Körperstellung auf dem Boden landet, unabhängig davon, aus welcher Position sie fallen gelassen wurde.

Im ganzen läßt sich also sagen, daß sich das Mittelhirntier in Bezug auf Halte-, Stell-, Lauf- und Springreaktionen kaum vom intakten Tier unterscheidet. Es fehlen ihm jedoch die Spontanbewegungen und es bedarf jedesmal eines äußeren Reizes, um das Tier, welches sich wie ein Automat verhält, in Bewegung zu setzen. Ohne Zweifel geht aus den Experimenten an decerebrierten und Mittelhirn-Tieren hervor, daß die Grundlagen für die äußerst ausdrucksvollen verschiedenen Stellungen und Haltungen der Tiere und des Menschen, welche uns im natürlichen Leben und bei den

Kunstwerken der Malerei und Skulptur begegnen, im letzten Grunde auf den Gesetzmässigkeiten der in den motorischen Zentren des Hirnstammes integrierten Handlungsabläufen der Stell- und Haltereflexe beruhen, die dafür die Muskulatur des gesamten Körpers zu gemeinschaftlicher Leistung zusammenfassen.

Die folgenden Lernschritte sollen Ihnen helfen festzustellen, ob Sie die Lernziele dieser Lektion erreicht haben.

26.3o Welche Anteile des Hirnstammes sind beim decerebrierten Tier noch in Verbindung mit dem Rückenmark, also funktionsfähig?

a) Medulla oblongata
b) Pons und Mittelhirn
c) Medulla oblongata und Pons
d) Medulla oblongata und Mittelhirn
e) Medulla oblongata, Pons und Mittelhirn

c

26.31 Welche der in Lernschritt 26.3o gegebenen Auswahlantworten enthält alle funktionsfähigen Hirnstammabschnitte des Mittelhirntieres?

e

26.32 Welche der folgenden Eigenschaften finden sich n i c h t beim decerebrierten Tier?

a) Enthirnungsstarre
b) Stellreflexe
c) Überwiegen des Extensor-Tonus
d) Haltereflexe
e) Überwiegen des Flexor-Tonus

b, e

26.33 Die motorischen Zentren des Mittelhirntieres unterscheiden sich in ihren afferenten Zuflüssen nicht von denen des decerebrierten Tieres. Welche beiden der in der folgenden Aufstellung enthaltenen Zuflüsse sind für die Halte- und Stellreflexe besonders wichtig?

a) Zuflüsse aus dem Kleinhirn
b) Zuflüsse aus dem Gleichgewichtsorgan des Labyrinth
c) Zuflüsse aus den Rezeptoren der Körperoberfläche
d) Zuflüsse aus den Muskel- und Gelenkrezeptoren des Körpers
e) Zuflüsse aus den Muskel- und Gelenkrezeptoren des Halses

b, e

26.34 Welche der folgenden Halte- und Stellreflexe haben ihre Afferenzen im Labyrinth, welche in den Halsmuskeln?

a) Erhöhung des Extensortonus der Vorderextremität bei Aufrichten des Kopfes
b) Abnahme des Extensortonus der linken Extremitäten bei Drehung des Kopfes nach rechts
c) Aufrichten des Körpers in Normalstellung
d) Aufrichten des Kopfes in Normalstellung

Halsafferenzen a, b, c, - Labyrinth d, -

Lektion 27 Motorische Funktionen von Großhirn und Kleinhirn

Von den für die Motorik wichtigen zentralnervösen Strukturen sind jetzt noch (a) die Funktionen der motorischen Großhirnareale samt der ihnen zugeordneten Basalganglien und (b) die Aufgaben des Kleinhirns zu besprechen. Hier, wie überall im ZNS, stehen 2 Fragen im Vordergrund:
1. Was tun diese Zentren? 2. Wie tun sie es?
Beide Fragen werden wir nur sehr unvollkommen beantworten können, einmal weil wir über das Was und noch mehr über das Wie zum Teil nur unbefriedigende Kenntnisse haben, zum anderen, weil wir uns in den Lernzielen dieses Buches auf die wesentlichen und experimentell gut belegten Grundtatsachen der Neurophysiologie beschränken. Gerade bei der Diskussion der höheren motorischen Funktionen mischt sich aber, bei der Schwierigkeit der Materie verständlich, noch außerordentlich viel Hypothese und Spekulation mit dem gesicherten Wissen. Deswegen werden wir hier zunächst die Aufgaben der motorischen Großhirnareale und der Stammganglien behandeln, ohne in eine Betrachtung der Frage nach dem Wie einzutreten. Die Funktionen des Kleinhirns (Cerebellum) werden anschliessend geschildert, wobei auch auf das Wie der cerebellaren Informationsverarbeitung wenigstens in großen Zügen eingegangen wird.

<u>Lernziele</u>: Angeben, in welcher Hinsicht sich ein decortiziertes Tier von einem normalen Tier unterscheidet; es sind unbedingt zu nennen (a) der Verlust der Willkürmotorik und (b) der Verlust aller erlernter Fähigkeiten. Auswendig wissen, in welchem Rindengyrus der wichtigste motorische Hirnabschnitt liegt, und daß dieser Gyrus somatotopisch gegliedert ist. Die ungefähre Lage der einzelnen Körperabschnitte soll, muß aber nicht angegeben werden können. In Auswahl-Antwort-Fragen sind die wesentlichsten Eigenschaften und Funktionen der Pyramidenbahn und der extrapyramidalen Bahnen zu erkennen: der Verlauf muß soweit bekannt sein wie in Abb. 25-1o und Abb. 25-19 gezeigt, die Funktionen wie in den Lernschritten 27.9, 1o, 13, 14 zusammengefaßt. Die wesentlichsten Aufgaben des Kleinhirns müssen benannt werden (Koordination der Willkürmotorik mit Tonus-, Haltungs-, Gleichgewichtsmotorik). Von den drei führenden Symptomen des Kleinhirnausfalls (Intentionstremor, Adiadochokinese, Ataxien) müssen mindestens zwei benannt werden können. Anhand einer schematischen Zeichnung muß die Verschaltung der Kleinhirnrindenzelle inclusive der Polarität der Synapsen analog Abb. 25-26 erläutert werden.

27.1 Entfernt man bei einem Versuchstier die gesamte Hirnrinde, ... (decortiziertes / decerebriertes) Tier, oder auch das gesamte rostral vor dem Mittelhirn liegende Hirngewebe, (.........tier) (siehe auch Lernschritt 26.6), weist es bezüglich seiner Motorik gegenüber einem normalen Tier drei wesentliche Defekte auf: 1. Es fehlen eine Reihe komplizierter reflektoriccher Bewegungsabläufe (Beispiele werden hier nicht angegeben).

decortiziertes - Mittelhirn-

27.2 Der Ausfall dieser Reflexe läßt schliessen, daß in der Hirnrinde angeborene (reflektorische) Bewegungsabläufe .... (vorgegeben / nicht vorgegeben) sind, die Rinde also .... (nicht nur / nicht) bei der Willkürmotorik beteiligt ist. 2. Kommt es beim decortizierten Tier zum Ausfall aller erlernten motorischen Fähigkeiten.

vorgegeben - nicht nur

27.3 Letzteren Defekt, nämlich der Ausfall aller .... Fähigkeiten zeigt, daß nur die Hirnrinde ausreichend in der Lage ist, Informationen zu speichern und in zweckgerichtete motorische Verhaltensweisen umzusetzen. Die dritte schwerwiegende Folge der Decortizierung ist das völlige Verschwinden der Spontan- und Willkürmotorik (Automatentier).

erlernten motorischen

27.4 Auch wenn lediglich die motorischen Hirnareale ausgeschaltet werden, die übrige Hirnrinde aber intakt bleibt, sind Spontan- und Willkürmotorik erloschen. Die motorische Expression jedweder in der Großhirnrinde lokalisierten zentralnervösen Aktivität (und das schließt alle höheren Fähigkeiten des ZNS ein) ist also über die subcorticalen motorischen Zentren .... (möglich / nicht möglich).

nicht möglich

27.5 Fassen wir noch einmal zusammen: Ausschaltung der Großhirnrinde oder aller motorischen Rindenareale führt hauptsächlich zu folgenden 3 Defekten: 1. ...., 2. .... und 3. ....

Wegfall kompletter angeborener motorischer Reflexe - Ausfall aller erlernten motorischen Fähigkeiten - Verschwinden der Spontan- und Willkürmotorik - (oder entsprechend)

27.6 Das wichtigste motorische Hirnareal ist der vor dem Sulcus centralis liegende .... (Abb. 25-9). Er ist über die Pyramidenbahn, teils auch über extrapyramidale Bahnen, mit den Motoneuronen vorwiegend der .... (ipsilateralen / kontralateralen) Körperhälfte verbunden.

Gyrus praecentralis - kontralateralen

27.7 Andere motorische Areale liegen in der Nachbarschaft des Gyrus praecentralis, hauptsächlich frontal (stirnwärts) davon. Während die Pyramidenbahn vorwiegend, aber nicht ausschliesslich vom Gyrus praecentralis ausgeht, gehen die extrapyramidalen Bahnen vorwiegend, aber nicht ausschliesslich, von den anderen motorischen Arealen aus. Der Gyrus praecentralis .... (ist / ist nicht) somatotopisch organisiert, während in anderen motorischen Arealen keine ausgeprägte somatotopische Organisation zu finden ist.

ist

27.8 Die Pyramidenbahn läuft .... (ohne / mit einmaliger / zweimaliger) Umschaltung ins Rückenmark, die extrapyramidalen Bahnen werden .... (mehrmals / überhaupt nicht) umgeschaltet. Den direkten Zugang zu den Motoneuronen hat also die .... (Pyramidenbahn / extrapyramidale Bahn). Entsprechend dieser Differenzierung findet sich auch eine Aufgabenteilung der beiden efferenten Systeme.

ohne - mehrmals - Pyramidenbahn

27.9 Die Pyramidenbahn dient vorwiegend der Vermittlung schneller Willkürbewegungen. Ihre Axone wirken zum kleineren Teil direkt, zum größeren Teil über segmentale Interneurone auf die Motoneurone ein. Im ganzen überwiegt der bahnende Einfluß der Pyramidenbahn auf Motoneurone. Ein isolierter Ausfall der Pyramidenbahn wird also eher zu einer .... (schlaffen / spastischen) Lähmung führen.

schlaffen

27.1o Die von der Hirnrinde ausgehenden extrapyramidalen Bahnen dienen vorwiegend der Steuerung von Haltefunktionen (langsame Bewegungen, Verstellen des Tonus). Im ganzen überwiegt der hemmende Einfluß der extrapyramidalen corticofugalen Bahnen auf die subcorticalen motorischen Zentren und damit auf die Motoneurone. Ein isolierter Ausfall dieser Bahnen wird also mehr zu einer .... (schlaffen / spastischen) Lähmung führen.

spastischen

27.11 Wie bereits bei der Besprechung segmentaler Reflexe geschildert, ist eine Änderung des Muskeltonus einmal möglich durch direkte bahnende und hemmende Einflüsse auf die α-Motoneurone der ..... (extra / intra)-fusalen Muskulatur, zum anderen durch Aktivierung oder Hemmung des monosynaptischen Dehnungsreflexes über die

.......-Motoneurone, die die ....-fusalen Muskelfasern der .... (Muskel / Sehnen)-spindeln innervieren. Ersterer Weg ist schneller, letzterer Weg hat den Vorteil der feineren Kontrolle und Abstufbarkeit (Lektion 23).

extra- - γ - intra- - Muskel-

27.12 Es hat sich herausgestellt, daß die Axone der Pyramidenbahn weitgehend ohne den Weg über die "Gamma"Schleife an Motoneuronen angreifen, während die extrapyramidalen Bahnen bevorzugt an γ-Motoneuronen enden, also über die γ-Schleife (Reflexbogen des monosynaptischen Dehnungsreflexes) operieren. Im Hinblick auf die eben geschilderten Aufgaben der beiden efferenten Systeme erscheint diese Anordnung teleologisch .... (sinnvoll / nicht sinnvoll).

sinnvoll

27.13 Zusammenfassend läßt sich sagen: die Pyramidenbahn dient vorwiegend der Durchführung schneller Willkürbewegungen. Ihre Axone enden auf segmentaler Ebene teils direkt, mehr noch über Interneurone an α-Motoneuronen. Unterbrechung der Pyramidenbahn führt zu .... (schlaffen / spastischen) Lähmungen, da im ganzen ihr .... (bahnender / hemmender) Einfluß auf die α-Motoneurone überwiegt.

schlaffen - bahnender

27.14 Das efferente extrapyramidale motorische System dient vorwiegend der Steuerung von Haltefunktionen. Es operiert vorwiegend über die ......-Schleife. Die Axone der c o r t i c o f u g a l e n extrapyramidalen Neurone werden spätestens im ..... (Pallidum / Hirnstamm) umgeschaltet. Ausfall dieser corticofugalen Bahnen .... (erhöht / vermindert) den Muskeltonus, da im ganzen ihr .... (bahnender / hemmender) Einfluß auf die α-Motoneurone überwiegt.

γ - Hirnstamm - erhöht - hemmender

27.15 Letzterer Befund anders formuliert: die motorischen Zentren des Hirnstammes, die ja Teil des .... (pyramidalen / extrapyramidalen) motorischen Systems sind, üben im ganzen einen vorwiegend bahnenden Einfluß auf die segmentalen Motoneurone aus. Die Zentren stehen aber unter normalen Umständen unter der überwiegend .... (bahnenden / hemmenden) Kontrolle der corticofugalen Neurone. Wegfall dieser Kontrolle führt dann zu erhöhtem Muskeltonus. Dies ist sicher ein Teilmechanismus der Decebrierungsstarre.

extrapyramidalen - hemmenden

27.16 Die Abb. 27-16 fasst die wesentlichsten afferenten, efferenten und intercorticalen Verbindungen der corticalen motorischen Zentren zusammen: Die efferenten Bahnen des extrapyramidal motorischen Systems und die .... sind rot gezeichnet. Alle anderen Verbingungen des Motorcortex mit anderen Cortexarealen und mit den Sinnesorganen sind weggelassen, aber es muß betont werden, daß diese Verbindungen für das einwandfreie Arbeiten des Motorcortex von größter Wichtigkeit sind.

Pyramidenbahn

27.17 Alle motorischen Zentren verfügen über .... (keine / zahlreiche) afferente Zuflüsse, die ihnen die für ihre Aufgaben notwendige Information aus der Umwelt und dem Organismus vermitteln und es ihnen ermöglichen, sich auf die Tätigkeit der anderen motorischen Zentren abzustimmen. So haben wir gesehen, daß bei den Halte- und Stellreflexen vor allem .... und .... neben den visuellen Zuflüssen wichtig sind.

zahlreiche - Gleichgewichtsorgan - Hals-Muskel-Afferenzen

27.18 Wie schon bei der einleitenden Abbildung 25-1 zu sehen, liegt das Kleinhirn im .... (Hauptschluß / Nebenschluß) zu den anderen motorischen Zentren. Es ist aber mit a l l e n afferenten und efferenten Zuflüssen verbunden. Seine efferenten Meldungen gibt das Kleinhirn einerseits direkt zu den corticalen motorischen Zentren, andererseits (roter Pfeil) zu den .... Zentren des extrapyramidalen Systems. Das Kleinhirn erscheint also schon auf Grund seiner Verbindungen besonders befähigt, die Tätigkeit der verschiedenen motorischen Zentren aufeinander abzustimmen.

Nebenschluß - subcorticalen motorischen

27.19 Wenden wir nun unsere Kenntnisse kurz auf die Störungen der corticalen motorischen Zentren an: Ausfälle des linken Gyrus praecentralis werden vorwiegend zu Lähmungen in der .... (rechten / linken) Körperhälfte führen. Ort und Ausmaß der Schädigung bestimmen dabei Lokalisation und Schwere der Störungen. Z. B. wird eine Verletzung im seitlich-caudalen Anteil des Gyrus praecentralis vor allem die .... (Fußmuskeln / Gesichtsmuskeln) lähmen.

rechten - Gesichtsmuskeln

27.2o Klinisch häufiger als direkte Schädigung des Gyrus praecentralis sind Unterbrechungen der efferenten Bahnen vor allem im Bereich der inneren Kapsel (Capsula interna), wo Pyramidenbahn und Teile der extrapyramidalen Bahn zwischen den .... und dem .... (Abb. 25-1o, 25-19) hindurchtreten.

Basalkernen - Thalamus

27.21 Plötzliche Blutungen oder Thrombosen in diesem Gebiet führen zum Symptomenkomplex des Hirnschlags (Schlaganfall). Aufgrund der beteiligten efferenten Bahnen findet sich eine Mischung zwischen pyramidalen und extrapyramidalen Ausfallerscheinungen. Gelähmt ist immer die .... (ipsilaterale / kontralaterale) Körperhälfte (Halbseitenlähmung / Hemiplegie). Die Lähmung ist vorwiegend ein Zeichen der Schädigung der .... (Pyramidenbahn/ extrapyramidalen Bahnen).

kontralaterale - Pyramidenbahn

27.22 Während des initialen Schockstadiums ist die Lähmung schlaff. Sie wird aber nach dessen Abklingen meist spastisch, d.h. die gelähmten Muskeln zeigen einen hohen Muskeltonus. Dieser hohe Muskeltonus der gelähmten Körperseite ist vorwiegend ein Symptom des Ausfalles der .... (Pyramidenbahn / extrapyramidalen Bahnen). In schweren Fällen erinnert das klinische Bild an das einer experimentell erzeugten Decerebrationsstarre.

extrapyramidalen Bahnen

Es muß jetzt noch kurz erwähnt werden, daß die bisher beschriebenen Verhaltensweisen von Mittelhirntieren oder auch decortizierten Tieren genau genommen nur auf einige Säugetiere, insbesondere Kaninchen, Katzen und Hunde zutrifft. Bei den niederen Wirbeltieren, z.B. den Vögeln, sind die Ausfälle in der Regel geringer, bei den höher stehenden Säugern, vor allem bei den Primaten (Menschenaffen) in der Regel schwerwiegender. Bei letzteren Tieren und beim Menschen ist es parallel mit der Zunahme der motorischen Fähigkeiten zu einer immer stärkeren Verlagerung der motorischen Kontrollfunktionen nach rindenwärts gekommen. Nichtsdestoweniger bleibt gültig, daß auch bei Primaten und Menschen die einzelnen motorischen Zentren die ihnen zugesprochenen Funktionen im Rahmen der Gesamtsteuerung der Motorik haben, sie sind lediglich nicht mehr in der Lage, ohne ihre Verbindungen zu den jeweils höheren Zentren einwandfrei oder beinahe einwandfrei zu funktionieren.

Ein typisches Beispiel für diese Prozesse liefert das entwicklungsgeschichtliche Schicksal der Basalganglien. Diese sind bei den Vögeln und anderen niederen Wirbeltieren die höchsten motorischen Zentren, denn diese Tiere haben nur wenig Hirnrindensubstanz. Bei den höheren Wirbeltieren, insbesondere beim Menschen, sind die Funktionen der Stammganglien parallel zur starken Volumenzunahme der Hirnrinde rindenwärts verlagert worden und die Rolle der Stammganglien ist nicht mehr so eindeutig zu definieren.

Bei den Basalganglien unterscheiden wir, vorwiegend nach phylogenetischen, histologischen und klinischen Gesichtspunkten, das S t r i a - t u m, zusammengesetzt aus N. caudatus und Putamen, und das P a l l i- d u m, das aus einem äußeren und inneren Anteil besteht (zur Lokalisation im Gehirn siehe die Abb. 25-9, 1o, 19). Außerdem werden auch zwei im Mittelhirn liegende Kerne, der N. ruber und der N. niger, zu den Basalganglien gezählt, diese gehören aber funktionell zu den bereits besprochenen Zentren des Hirnstammes. Beim Menschen führt Schädigung der Stammganglien bei Bevorzugung des Striatums zu motorischen Störungen mit Bewegungsüberschuß (Chorea, Athethose) und bei Bevorzugung des Pallidum zu Tremor (Zittern), Rigidität (Muskelverspannung) und Bewegungsarmut (zusammengefaßt als parkinsonistisches Syndrom) bezeichnet. Ähnliche motorische Störungen lassen sich auch im Tierversuch, besonders bei Primaten, bei Ausschaltung des Striatum, bzw. des Pallidum nachweisen. Aus diesen Befunden läßt sich schliessen, daß die Basalganglien beim Menschen vorwiegend mit der reibungslosen und fehlerfreien Durchführung willkürlicher Bewegungen betraut sind. Wenden wir uns jetzt den Aufgaben zu, die das K l e i n h i r n (Cerebellum) zu erfüllen hat. Anatomisch besteht das Kleinhirn aus der Kleinhirnrinde und den Kleinhirnkernen. Der makroskopische Aufbau der einzelnen Rindenabschnitte und die Verbindungen der verschiedenen Rindenanteile mit den einzelnen Kleinhirnkernen wird hier nicht weiter besprochen; ebenso nicht die entwicklungsgeschichtliche Herkunft der verschiedenen Kleinhirnanteile. Schliesslich wird auch nicht erörtert, daß das Kleinhirn in bestimmtem Umfang eine somatotopische Organisation aufweist. Die Kenntnis all dieser Tatsachen ist nämlich zum Verständnis der wesentlichsten Funktionen des Kleinhirns, soweit sie hier behandelt werden, nicht notwendig.

27.23 Es ist bereits im Zusammenhang mit Abb. 25-1 und Abb. 27-16 gesagt worden, daß das Kleinhirn im .... (Haupt / Neben)-schluß mit den anderen motorischen Zentren liegt und mit ...... (manchen / allen) diesen Zentren verbunden ist. Außerdem erhält das Kleinhirn afferente Meldungen aus praktisch allen Sinnesorganen.

Neben- - allen

27.24 Aus diesen Befunden ist in Lernschritt 27.18 der Schluß gezogen worden, daß das Kleinhirn besonders .... (unfähig / befähigt) erscheint, die Tätigkeit der verschiedenen motorischen Zentren miteinander zu koordinieren. Diese Annahme wird von experimentellen und klinischen Befunden gestützt.

befähigt

27.25 Bevor wir diese Befunde näher erörtern, können wir die Tätigkeit des Kleinhirns noch einmal vorweg formulieren: die Aufgabe des Kleinhirns ist es .... (formulieren Sie mit Ihren eigenen Worten).

die Tätigkeiten der verschiedenen motorischen Zentren aufeinander abzustimmen, miteinander zu koordinieren (oder entsprechend)

27.26 Insbesondere ist das Kleinhirn für die reibungslose, zielgerichtete Durchführung der vom Großhirn "entworfenen" Willkürbewegungen notwendig, sowie für die Koordination dieser Willkürbewegungen mit den dem Tonus, der Haltung und dem Gleichgewicht dienenden motorischen Aktivitäten. Entsprechend werden bei Ausschaltung des Kleinhirns die Funktionsausfälle insbesondere in .... (Ruhe / Bewegung) sicht- und merkbar werden.

Bewegung

27.27 Bei völliger Ausschaltung des Kleinhirns stehen 3 Symptome im Vordergrund: 1. A t a x i e n, d.h. ein taumelnder und torkelnder Gang, weil die für eine Bewegung notwendigen Muskelkontraktionen nicht im richtigen Augenblick und im richtigen Grade einsetzen. 2. A d i a d o c h o k i n e s e, d.h. die Unfähigkeit schnell aufeinander folgende Bewegungen (Klavierspielen) auszuführen und 3. I n t e n t i o n s t r e m o r, ein Zittern beim Durchführen von zielgerichteten Willkürbewegungen. Diese Symptome sind deutliche Folgen des Fehlens .... (formulieren Sie mit Ihren eigenen Worten).

entsprechend 27.26, 1. Satz

27.28 Bei völliger Ausschaltung des Kleinhirns sind also nicht einzelne motorische Fähigkeiten ausgefallen (wie z.B. Haltereflexe), sondern es kommt zu Fehlern in der Zusammenarbeit der motorischen Zentren, die sich in den Symptomen der 1. ...., 2. .... und 3. .... äußern. Bei Teilausfällen des Kleinhirns sind die Ausfälle entsprechend geringer oder auf bestimmte Lokalisationen oder Bewegungen beschränkt.

Ataxien - Adiadochokinese - Intentionstremor (in beliebiger Reihenfolge)

27.29 Das Kleinhirn gleicht also dem Computer einer großen Automobilfabrik, der die Durchläufe der einzelnen Arbeitsstraßen so berechnet, daß es beim Zusammenfliessen auf der Endmontage weder zu Stauungen noch zu Lücken kommt. Um diese Aufgabe durchzuführen, benötigt der Computer .... (eine / keine) fortlaufende Rückmeldung über den jeweiligen Produktionsstand.

eine

27.3o Auch das Kleinhirn benötigt zur Durchführung seiner Aufgaben der fortlaufenden Rückmeldung über alle jeweils vor sich gehenden Bewegungen. Abb. 27-3o zeigt die wesentlichsten Rückmeldekreise des Kleinhirns. Die Pyramidenbahn .... (sendet keine / sendet) Axonkollateralen zum Kleinhirn, sodaß das Kleinhirn .... (im Voraus / erst über die sensible Rückmeldung) über Willkürbewegungen informiert wird.

sendet - im Voraus

27.31 Auf Grund dieser .... (Voraus / Vollzugs)-meldung der Pyramidenbahn kann das Kleinhirn sowohl den Erregungsfluß im extrapyramidalen motorischen System entsprechend modifizieren (z.B. das Gleichgewicht verlagern), wie auch über die Rückmeldung zum motorischen Cortex einen Einfluß auf die gerade ablaufenden Willkürbewegungen nehmen.

Voraus-

27.32 Außer den Vorausmeldungen erhält das Kleinhirn über die gesamte Sensorik auch eine kontinuierliche Rückmeldung über den Ablauf der willkürlichen und unwillkürlichen Bewegungen. Es ist dadurch in der Lage, rechtzeitig Korrekturen anzubringen, sodaß z.B. Willkürbewegungen ohne sichtbare Abweichungen vom Ziel, also ohne ....tremor ausgeführt werden können.

Intentions-

27.33 Wenden wir uns nun kurz der Frage zu, wie das Kleinhirn seine Aufgabe durchführt. Das Flußdiagramm der Kleinhirneingänge und -ausgänge in Abb. 27-33 zeigt, daß die Kleinhirnrinde zwei Eingänge besitzt, die .... und die ...., und einen Ausgang, die ...., wie wir das bereits in Lektion 25 besprochen haben.

Moosfasern - Kletterfasern - Purkinjezell-Axone

27.34 Die Kleinhirnkerne verbinden das Kleinhirn mit den übrigen .... Die Informationsverarbeitung des Kleinhirns geschieht also vorwiegend ....(in der Rinde / in den Kernen). Ein kompletter neuronaler Schaltkreis des Kleinhirns (von denen es viele Millionen gibt) ist in Abb. 25-26C gezeichnet.

Tragen Sie in diesen Schaltkreis, oder eine Kopie davon, entsprechend Abb. 25-26A und B die Namen der einzelnen Komponenten und die Flußrichtung der Erregung ein.

motorischen Zentren - in der Rinde

27.35 Die Polarität der Synapsen ist durch die Farbe der einzelnen Komponenten angedeutet: Schwarze Axone bilden erregende, rote Axone hemmende Synapsen. Die Kletterfasern bilden also .... Synapsen an .... (dem Soma / den Dendriten) der Purkinje-Zellen.

erregende - den Dendriten

27.36 Die Wirkungen der Moosfasern sind komplexer: sie erregen die Körnerzellen, deren Parallelfaser wiederum .... (erregend / hemmend) auf die Korbzellen und Purkinje-Zellen wirken. Interessanterweise .... (erregen / hemmen) aber die Korbzellen die Purkinje-Zellen. Die Parallelfasern haben also eine doppelte Wirkung auf die Purkinje-Zellen: erregend auf die Dendriten, hemmend über die Korbzellen auf das Soma.

erregend - hemmen

27.37 Diese Hemmung der Purkinje-Zellen über die Korbzellen ist ein typisches Beispiel einer V o r w ä r t s h e m m u n g: im Gegensatz zur feedback-Hemmung findet die Hemmung statt, unabhängig ob die gehemmte Zelle vorher erregt war oder nicht (vgl. dazu Abb. 16-19B). Da die hemmende Synapse am Axonhügel sitzt, ist sie wahrscheinlich .... (besonders / nicht besonders) wirkungsvoll.

besonders

27.38 Die Purkinje-Zell-Axone (Purkinje-Fasern) bilden schliesslich .... Synapsen auf den Zellen der Kleinhirnkerne. Da die Purkinje-Zellen eine Spontanentladung aufweisen, kann sich eine Änderung des Purkinje-Zell-Outputs in einer Zunahme dieser Entladungen (also verstärkter Hemmung), oder in einer Abnahme der Entladungen (Wegnahme von Hemmung - Disinhibition) äußern.

hemmende

Unter Ruhebedingungen werden also die Purkinje-Zell-Entladungen zu einer tonischen Hemmung der Kleinhirnkerne führen. Bei afferenter Aktivität der Kletterfasern verstärkt sich diese Hemmung, da diese Fasern die Purkinje-Zellen erregen. Afferente Aktivität in den Moosfasern hat dagegen einen doppelten Effekt: teils erregend über die Parallelfasern, teils hemmend über die Korbzellen. Noch nicht völlig klar ist, welche Sinnesmodalitäten, bzw. welche ihrer Parameter von den Moos- und welche von den Kletterfasern übertragen werden. Ebenso sind die Verknüpfungsmuster der Parallelfasern noch nicht gut genug bekannt, wenn sich auch herausgestellt hat, daß Moosfaseraktivität meist zur Erregung von umschriebenen Purkinjezell-Gruppen führt, während benachbarte Purkinje-Zellen gehemmt werden (somatotopische Organisation, Umfeldhemmung).

Die Physiologie des Kleinhirns kann als Beispiel dafür dienen, wie weit es die Hirnphysiologie bisher in den Fragen nach dem Was und Wie zentralnervöser Tätigkeit gebracht hat. Es ist uns, trotz aller Detailkenntnis der cerebellaren Schaltkreise und ihrer Ein- und Ausgänge noch nicht möglich, wesentlich genauer als hier geschehen anzugeben, wie diese Schaltkreise die Aufgaben des Kleinhirns, die uns ebenfalls recht gut bekannt sind, ausführen. Diese unbefriedigende Situation gilt es durch weiteres Nachdenken und Experimentieren zu verbessern. Die Fortschritte, die in den letzten Jahrzehnten auf vielen Gebieten der Neurophysiologie gemacht wurden, lassen uns hoffen, daß bald neue und entscheidende Durchbrüche in unserem Verständnis zentralnervöser Tätigkeit gelingen. Es gibt jedenfalls derzeitig keinen Grund anzunehmen, wie gelegentlich geäußert wird, daß das Gehirn nicht in der Lage sei, "sich selbst zu verstehen".

Überpüfen Sie mit den folgenden Lerneinheiten Ihren Lernerfolg:

27.39 Bei einem decortizierten Tier sind folgende motorische Fähigkeiten erloschen

a) Willkürmotorik
b) Halterflexe
c) Stellreflexe
d) Erlernte Motorik
e) Flexorreflexe

a, d

27.4o Die Ursprungszellen der Pyramidenbahn liegen

a) ausschliesslich im Gyrus postcentralis
b) im Gyrus postcentralis und im benachbarten Scheitelhirn
c) in den Basalganglien, besonders dem Pallidum
d) ausschliesslich im Gyrus praecentralis
e) im Gyrus praecentralis und im benachbarten Frontalhirn
f) alle Aussagen sind falsch

e

27.41 Welche der folgenden Aussagen über die Pyramidenbahn sind richtig?

a) Sie läuft mit einmaliger Umschaltung in den Basalkernen bis ins Rückenmark.
b) Sie dient vorwiegend der Vermittlung schneller Willkürbewegungen.
c) Ihre Axone enden vorwiegend direkt an den Motoneuronen.
d) Sie aktiviert vorwiegend α-Motoneurone.
e) Ihr einseitiger selektiver Ausfall oberhalb der Medulla oblongata führt zu ipsilateraler schlaffer Lähmung.

b, d

27.42 Welche der folgenden Symptome sind charakteristisch für eine gleichzeitige Unterbrechung pyramidaler und extrapyramidaler

Bahnen in der linken inneren Kapsel?
a) Ruhetremor
b) Intentionstremor
c) Schlaffe Lähmung links
d) Adiadochokinese
e) Rechtsseitiger Parkinsonismus
f) Keines der genannten Symptome ist charakteristisch

f

27.43 Hemmende Synapsen auf den Dendriten der Purkinje-Zellen des Kleinhirns werden gebildet durch
a) Kletterfasern direkt
b) Moosfasern über Körnerzellen und Parallelfasern
c) Kletterfasern über Korbzellen
d) Moosfasern über Körnerzellen und Korbzellen
e) Alle Aussagen sind richtig
f) Alle Aussagen sind falsch

f, es gibt keine hemmenden Synapsen auf den Dendriten der Purkinje-Zellen

27.44 Welche der folgenden Symptome sind charakteristisch für einen Ausfall des Kleinhirns?
a) Ruhetremor
b) Intentionstremor
c) Athethose
d) Adiadochokinese
e) Ataxien
f) Parkinsonismus
g) Hemiplegie

b, d, e

G Sensorisches System

Vorbemerkung

Als sensorisches System werden die Teile des Nervensystems bezeichnet, die Meldungen aus der Umwelt und aus dem Körperinneren aufnehmen, weiterleiten und verarbeiten. In den folgenden Lektionen werden die dabei im Nervensystem registrierbaren Vorgänge erläutert, und zwar vorwiegend an Beispielen des sensorischen Systems der Haut (somatosensorisches System). Das Kapitel beschränkt sich mit wenigen Ausnahmen auf die o b j e k t i v e Seite der sensorischen Prozesse. Die subjektiven Sinnesempfindungen und die psychophysischen Korrelationen sind Gegenstand des Bandes "Sinnesphysiologie".

Lektion 28 Transformation von Reizen durch Rezeptoren

In den Lektionen 1 und 3 wurde bereits der Begriff des Rezeptors eingeführt. In dieser Lektion sollen Einzelheiten der Arbeitsweise von Rezeptoren erläutert werden. Es wird gezeigt, daß an einem spezialisierten Teil einer Nervenendigung, Rezeptor genannt, durch Einwirkung eines *adäquaten Reizes* das *Rezeptorpotential* entsteht. Dieses löst nach elektrotonischer Ausbreitung zum Axon fortgeleitete Aktionspotentiale aus, deshalb wird das Rezeptorpotential auch Generatorpotential genannt. Weiter wird auf die quantitativen Abhängigkeiten Reiz Rezeptorpotential Entladungsfrequenz des Axons eingegangen.

Lernziele: Einteilung der Rezeptoren erklären nach dem adäquaten Reiz (mechanisch, thermisch, chemisch, optisch). Erläutern des Begriffes Rezeptorpotential: eine spezialisierte Rezeptormembran wird bei Einwirkung des adäquaten Reizes depolarisiert. Wissen, daß das Rezeptorpotential durch eine Leitwerterhöhung für kleine Ionen entsteht. Am Beispiel eines schematisierten Rezeptors vermittels einer Skizze zeigen, wo das Rezeptorpotential, wo das Aktionspotential lokalisiert ist, die Zeitverläufe beider Potentiale zeichnen (in Bezug auf Reiz). Schildern, wie sich das Rezeptorpotential bei Änderung der Reizintensität verhält. Erläutern, daß die Ausbreitung des Rezeptorpotentials zum konduktilen Axon elektrotonisch erfolgt und dort ein Aktionspotential auslöst, sobald der Reiz eine bestimmte Reizschwelle überschreitet; daraus herleiten können, daß das Rezeptorpotential auch Generatorpotential genannt wird. Zeichnen, wie bei lang dauernden Reizen (a) repetitive Aktionspotentiale erzeugt werden, (b) Adaptation einsetzt. Wissen, daß für die meisten Rezeptoren der Zusammenhang zwischen Reizintensität und Entladungsfrequenz durch eine Potenzfunktion quantitativ beschrieben werden kann.

28.1 Spezialisierte Bereiche von Nervenzellen, die auf bestimmte Veränderungen, genannt Reize, im Organismus oder in der Umwelt antworten und diese Antworten dem Nervensystem mitteilen, werden als .... bezeichnet. Jede dieser spezialisierten Nervenzellen antwortet praktisch nur auf eine bestimmte Reizenergie, genannt .... Reiz (siehe 1.1o - 1.13).

Rezeptoren - adäquater

28.2 Im Absatz zwischen 1.13 und 1.14 ist eine Einteilung der Rezeptoren nach funktionellen Gesichtspunkten wiedergegeben (Tele-, Extero-, Proprio- und Interozeptoren), die von dem englischen Physiologen Sherrington stammt. Eine andere Einteilung ist auf der Basis des adäquaten Reizes möglich. Ordnen Sie den unter a - c) genannten Rezeptoren die anschliessend aufgeführten adäquanten Reiz-Energien zu: a) Rezeptoren des Auges: ...., b) der Geschmacksknospen: .... und c) der Muskelspindeln: .... (chemische Energie / elektromagnetische- oder Licht-Energie / mechanische Energie).

a) Licht- oder elektromagnetische Energie - b) chemische Energie - c) mechanische Energie

28.3 Die auf mechanische Energie antwortenden Rezeptoren werden Mechanorezeptoren, die durch thermische Reize erregbaren ....-Rezeptoren genannt. Chemisch aktivierbare Rezeptoren nennt man ....-Rezeptoren, Photorezeptoren sprechen auf .... an.

Thermo- - Chemo- - Licht, oder elektromagnetische Strahlung bzw. Energie

28.4 Entsprechend ihrem adäquaten Reiz lassen sich die Rezeptoren der Säugetiere in 4 Gruppen einteilen. Nennen Sie diese bitte! Zu welcher Gruppe gehört der Kälterezeptor der Zunge? Außer diesen 4 Gruppen gibt es z.B. bei Fischen Rezeptoren, die auf elektrische Felder ansprechen: Elektrorezeptoren.

Mechano- - Thermo- - Chemo - Fotorezeptoren (in beliebiger Reihenfolge) - Thermorezeptoren

28.5 Unter den Mechano-, Thermo- und wahrscheinlich auch Chemorezeptoren gibt es solche, die erst bei sehr hoher Reizintensität ansprechen. Diese Rezeptoren lösen vermutlich Schmerzempfindungen aus. Solche Rezeptoren werden auch als Nocizeptoren bezeichnet.

Innerhalb jeder Gruppe läßt sich die Einteilung noch verfeinern, dabei ist das Kriterium wieder der adäquate Reiz. Z.B. sprechen einzelne Fotorezeptoren auf Licht verschiedener Wellenlänge (rot, grün, blau) an, die Rezeptoren sind dann farbspezifisch. Ebenso lassen sich die Thermorezeptoren in eine Gruppe von Warm- und eine Gruppe von Kaltrezeptoren differenzieren, d.h. sie antworten jeweils auf eine Erhöhung bzw. Erniedrigung der Temperatur des umliegenden Gewebes von der normalen Körpertemperatur aus. Auch Mechanorezeptoren haben sich auf verschiedene mechanische Reizparameter spezialisiert: es gibt z.B. Rezeptoren für hochfrequente Vibration, andere für konstanten Druck.

In den folgenden Lernschritten soll erläutert werden, welche Vorgänge im Rezeptor bei adäquater Reizung zum Aktionspotential in der afferenten Faser führen. Als Beispiel dient der S t r e c k r e z e p t o r des Krebses, ein zwischen den Muskelfasern des Tieres gelegener Mechanorezeptor, der auf Dehnung des Muskels antwortet. Dieser Rezeptor ist im Vergleich zu anderen Rezeptoren besonders groß (ca 100μ Durchmesser) und deshalb hervorragend zur Untersuchung mit intrazellulären Elektroden geeignet.

28.6 Der Streckrezeptor des Krebses liegt zwischen den Muskelfasern. Die Dehnung des Muskels ist der .... Reiz für diesen Rezeptor. Funktionell entspricht der Rezeptor also der Muskel-....... der Vertebraten.

adäquate - -spindel

28.7 Mit einer intrazellulären Mikroelektrode im Rezeptor wird bei adäquater Reizung, also bei .... des umgebenden Muskels, eine Potentialänderung vom Ruhepotential in depolarisierender Richtung registriert. Diese durch einen Reiz verursachte Depolarisation wird Rezeptorpotential genannt (siehe Abb. 28-7).

Dehnung

28.8 Die reizbedingte Depolarisation, genannt ...., ist von .... (gleicher / kürzerer) Dauer wie der Reiz (Abb. 28-7). Beachten Sie, daß bei konstantem Reiz das Rezeptorpotential zu Beginn des Reizes schnell einen hohen Wert erreicht, und danach langsam .... (abfällt / weiter ansteigt).

Rezeptorpotential - gleicher - abfällt

28.9 Das Rezeptorpotential, d.h. die durch einen Reiz erzeugte ..... entsteht durch Erhöhung des Membranleitwertes (siehe 6.9), und zwar unspezifisch für alle kleinen Ionen (Na, K, Ca, Cl). Im Beispiel der Abb. 28-7 mißt, <u>vom Ruhepotential aus gerechnet</u>, das Rezeptorpotential unmittelbar nach Reizbeginn etwa .... mV.

Depolarisation - 3o

28.1o Das Rezeptorpotential wird also durch eine Leitwert........... (erhöhung / erniedrigung) der .... (Rezeptor- / Axon-)membran erzeugt. Damit eine Depolarisation um den relativ hohen Betrag von ca 3o mV bewirkt wird, müssen unter den durch die Membran strömenden Ionen solche sein, deren Gleichgewichtspotential .... (weit vom / nahe beim) Ruhepotential liegt und zwar in .... (depolarisierender / hyperpolarisierender) Richtung.

-erhöhung - Rezeptor- - weit vom - depolarisierender

28.11 Ein Gleichgewichtspotential weit vom Ruhepotential in depolarisierender Richtung haben unter Normalbedingungen nur .... (K / Na)-Ionen. Folglich müssen diese Ionen die Hauptursache bei der Entstehung des Rezeptorpotentials sein.

Na

28.12 Ein Reiz bewirkt also an der Rezeptormembran eine Leitwertänderung für alle kleinen Ionen. Der .... (Einstrom / Ausstrom) von Na-Ionen verursacht dabei das Rezeptorpotential. Bei wachsender Reizstärke nimmt die Leitwerterhöhung zu, das Rezeptorpotential wird dabei .... (kleiner / größer).

Einstrom - größer

Die geschilderte Leitwerterhöhung an Rezeptoren ist ganz ähnlich wie die an der subsynaptischen Membran von erregenden Synapsen, z.B. an der motorischen Endplatte (siehe 12.14 - 12.22). Man kann deshalb die subsynaptische Membran als Chemorezeptor betrachten, der spezifisch auf die Transmittersubstanz antwortet.

Wie bei der Synapse sind die Membraneigenschaften des Rezeptors (rezeptive Membran) von denen des Axons verschieden (konduktile Membran). Beide Membranbereiche lassen sich räumlich (in Abb. 28-7 angedeutet) und pharmakologisch gegeneinander abgrenzen. Die konduktile Membran kann z. B. durch Anwendung von TTX (Tetrodotoxin) selektiv vergiftet werden, sodaß keine Aktionspotentiale mehr ausgelöst werden können. Das Rezeptorpotential dagegen bleibt durch TTX weitgehend unbeeinflußt.

Beim Streckrezeptor des Krebses ist die rezeptive Membran nahe beim Soma im Bereich der Dendriten lokalisiert. Im Gegensatz dazu befinden sich die Rezeptoren der Säugetiere meistens am äußersten Ende des Axons. Von diesen rezeptiven Endigungen ist bisher noch keine intrazelluläre Registrierung von Rezeptorpotentialen möglich gewesen. Bei Reizung können im Bereich der Rezeptorendigung extrazellulär Ströme registriert werden, deren Ursache ein erhöhter Membranleitwert für kleine Ionen ist. Daraus wird geschlossen, daß auch bei diesen Rezeptoren Reizung zu einer Depolarisation, dem Rezeptorpotential, führt. Dieses verursacht ganz analog wie beim Streckrezeptor im Axon fortgeleitete Aktionspotentiale, deren extrazelluläre Ströme ebenfalls registriert werden können. Eine weitere Besonderheit der Säugetierrezeptoren ist ihre morphologisch sichtbare Assoziation mit Zellen nicht-neuralen Urpsrungs. Diese Satellitenzellen scheinen spezialisierte "Hilfseinrichtungen" zu enthalten, die einen Rezeptor mit der großen Empfindlichkeit für seinen jeweiligen adäquaten Reiz ausstatten. Beim Vergleich der auf den Rezeptor einwirkenden Reizenergie mit der elektrischen Energie des Rezeptorpotentials läßt sich nämlich bei vielen Rezeptoren eine enorme Verstärkung feststellen. Z.B. kann in einem Fotorezeptor die elektrische Energie des Rezeptorpotentials um mehr als den Faktor 1000 größer sein, als die des Lichtreizes. Man muß daraus folgern, daß Reize die Auslöser für lokal gespeicherte Energie sind. Die Zwischenstufen vom Auftreffen des Reizes bis zur Entstehung des Rezeptorpotentials, der sogenannte primäre Transduktionsprozeß, sind noch weitgehend unerforscht.

28.13 Das Rezeptorpotential, das an der .... (rezeptiven / konduktilen) Membran entsteht, breitet sich elektrotonisch (siehe 10.1 - 10.24) in die angrenzenden Bereiche der Zelle aus, beim Streckrezeptor (Abb. 28-7) also zum Soma und zum Axon.

rezeptiven

28.14 Das sich .... ausbreitende Rezeptorpotential bewirkt somit auch eine .... (Depolarisation / Hyperpolarisation) der Axonmembran. Wenn diese die Schwelle der Axonmembran erreicht, wird ein Aktionspotential ausgelöst (siehe 10.25 - 10.28).

elektrotonisch - Depolarisation

28.15 Das Rezeptorpotential wirkt auf die Axonmembran als elektrischer Reiz und erzeugt im Axon ein oder mehrere fortgeleitete ......, wenn es die .... erreicht. Deshalb wird das Rezeptorpotential auch als G e n e r a t o r p o t e n t i a l bezeichnet.

Aktionspotentiale - Schwelle

28.16 Wenn das Rezeptorpotential, auch .... genannt, nach dem Ende des Aktionspotentials noch andauert, kann ein weiteres Aktionspotential ausgelöst werden. Ganz entsprechend danach ein drittes Aktionspotential usw., bis der Reiz und damit das Rezeptorpotential aufhören.

Generatorpotential

28.17 Bei langdauernder Reizung des Rezeptors werden also mehrere Aktionspotentiale im Axon erzeugt; die afferente Faser des Rezeptors entlädt repetitiv, wie in Abb. 28-7, dargestellt ist.

28.18 Die Transformation eines Reizes läuft also folgendermaßen ab: ein .... Reiz bewirkt durch eine ....erhöhung für kleine Ionen das ......potential. Dieses breitet sich elektrotonisch zum afferenten Axon aus und löst dort bei Erreichen der Schwelle ein oder mehrere .... aus. Letztere werden zum ZNS weitergeleitet.

adäquater - Leitwert- - Rezeptor- - Aktionspotentiale

28.19 Obwohl im Beispiel der Abb. 28-7 die Reizstärke während der ganzen Reizzeit konstant ist, nimmt das Rezeptorpotential .... (zu /ab). Parallel dazu wird der Zeitabstand zwischen zwei aufeinanderfolgenden Aktionspotentialen .... (größer / kleiner). Diese Effekte bei länger dauernder Reizung werden als A d a p t a t i o n bezeichnet.

ab - größer

28.2o Der reziproke Wert des Zeitabstandes zwischen zwei Aktionspotentialen ist die augenblickliche Frequenz der Entladung. Die geschilderte Zunahme des Zeitabstandes bei konstantem Reiz, genannt ...., bedeutet somit eine .... (Zunahme / Abnahme) der Entladungsfrequenz.

Adaptation - Abnahme

28.21 In allgemeiner Formulierung kann gesagt werden, daß Adaptation die .... (Zunahme / Abnahme) des Reizeffektes bezeichnet bei zeitlich konstant bleibendem Reiz.

Abnahme

28.22 Untersucht man die Antworten anderer Rezeptoren auf überschwellige Rechteckreize, dann findet man verschiedene Geschwindigkeiten für die Abnahme der Entladungsfrequenz, genannt .... In Abb. 28-22A ist die Entladung je eines Rezeptors mit langsamer, mittelschneller und sehr schneller .... gezeigt. In Abb. 28-22B ist der Zeitgang der Entladungsfrequenz für die beiden erstgenannten Rezeptoren gezeichnet.

Adaptation - Adaptation

28.23 Verschiedene Rezeptoren adaptieren also verschieden schnell. Welches ist in Abb. 28-22A der am schnellsten adaptierende Rezeptor?

a

Die bisherigen Lernschritte dieser Lektion befaßten sich mit der Entstehung des Rezeptorpotentials, mit seiner Ausbreitung zum Axon und mit seiner Wirkung als Generator für Aktionspotentiale. Dabei wurde in 28.12 angedeutet, daß bei Erhöhung der Reizstärke auch das Rezeptorpotential zunimmt. In den folgenden Lernschritten soll der Zusammenhang zwischen Reizintensität und Rezeptorantwort quantitativ dargestellt werden.

28.24 In Abb. 28-24A sind drei verschieden große Rechteckreize mit den dadurch erzeugten Rezeptorpotentialen dargestellt (a-c). Die drei Rezeptorpotentiale haben gleiche Zeitverläufe, sie unterscheiden sich nur in ihrer .... Zwischen der Reizstärke und der Größe des Rezeptorpotentials besteht also ...... (eine / keine) Abhängigkeit.

Größe oder Amplitude (oder entsprechend) - eine

28.25 Die Amplitude der Rezeptorpotentiale in Abb. 28-24A kann man in einem festen Zeitpunkt messen, z.B. unmittelbar nach Reizbeginn, oder nach einer Sekunde. Diese Meßwerte, aufgetragen in Abhängigkeit vom Betrag der Längenänderung, d.h. in Abhängigkeit von der Reiz....... (-dauer / -stärke), ergibt den Zusammenhang in Abb. 28-24B.

-stärke

28.26 Im Beispiel der Abb. 28-24 ist der Zusammenhang zwischen Reizstärke S und Größe des Rezeptorpotentials R .... (linear / nicht linear), er wird durch die Gleichung R = k x S beschrieben (k ist ein Proportionalitätsfaktor). Berechnen und zeichnen Sie diesen Zusammenhang für k = 3o mV / mm im Bereich einer Längenänderung von o.o bis o.5 mm.

linear - Zeichnung identisch zu Abb. 28-24B

28.27 Der lineare Zusammenhang ist ein Sonderfall. Bei anderen Rezeptoren gilt eine nicht lineare Beziehung. Z.B. findet man beim Fotorezeptor des Facettenauges vom Pfeilschwanzkrebs (Limulus) eine logarithmische Abhängigkeit zwischen S und R:
R = k x .... S.
Die gestrichelt gezeichnete Kurve in Abb. 28-24B soll den charakteristischen Verlauf einer logarithmischen Beziehung zwischen S und R veranschaulichen.

log

28.28 Während die Größe des Rezeptorpotentials von der Reizstärke kontinuierlich abhängt, ist die Amplitude des ausgelösten Aktionspotentials von der Reizstärke und damit auch vom Rezeptorpotential unabhängig. Sobald das Rezeptorpotential, auch ...... genannt, die Schwelle des Axons überschreitet, wird ein Aktionspotential ausgelöst.

Generatorpotential

28.29 Es besteht demnach .... Abhängigkeit der Aktionspotentialamplitude von der Reizstärke. Vielmehr bewirkt zunehmende Reizstärke eine Erhöhung der .... (Frequenz / Dauer) der im Axon ausgelösten Aktionspotentiale.

keine - Frequenz

28.3o Dieser Sachverhalt ist in Abb. 28-3oA für den Streckrezeptor dargestellt. Es sind 3 verschieden starke Reize gezeichnet, darüber jeweils das Rezeptorpotential und die repetitiven Aktionspotentiale. Der Reiz links löst keine Aktionspotentiale aus, sein Rezeptorpotential ist ....

unterschwellig (oder entsprechend)

28.31 Bei größer werdender Reizintensität in Abb. 28-3oA nimmt das Rezeptorpotential und parallel dazu auch die Entladungs....... im Axon zu. Der Zusammenhang zwischen Reizstärke S und Entladungs........ F ist in Abb. 28-3oB für verschiedene Zeiten des Reizes (1., 2. und 3. Sekunde) graphisch aufgetragen.

-frequenz - -frequenz

28.32 Die Frequenz der Entladung hängt im Beispiel der Abb. 28-3oB (Streckrezeptor) zu jedem Zeitpunkt des Reizes .... (linear / logarithmisch) mit der Reizstärke zusammen. Da das ....potential eine Mindestgröße haben muß, um Aktionspotentiale auszulösen, setzt erst oberhalb der entsprechenden Reizstärke S_0 eine Entladung ein. S_0 wird als Reizschwelle des Rezeptors bezeichnet (Abb. 28-3oB).

linear - Generator- oder Rezeptor-

28.33 Die linearen Beziehungen zwischen F und S in Abb. 28-3oB oberhalb der .... S_0 werden quantitativ durch Ausdrücke der Form $F = k \times (\ldots\ldots - S_0)$ beschrieben. Der Faktor k ist die Steigung der Geraden in Abb. 28-3oB, er wird im Verlaufe des Reizes .... (kleiner / größer); dies wird durch die ...... (Adaptation / Schwelle) des Rezeptors bewirkt.

Schwelle oder Reizschwelle - S - kleiner - Adaptation

28.34 Der Zusammenhang zwischen Reizintensität S und Entladungsfrequenz F wird allgemein als I n t e n s i t ä t s f u n k t i o n oder als Kennlinie des Rezeptors bezeichnet. Für die meisten Rezeptoren hat sich gezeigt, daß die Intensitätsfunktion durch einen Zusammenhang der Form $F = k \times (S - S_0)^n$ beschrieben wird. Der Exponent n ist eine für jeden Rezeptor charakteristische Konstante.

28.35 Ein Ausdruck wie $F = k \times (S - S_0)^n$, bei dem S variabel und der .... n konstant ist, wird P o t e n z f u n k t i o n genannt: die Reizintensität S, vermindert um die .... S_0, wird zur n-ten Potenz erhoben. Bei $n < 1$ und $n > 1$ ist die Potenzfunktion nach oben bzw. nach unten gekrümmt (Abb. 28-35). Für

$n = 1$ ergibt sich die schon bekannte .... (exponentielle / lineare / logarithmische) Kennlinie.

Exponent - Reizschwelle - lineare

28.36 Der experimentell ermittelte Zusammenhang zwischen Reizintensität S und Entladungsfrequenz F eines Rezeptors läßt sich durch eine ....funktion der Form F = ... beschreiben. Für die meisten bisher untersuchten Rezeptoren gelten ......funktionen, deren Exponenten n zwischen o.5 und 1.o liegen. Skizzieren Sie diese Kurvenform!

Potenz- - $F = k \times (S - S_0)^n$ - Potenz- - Kurven für $n = 1$ und $n < 1$ in Abb. 28-35

Ob eine experimentell ermittelte Rezeptorkennlinie sich durch eine Potenzfunktion darstellen läßt, wird im Einzelfall durch Eintragen der gemessenen Werte der Reizstärke / Entladungsfrequenz-Beziehung in ein Koordinatensystem mit logarithmischen Skalen getestet. Jede Potenzfunktion wird in einem solchen Koordinatensystem nämlich zu einer Geraden, denn Logarithmierung der Funktion ergibt:

$$\log F = \log k + n \times \log S$$

Dies ist die Gleichung einer Geraden mit der Steigung n. Falls die Meßwerte im doppelt logarithmischen Koordinatensystem also durch eine Gerade angenähert werden können, liegt eine Potenzfunktion vor. Der Exponent n läßt sich direkt als die Steigung dieser Geraden bestimmen.

Aufgabe: Man zeichne die Potenzfunktion $y = x^n$ für die Exponenten $n = 1$, $n = 2$, $n = o.5$, und zwar sowohl in einem linearen als auch in einem doppelt logarithmischen Koordinatensystem. (Merke: $x^{o.5} =$).

Potenzfunktionen spielen heute in der Psychophysik eine dominierende Rolle zur Beschreibung des Zusammenhangs zwischen Reiz und subjektiver Empfindung. Auf dieser Basis lassen sich objektive neurophysiologische Befunde mit subjektiven Empfindungen vergleichen.

Bitte überprüfen Sie Ihr neu erworbenes Wissen:

28.37 Der Reiz, auf den ein Rezeptor optimal anspricht, nennt man den .... Reiz. In welche 4 Gruppen lassen sich die Rezeptoren nach ihrem .... Reiz einteilen?

adäquaten - adäquaten - Mechano-, Thermo-, Chemo-, Foto-Rezeptoren (in beliebiger Reihenfolge)

28.38 Skizzieren und benennen Sie die wesentlichen Teile einer zur Reiztransformation spezialisierten Nervenzelle. Stellen Sie in örtlichem Bezug zu dieser Skizze die elektrophysiologisch ableitbaren Vorgänge bei Reizeinwirkung dar.

Schematisierte Skizze entsprechend Abb. 28-7

28.39 Das Rezeptorpotential

a) ist eine Alles-oder Nichts-Antwort einer Rezeptorzelle, die erst bei Reizen oberhalb einer Reizschwelle entsteht
b) ist eine Depolarisation der rezeptiven Membran, deren Amplitude umso größer ist, je höher die Reizstärke ist
c) breitet sich elektrotonisch zur Axonmembran aus und wirkt dort als Generator für fortgeleitete Aktionspotentiale
d) entsteht durch Leitwerterhöhung spezifisch für H^+-Ionen
e) steigt bei konstantem Reiz langsam an und dauert gleich lang wie der Reiz

Mehrere Antworten sind richtig!

b, c

28.4o Die Entladungsfrequenz im afferenten Axon vieler Rezeptoren

a) nimmt zu bei wachsender Reizintensität oder -Stärke
b) nimmt zu im Verlauf eines Reizes konstanter Intensität

c) nimmt ab im Verlauf eines Reizes konstanter Intensität
d) ist Null bei unterschwelliger Reizstärke
e) hängt nicht von der Größe des Rezeptorpotentials ab

Mehrere Antworten sind richtig!

a, c, d

28.41 Bei vielen Rezeptoren beschreibt eine Potenzfunktion
a) den Zeitverlauf der Adaptation
b) den Zeitverlauf des Rezeptorpotentials bei zunehmender Reizstärke
c) den Zusammenhang zwischen der Entladungsfrequenz F und dem Betrag der Reizintensität, der die Reizschwelle S_0 überschreitet
d) den Zusammenhang zwischen dem Betrag der Leitwerterhöhung an der rezeptiven Membran und der Größe des Rezeptorpotentials

c

Lektion 29 Afferente Nerven und ihre Verschaltung, aufsteigende Bahnen

Die bei Reizung in den Rezeptoren entstehenden Nervenimpulsfolgen werden über die afferenten Axone zum ZNS geleitet. Der Weg und die Eigenschaften dieser afferenten Nervenfasern zum Rückenmark und Mittelhirn, ihre Verschaltung in weiterführende Bahnen zu den höheren Abschnitten des ZNS werden beschrieben. Dabei wird auf die Gesetzmässigkeit der Zuordnung verschiedener Körperbereiche zu den einzelnen Rückenmarksegmenten eingegangen.

Lernziele: Wissen, daß die afferenten Nerven über die Hinterwurzeln in das Rückenmark und über die Gehirnnerven in den Hirnstamm eintreten. Schematisch die benachbarten Versorgungsgebiete zweier afferenter Hautnerven zeichnen, ebenso die der Hinterwurzeln zweier benachbarter Segmente. Zeichnen eines Rückenmarksquerschnittes (Halsmark) mit Angabe der Lage von Hinterstrang, Vorderseitenstrang und Kleinhirnbahn. Einzeichnen der typischen Verbindung mit den afferenten Fasern. Wissen, mit welchen Rezeptorklassen die verschiedenen Bahnen in Verbindung stehen. Herleiten können, welche sensorischen Ausfälle auftreten bei Unterbrechung a) eines Hautnerven, b) einer Hinterwurzel, c) des Vorderseitenstranges, d) des Hinterstranges.

29.1 Sie haben das Pech, sich mit einem Messer seitlich in ein Fingergrundglied bis auf den Knochen zu schneiden. Sehr bald werden Sie bemerken, daß Hautreize peripher von der Schnittstelle nicht mehr wahrgenommen werden. Warum?

Nerv durchschnitten

29.2 Bei der Verletzung wurde also ein ......nerv durchtrennt, in dem die afferenten Axone aller in der Haut liegenden Rezeptoren gebündelt sind. Der Hautbereich, der die Ausfälle zeigt, ist relativ scharf umgrenzt, er wird Versorgungs- oder Innervationsgebiet des betreffenden Nerven genannt.

Haut-

29.3 Bei Durchtrennung eines Hautnerven finden wir also stets einen relativ räumlich scharf begrenzten Ausfallbereich des zugehörigen Versorgungs- bzw. ....gebietes. Wie aus Abb. 29-3A ersichtlich, ist dies durch die geringe Überlappung der ....-gebiete benachbarter Hautnerven bedingt.

Innervations- - Versorgungs- oder Innervations-

29.4 Sie erinnern sich, daß in einem Hautnerven neben den somatischen Afferenzen auch noch .... (Muskelafferenzen / vegetative Efferenzen) enthalten sind (3.16). An Ihrem verletzten Finger werden Sie nämlich sehr bald feststellen, daß die Haut trocken und spröde wird, die Innervation der Schweißdrüsen durch die .... fehlt.

vegetative Efferenzen - vegetativen Efferenzen

29.5 Alle afferenten Fasern (somatische und viscerale) treten über die ....wurzeln in das Rückenmark ein (siehe 4.7, Abb. 4-7). Die efferenten Fasern verlassen das Rückenmark über die ....-wurzeln. Beide Wurzeln vereinigen sich zum Spinalnerven (Abb. 4-7), der den Vertebralkanal zwischen den Wirbelkörpern verläßt. Von jedem Rückenmarksegment gehen zwei Spinalnerven aus, je einer für die rechte und linke Körperhälfte.

Hinter- - Vorder-

29.6 Ein Spinalnerv ist eine Bündelung von Haut-, Muskel-, Gelenk- und Eingeweide-Nervenfasern (Afferenzen und Efferenzen). Bei Durchtrennung der Hinterwurzeln werden die .... (efferenten / afferenten / alle) Fasern dieser 4 Nervenklassen unterbrochen.

afferenten

29.7 Welches sind demnach die Organe, in denen sensorische Ausfälle bei Hinterwurzeldurchtrennung auftreten .... ? Es treten aber auch motorische Störungen auf (schlaffe Lähmung), weil der Dehnungsreflexbogen (Lektion 17) auf der .... (afferenten / efferenten) Seite unterbrochen wird.

Haut, Muskel, Eingeweide, Gelenke (in beliebiger Reihenfolge) - afferenten

29.8 In jeder Hinterwurzel sind also ein Hautbezirk, ein Muskelbezirk und ein Eingeweidebezirk afferent vertreten. Die Nervenfasern aus jedem der 3 Organe werden auf dem Wege zum Rückenmark neu gebündelt, wie in Abb. 29-3B angedeutet ist: jeder periphere Nerv enthält Fasern, die aus mehreren benachbarten Spinalnerven kommen, und umgekehrt gehen über jeden Spinalnerv Fasern zu verschiedenen peripheren Nerven.

29.9 Infolge dieser Umbündelung der Nervenfasern ist das Innervationsgebiet eines Spinalnerven .... (schärfer / weniger scharf) begrenzt wie das eines peripheren Nerven, die Innervationsgebiete benachbarter Spinalnerven überlappen .... (weniger / mehr) als die benachbarter peripherer Nerven (Abb. 29-3C).

weniger scharf - mehr

29.1o Während wir bei Durchtrennung eines Nerven weit peripher also einen .... sensorischen Ausfall in dem von ihm versorgten Organ finden (entweder Haut, oder Muskel, oder Gelenk, oder Eingeweide), bewirkt Durchtrennung einer Hinterwurzel oder eines Spinalnerven mehr eine V e r d ü n n u n g d e r   I n n e r v a t i o n gleichzeitig in allen 3 Organen. Formulieren Sie in eigenen Worten warum dies so ist (sollten Sie Mühe bei der Beantwortung dieser Frage haben, so betrachten Sie bitte nochmals Abb. 29-3B, und wiederholen ab Lernschritt 29.5).

scharf begrenzten - weil jeder periphere Nerv in allen Organen Anteile aus mehreren Spinalnerven enthält (oder entsprechend)

29.11 Das Innervationsgebiet eines Spinalnerven in der Haut wird D e r m a t o m genannt. Wegen der in 29.8 und 29.9, sowie in Abb. 29-3B geschilderten Zusammenhänge zeigen benachbarte Dermatome eine .... (starke / geringe) Überlappung (Abb. 29-3C).

starke

29.12 Die Innervationsgebiete der Spinalnerven in der Haut, genannt ...., sind auf der Körperoberfläche in der gleichen Reihenfolge angeordnet, wie die entsprechenden Rückenmarksegmente. Z.B. kommt die Innervation der Beckengegend aus Rückenmarksegmenten, die vom Gehirn .... (weiter / weniger weit) entfernt sind, als die Segmente, die die Schulter innervieren.

Dermatome - weiter

29.13 Entsprechend dieser Zuordnung der Körperoberfläche zu Bereichen des Rückenmarks wird letzteres eingeteilt in die 4 Hauptabschnitte (Abb. 29-13): Halsmark, Brustmark, Lendenmark, Kreuzmark. Die ungefähren Grenzen der zugehörigen Dermatome sind in Abb. 29-13 eingezeichnet.

Die Zuordnung von Rückenmarksegmenten zu bestimmten Gebieten von Haut, Muskulatur, Gelenken und Eingeweiden ist aus der embryonalen Entwicklung der Wirbeltiere zu verstehen. Im embryonalen Frühstadium ist zuerst die Spezialisierung des Nervensystems erkennbar, während die übrigen Körperzellen zunächst noch nicht differenziert sind; die einzelnen Organe entwickeln sich erst später. In diesem Stadium ist jedoch bereits die Gliederung in Segmente erkennbar. Jedes der 31 Rückenmarksegmente ist dabei den benachbarten, noch nicht differenzierten Körperzellen, zugeordnet. Die Zuordnung der Ursegmente bleibt bei der Fortentwicklung erhalten. Das Wachstum der Nervenzellen ist in einem früheren Stadium abgeschlossen als das des übrigen Körpergewebes, sodaß die enge Nachbarschaft der Rückenmarksegmente und der jeweils innervierten Organe meistens verloren geht. Wegen dieser unterschiedlichen Wachstumsphasen ist z.B. auch das Rückenmark erheblich kürzer als die Wirbelsäule. Die Spinalnerven der unteren Körperhälfte verlaufen deshalb zuerst im Wirbelkanal, wo sie beim jeweils zugeordneten Wirbelkörper austreten.

In den folgenden Lernschritten werden die funktionellen Verbindungen der afferenten Nerven im Rückenmark erläutert.

29.14 Die über die Hinterwurzeln in das Rückenmark eintretenden Afferenzen teilen sich in mehr oder weniger zahlreiche Äste auf; diese Verzweigungen, Kollaterale genannt, bilden zum größten Teil synaptische Kontakte mit Neuronen, die in der .... (grauen / weißen) Substanz des Rückenmarks liegen.

grauen

29.15 Dabei steht jedes Neuron mit mehreren afferenten Fasern in Verbindung, und umgekehrt bildet jede afferente Faser mit mehreren Neuronen Synapsen; dieses Schaltprinzip wird als .... / .... bezeichnet (16.1 - 16.6).

Konvergenz / Divergenz

29.16 Dem Konvergenz / Divergenz-Prinzip sind bestimmte Schaltungsgesetzmässigkeiten überlagert. Beispiele dafür sind in den Kapiteln D und F eingeführt worden: Dehnungs- oder Eigenreflex der Afferenzen eines Muskels (Lektion 17); wechselseitige Hemmung der Dehnungsreflexe antagonistischer Muskeln (Lektion 16 und 23); Fremdreflex von Haut- und Eingeweideafferenzen auf Motoneurone (Lektion 18).

29.17 Diese Gesetzmässigkeiten bedeuten eine segmentale Verarbeitung, auch Integration genannt, von sensorischen Impulsen aus Haut, Muskeln, Gelenken und Eingeweiden. Die segmentale Integration geschieht .... (innerhalb / außerhalb) des Bewußtseins (z.B. Wechselspiel Agonist / Antagonist beim Gehen).

außerhalb

29.18 Im unteren Teil der Abb. 29-18 ist ein Querschnitt durch ein Rückenmarksegment gezeigt, in den über die ....wurzel afferente Fasern eintreten. Eine dieser Fasern bildet eine Synapse auf ein Motoneuron, dessen Axon über die ....wurzel (A) das Rückenmark verläßt. Diese Verbindung soll summarisch die segmentale Verschaltung sensorischer Fasern zu motorischen Reflexen symbolisieren.

Hinter- - Vorder-

29.19 Die Hinterwurzelfasern der Abb. 29-18 stehen mit zwei Neuronen in synaptischer Verbindung, deren Axone in die ...... (graue / weiße) Substanz eintreten und das Segment verlassen. Eine der afferenten Fasern entsendet direkt eine Kollaterale in die .... Substanz.

weiße - weiße

29.2o In den 3 hervorgehobenen Bereichen der weißen Substanz (Abb.

29-18) verlaufen Axone zum Gehirn. Diese langen Axone bilden die aufsteigenden Bahnen, die die sensorische Information zu den Abschnitten des ZNS weiterleiten, die sich an das Rückenmark anschliessen (supraspinale Anteile des ZNS).

29.21 Welche von diesen aufsteigenden Bahnen sind synaptisch umgeschaltet? Welche nicht? Eine aufsteigende Bahn, auch Strang oder Trakt genannt, verläuft gebündelt in der .... (grauen / weißen) Substanz zum ....

B, D in Abb. 29-18 - C in Abb. 29-18 - weißen - Gehirn

29.22 Die beiden umgeschalteten Bahnen, B und D in Abb. 29-18, heissen: Vorderseitenstrang (B) und Kleinhirnbahn (D). Der Hinterstrang (C) enthält Kollaterale der afferenten Fasern, die .... (mono- / poly- / nicht) synaptisch umgeschaltet sind.

nicht

29.23 Jede afferente Faser kann mit mehreren aufsteigenden Bahnen und zusätzlich auch segmental mit der motorischen Efferenz in Verbindung stehen: Prinzip der .... (Divergenz / Rückkoppelung). Im Extremfall kann eine Faser gleichzeitig alle Verbindungen A-D in Abb. 29-18 eingehen.

Divergenz

29.24 Direkte Kollaterale der dicken myelinisierten Afferenzen von Muskel, Haut und Gelenken treten in den .... ein, das sind also Kollaterale von Fasern der Gruppen I und II (siehe Tabelle 11-33). Zwischen die peripheren Nerven und die Axone im .... sind keine Synapsen eingeschaltet.

Hinterstrang - Hinterstrang

29.25 In den Hinterstrangfasern werden die Impulse der niedrigschwelligen Mechanorezeptoren aus ...., ... und .... geleitet. Über diese erhält das Gehirn z.B. Meldungen über Berührung der Haut und Stellung der Gelenke (Lagesinn).

Muskeln - Haut - Gelenken (in beliebiger Reihenfolge)

29.26 Bei Hinterstrangunterbrechungen können Berührungsreize nicht mehr räumlich unterschieden werden. Ein so geschädigter Mensch kann z.B. bei geschlossenen Augen weder Gegenstände durch Betasten noch auf die Haut geschriebene Zahlen erkennen.

Im Sinne der Eigeninitiative wäre es nett, wenn Sie beide Fähigkeiten bei einem Bekannten prüfen würden: bei geschlossenen Augen verschiedene Gegenstände a) betasten lassen, b) auf die ausgestreckte Hand, c) auf den Oberarm legen, d) Zahlen mit einem nicht zu spitzen Gegenstand auf verschiedene Stellen der Körperoberfläche schreiben, e) beide Enden eines stumpfen Zirkels gleichzeitig auf die Haut aufsetzen und den minimalen Abstand der Zirkelspitzen ermitteln, bei dem die Versuchsperson den Reiz als 2-Punkt-Reiz erkennt (2-Punkt-Schwelle). Dieses so geprüfte räumliche Diskriminierungsvermögen hängt unter anderem von der Innervationsdichte ab, d.h. von der Zahl der Mechanorezeptoren pro cm^2. Sie werden feststellen, daß im Bereich der Hand (speziell Fingerbeere) die Diskriminierfähigkeit besonders ausgeprägt ist, auf der Rückenhaut dagegen ist die 2-Punkt-Schwelle (Tastzirkel) etwa 1o cm.

29.27 Der Vorderseitenstrang, der auf den Gegenseite des Rückenmarks, also gekreuzt, aufsteigt, erhält afferente Impulse vorwiegend aus hochschwelligen Rezeptoren (grobe Berührungen, Schmerz) und aus Thermorezeptoren. Bei anders nicht zu beherrschenden Schmerzen eines Patienten kann gezielte Durchschneidung des Stranges Linderung verschaffen.

29.28 Schmerz- und Temperaturempfindung fallen also bei Durchschneidung des .... aus. Auf welcher Seite des Körpers und von welcher Höhe an .... (zehenwärts / kopfwärts) tritt dieser Ausfall auf, wenn die Durchschneidung in Höhe des Brustmarks rechts vorgenommen wird?

Vorderseitenstranges - linksseitig etwa von Gürtellinie aus zehenwärts

29.29 Bei unterbrochenem Vorderseitenstrang fehlt die Wahrnehmung für .... und .... Die mit solchen Reizen verbundene Berührung wird dagegen über den intakten Hinterstrang gemeldet. In diesem Fall spricht man von "dissoziierter Empfindungsstörung".

Schmerz - Temperatur (in beliebiger Reihenfolge)

29.3o Die Berührungsempfindung fällt aus bei Schädigung des .... Zerstörung des Vorderseitenstranges bedingt eine Unterbrechung der .... und ....-empfindung, wir erhalten dann das Bild der ....-störung.

Hinterstranges - Schmerz- - Temperatur- - dissoziierten Empfindungs-

29.31 Die Kleinhirnbahn, deren Axone zum großen Teil die Mittellinie des Rückenmarkes .... (gekreuzt / nicht gekreuzt) haben, überträgt Informationen vorwiegend aus Mechanorezeptoren von Haut, Muskeln und Gelenken zum Kleinhirn.

nicht gekreuzt

29.32 Das Kleinhirn regelt mit diesen sensorischen Zuflüssen aus

........., ... und .... die Koordination der bei einer Willkürbewegung beteiligten Muskelgruppen. Dieser Vorgang wird nicht bewußt wahrgenommen (siehe Lektionen 25 - 27).

Haut, Muskeln und Gelenken (in beliebiger Reihenfolge)

29.33 Innerhalb der aufsteigenden Bahnen bleiben die aus einem bestimmten Segment kommenden Axone benachbart. Dadurch entsteht die in Abb. 29-33 gezeigte Schichtung der Bahnen. Aus welchem Bereich des Rückenmarks stammt dieser Querschnitt?

Halsmark (im Brust- und Lendenmark gibt es noch keine Halsmarkanteile)

29.34 Die beim Aufsteigen im Rückenmark neu hinzukommenden Axone legen sich immer von der Seite der grauen Substanz her an die bereits vorhandene Bahn an. Bei einer nur oberflächlichen Schädigung des Vorderseitenstranges im Bereich der Halswirbelsäule sind zuerst Ausfälle in der .... (unteren / oberen Körperhälfte zu erwarten.

unteren

Die Afferenzen der Kopfregion, also die Nerven von Auge, Innenohr und aus der Gesichtshaut, sowie die Geschmacksnerven, treten direkt in den Hirnstamm ein (Hirnstamm: der zwischen Rückenmark und Großhirn gelegene Bereich des ZNS, siehe Abb. 26-1).

29.35 Die afferenten Fasern aus der Gesichtshaut und aus den Zähnen treten über den Trigeminusnerv in .... (das Rückenmark / den Hirnstamm) ein (s. Abb. 29-13). Auch diese Afferenzen sind mit Bahnen verbunden, die zum Großhirn aufsteigen.

den Hirnstamm

29.36 Zahnschmerzen werden dem ZNS also über den .....-Nerven übermittelt, der in den .... eintritt. Jedoch auch angenehmere Empfindungen, wie sie z.B. bei Wärme- und Berührungsreizen der Lippen auftreten, sind afferenten Aktionspotentialen im .....-Nerven zuzuschreiben.

Trigeminus - Hirnstamm - Trigeminus

Die sensorischen Impulse werden also einerseits im Rückenmark auf segmentaler Ebene zu motorischen Efferenzen verarbeitet, andererseits werden sie über die langen aufsteigenden Bahnen zum Gehirn geleitet. Bei der Weiterleitung in den aufsteigenden Bahnen bleibt die Information über die peripheren Reize erhalten. Z.B. wird die Zunahme der Intensität eines Reizes auf die Haut auch hier zu einer Erhöhung der mittleren Entladungsfrequenz führen, ganz entsprechend den Verhältnissen in den Rezeptoren (Lektion 28). Bei der synaptischen Umschaltung der afferenten Fasern auf die Neurone der grauen Substanz werden die in der Lektion 16 eingeführten Vorgänge wirksam, z.B. zeitliche und räumliche Bahnung, Hemmung. Dadurch können die eingehenden Impulsfolgen in vielfältiger Weise modifiziert werden.

Bitte überprüfen Sie Ihr neu erworbenes Wissen!

29.37 Zeichnen Sie bitte einen Querschnitt durch das Rückenmark mit Darstellung der afferenten Fasern, ihrer Verschaltung zu segmentalen Efferenzen und aufsteigenden Bahnen. Benützen Sie dazu die Vorlage in Abb. 29-37.

entsprechend Abb. 29-18

29.38 Die Durchschneidung eines Hautnerven weit peripher verursacht:
a) alleinigen Ausfall von Temperatur- und Schmerzempfindung

b) trockene Haut im ausgefallenen Innervationsgebiet infolge denervierter Schweißdrüsen
c) schlaffe Lähmung infolge Unterbrechung des Fremdreflexbogens
d) Ausfall hoch- und niedrigschwelliger Mechano- und Thermorezeptoren

b, d

29.39 Welche Nervenfasern sind unterbrochen bei Zerstörung
a) eines Spinalnerven
b) einer Hinterwurzel

Unterbrechung a) der Afferenzen und Efferenzen - b) nur der Afferenzen aller von einem Segment aus innervierten Organe

29.4o Bei einer Querschnittsverletzung ist die linke Hälfte des Brustmarks völlig durchtrennt. Welche der folgenden Erscheinungen werden beobachtet?
a) Lähmung des linken Beines durch Unterbrechung der Pyramidenbahn
b) Temperatur- und Schmerzempfindung auf der linken Körperseite erloschen
c) Temperatur- und Schmerzempfindung in der rechten Gesäßhälfte erloschen
d) Auf den Rücken des rechten Fußes geschriebene Zahlen werden erkannt
e) Leichte Berührung des linken Beines kann nicht genau lokalisiert werden

a, c, d, e

Lektion 30 Die thalamo-corticale Projektion sensorischer Impulse

In den vorausgegangenen Lektionen wurde vorwiegend die Verarbeitung sensorischer Impulse im Rückenmark und in den Teilen des Gehirns erörtert, die maßgebend die Motorik bestimmen. Diese Leistungen des ZNS laufen weitgehend außerhalb des Bewußtseins ab. Jetzt sollen vor allem die Funktionen des ZNS dargestellt werden, die zu einer bewußten Wahrnehmung von Reizen führen können. Es wird gezeigt, wie die Information aus der Körperperipherie über die aufsteigenden Bahnen ins Zwischenhirn zum Thalamus gelangen und von dort zur sensorischen Hirnrinde.

Lernziele: Schematische Zeichnung des Gehirns mit Angabe von: Großhirn, Balken, Zwischenhirn, Mittelhirn, Brückenhirn, verlängertes Mark, Kleinhirn, Rückenmark. Wissen, daß der Vorderseitenstrang und der Hinterstrang zum Thalamus ziehen, der eine zentrale Schaltstation für alle afferenten Systeme (außer Geruch) ist. Wissen, daß Thalamus-Efferenzen zur Großhirnrinde (Cortex) ziehen, wobei alle sensorischen Bezirke der Peripherie je nach ihrer Wichtigkeit verschieden großen Regionen des Cortex zugeordnet sind (Projektionsfelder, somatotopische Organisation); insbesondere, daß die Körperoberfläche im Gyrus postcentralis repräsentiert ist. Darstellen, daß die somatotopische Zuordnung mit folgenden Methoden bestimmt wird: a) evozierte Potentiale des Cortex bei peripherer Reizung, b) lokale Reizung des sensorischen Cortex, c) Setzung von umschriebenen Läsionen. Herleiten können, welche sensorischen Störungen bei umschriebenen Cortexverletzungen auftreten. Wissen, daß der sensorische Zustrom in nachgeschalteten Cortexbereichen (Assoziationsfeldern) weiter verarbeitet wird. Dies am Beispiel der Agnosie bei Ausfall eines Assoziationsfeldes erläutern.

3o.1 In Abb. 3o-1 sind alle Anteile des ZNS nochmals zusammengestellt. Kennengelernt haben Sie bereits in den Abb. 25-9 und 26-1 das Kleinhirn, sowie die Anteile des Hirnstammes: verlängertes Mark, Brückenhirn, Mittelhirn. Der Teil des ZNS, der zwischen Hirnstamm und Großhirn liegt, wird als Zwischenhirn bezeichnet. Der rot umrandete Bezirk des Zwischenhirns heißt T h a l a m u s.

3o.2 Tragen Sie jetzt in die Umrißzeichnung der Abb. 3o-2 die ungefähren Grenzen sowie die Bezeichnungen der ZNS-Einteilung ein (1= ...., 2= ...., usw). Nun versuchen Sie bitte auf einem Extrablatt selbständig das ZNS mit Unterteilung zu skizzieren und zu benennen.

Abb. 3o-1 1=Rückenmark, 2=Verlängertes Mark, 3=Brückenhirn, 4=Mittelhirn, 5=Zwischenhirn, 6=Großhirn, 7=Kleinhirn - Abb. 3o-1

3o.3 Die Aktivität aus allen afferenten Fasern mit Ausnahme des Riechnerven gelangt zum Thalamus (Abb. 3o-3), einer Anhäufung von Ganglien im .... In Abb. 3o-1 ist der Bereich des Thalamus rot umrandet. Die über das Rückenmark kommenden Afferenzen durchlaufen dabei folgende Hirnteile: ...., ... und ....

Zwischenhirn - verlängertes Mark - Brückenhirn - Mittelhirn

3o.4 Wie heißen die 3 aufsteigenden Bahnen des Rückenmarks .... (siehe Abb. 29-18)? Welche zieht zum Kleinhirn .... ? Mit welchen Reizarten bzw. Sinnesempfindungen sind die beiden anderen Bahnen verknüpft .... ? Welche von beiden Bahnen verläuft im Rückenmark gekreuzt, welche ungekreuzt .... ?

Kleinhirnbahn zum Kleinhirn - Vorderseitenstrang gekreuzt: Temperatur und Schmerz - Hinterstrang ungekreuzt: niedrigschwellige mechanische Reize

3o.5 Die Kollaterale der peripheren Nerven, die im Hinterstrang aufsteigen, werden im verlängerten Mark synaptisch umgeschaltet. (Hinterstrangkerne, siehe Abb. 3o-3). Die postsynaptischen Axone kreuzen zur Gegenseite und verlaufen jetzt parallel zum ....strang.

Vorderseiten-

3o.6 Auch der Trigeminusnerv (siehe Abb. 3o-3 und Lernschritte 29.35 und 29.36), der die somatischen Afferenzen des .... enthält, wird im Brückenhirn auf eine Bahn umgeschaltet, die ebenfalls die Mittelebene des Hirnstammes kreuzt und zum .... läuft.

vorderen Kopfes bzw. des Gesichtes - Thalamus

3o.7 Die zum Thalamus führenden Axone sind zu Strängen gebündelt (29.19 ff). Sie bilden synaptische Verbindungen mit Neuronen, die in umschriebenen Teilen des Thalamus liegen, den sogenannten spezifischen Kernen. Da alle afferenten Bahnen im Rückenmark, bzw. im Hirnstamm zur Gegenseite kreuzen, stehen z.B. die spezifischen Kerne der linken Hälfte in Verbindung mit der .... Körperseite und umgekehrt.

rechten

3o.8 Ein Experiment zur Bestimmung der Projektion der Körperoberfläche auf einzelne Thalamusneurone ist in Abb. 3o-8A gezeigt (Frontalschnitt durch das Gehirn von hinten gesehen). Eine Mikroelektrode zur Potentialableitung von einzelnen Zellen wird von oben bis in den (in der Abbildung rot gezeichnet) .... vorgeschoben.

Thalamus

3o.9 Da Hinterstrang (nach Umschaltung) und Vorderseitenstrang im schraffierten Bereich des Thalamus enden, kann man hier bei mechanischer Reizung der Haut Aktionspotentiale von einzelnen Neuronen ableiten (siehe Abb. 3o-8A oben). Eine einzelne Mikroelektrodenspur durch diesen Bereich ist in Abb. 3o-8A besonders hervorgehoben.

3o.1o Diese Mikroelektrodenspur ist in Abb. 3o-8B maßstäblich vergrössert gezeichnet. Jeder auf der Skala dargestellte Punkt stellt ein von der Mikroelektrode getroffenes .... in der rechtseitigen Thalamushälfte dar. Jedes einzelne .... konnte mit leichten mechanischen Reizen jeweils nur aus dem in die .... (linke / rechte) Vorderextremität des Versuchstieres (Katze) eingezeichneten Bezirk aktiviert werden.

Neuron - Neuron - linke

3o.11 Ein Thalamusneuron wird im allgemeinen durch mehrere benachbarte periphere Rezeptoren aktiviert, entsprechend der .... (Divergenz / Konvergenz) mehrerer afferenter Fasern bei allen durchlaufenen synaptischen Umschaltungen. Diese benachbarten Rezeptoren bilden das r e z e p t i v e F e l d des Thalamusneurons.

Konvergenz

3o.12 Die gestrichelt umrandeten Bezirke in Abb. 3o-8B sind also die .... einzelner Thalamusneurone. Welche Beziehung zwischen durchschnittlicher Größe und Lage der .... auf der Vorderextremität fällt Ihnen auf?

rezeptiven Felder - rezeptiven Felder - umso kleiner, je weiter zehenwärts (oder entsprechend)

3o.13 Die Thalamusneurone, die dem Vorderfuß, beim Menschen der Hand, zugeordnet sind, haben .... (kleine / große) rezeptive Felder. Hierdurch wird eine große räumliche Auflösung für mechanische Reize erreicht. Z.B. ist der Mensch in der Lage, durch Betasten mit den Fingern Unterschiede in der Oberflächenrauhigkeit von Papier zu erkennen, die mit den Augen nicht wahrgenommen werden können.

kleine

3o.14 In Abb. 3o-8B fällt auf, daß im schraffiert gezeichneten Thalamusgebiet benachbarte Zellen auch benachbarte rezeptive Felder auf der Haut haben. Diese geordnete Abbildung der Peripherie auf bestimmte Bereiche des ZNS wird als s o m a t o t o p i s c h e Gliederung bezeichnet. Diese somatotopische Gliederung im Thalamus ist mitbedingt durch die Schichtung der aufsteigenden Bahnen in die Bündel aus den einzelnen Rückenmarksabschnitten.

3o.15 Die in Abb. 3o-8 nicht schraffierten Thalamusbereiche werden zum Teil ausgefüllt von Ganglien, auf die jeweils die Afferenzen anderer Sinnesorgane projizieren (z.B. Auge, Innenohr). Ganglien, auch Kerne oder Kerngebiete genannt, die ihren afferenten Einstrom selektiv aus einem bestimmten Sinnesorgan erhalten, nennt man s p e z i f i s c h e K e r n e.

3o.16 Außer diesen nur von einem Sinnesorgan erregten Kernen, den ...., findet man auch Gebiete mit Neuronen, auf die Afferenzen aus mehreren verschiedenen Sinnesorganen konvergieren (z.B. Auge + Gleichgewichtsorgan + Haut). Sie heißen un........... Kerngebiete.

spezifischen Kernen - unspezifische

3o.17 Zum Thalamus laufen Afferenzen aus allen Sinnesorganen (außer Geruch) und werden hier umgeschaltet. Die efferenten Axone aus den spezifischen Thalamuskernen ziehen zu bestimmten Bereichen der Großhirnrinde. Den Thalamus kann man daher als zentrale Schaltstation für alle afferenten Systeme auf dem Weg zum Cortex ansehen.

3o.18 Die Neurone im spezifischen Thalamuskern für die Körperoberfläche entsenden Axone zum Gyrus postcentralis (Abb. 3o-3, Abb. 3o-18) derselben Gehirnseite. Diese Cortexregion liegt unmittelbar .... (hinter / vor) der zentralen Furche (Sulcus centralis) die als tiefer Einschnitt .... (längs / quer) über den ganzen Cortex verläuft.

hinter - quer

3o.19 Die Neurone im Gyrus postcentralis erhalten Afferenzen aus der Körperperipherie, die in den .... (spezifischen / unspezifischen) Thalamuskernen umgeschaltet werden. Man bezeichnet die Cortexregion des Gyrus postcentralis als sensorischen Cortex der Körperperipherie, oder, gleichbedeutend, als somatosensorischen Cortex.

spezifischen

3o.2o Die Afferenzen der Körperperipherie über den spezifischen Thalamus enden im .... Cortex auf dem Gyrus .... Auch aus den Sinnesorganen Auge und Ohr ziehen Afferenzen nach Umschaltung in den entsprechenden spezifischen Thalamuskernen zu bestimmten Cortexbereichen, deren Lage in Abb. 3o-18 ebenfalls eingezeichnet ist. Diese Bereiche heißen .... Cortex von Auge bzw. Ohr.

somatosensorischen - postcentralis - sensorischer

3o.21 Zwischen Körperperipherie und somatosensorischem Cortex der .... (selben / Gegen-)Seite besteht eine geordnete räumliche Zuordnung, genannt .... (sensorische / somatotopische) Projektion. Eine entsprechende Zuordnung haben Sie schon in den spezifischen Kernen des .... kennengelernt (3o.14).

Gegen- - somatotopische - Thalamus

3o.22 In Abb. 3o-18 ist diese .... Projektion der Körperperipherie durch die entsprechende Beschriftung angegeben. Diese Zuordnung ist ganz ähnlich der des motorischen Cortex zur Muskulatur der Körperperipherie (25.15, 25.16, Abb. 25-9).

somatotopische

3o.23 In Abb. 3o-18 ist angedeutet, daß der Hand und dem Gesicht Cortexflächen zugeordnet sind, die jeweils etwa gleich groß sind wie das Projektionsgebiet von Rumpf und Bein zusammen. Dies ist eine allgemeine Gesetzmässigkeit: Organe mit besonders hoher Rezeptorendichte (z.B. Finger, Lippen) projizieren auf entsprechend .... (große / kleine) Neuronenpopulationen im ...... Cortex.

große - somatosensorischen

3o.24 Tierexperimentell wird die somatotopische Zuordnung, also die Projektion der Körperperipherie auf den sensorischen Cortex, nach der Methode der ausgelösten (evozierten) Potentiale ermittelt, wie in Abb. 3o-24 dargestellt ist. Das narkotisierte Tier wird .... (im ZNS / in der Peripherie) z.B. mit einzelnen elektrischen Impulsen gereizt, gleichzeitig werden vom Cortex mit einer beweglichen Elektrode die evozierten Potentiale registriert.

in der Peripherie

3o.25 Bei Reizung jedes Punktes der Peripherie lassen sich vom Cortex .... Potentiale ableiten, die in ihrem zeitlichen Ablauf in Abb. 3o-24B dargestellt sind. Es handelt sich hier um eine

Ableitung, zu der die extrazellulären Ströme vieler Neurone in der Umgebung der Elektrode beitragen: Massenpotential.

evozierte

3o.26 Nach dem Reiz erscheint mit einer Latenz von ...... ms eine erste Potentialänderung die ihren Höchstwert .... (schnell / langsam) erreicht. Diese frühe Antwort wird primäres evoziertes .... genannt; sie ist nur in einem streng umschriebenen Cortexbereich zu finden, dem cortikalen Projektionsfeld des peripheren Punktes.

1o ms - schnell - Potential

3o.27 Die späte Antwort, die in Abb. 3o-24B auf das primäre .... folgt, dauert zirka ..... ms und wird evoziertes .... genannt. Dieses Potential wird in einem ausgedehnteren Cortexgebiet gefunden. Wie groß sind die evozierten Potentialänderungen etwa?

evozierte Potential - ca 4o ms - sekundäres - Potential 1 mV

3o.28 Die primäre Antwort stammt von Neuronen, auf denen die Axone aus den spezifischen Kernen des .... enden (3o.15). Über diesen Weg verläuft die direkteste sensorische Verbindung Peripherie - Cortex. Die relativ lange Latenz der sekundären Antwort weist darauf hin, daß sie erst nach Durchlaufen zusätzlicher Synapsen entsteht.

Thalamus

3o.29 Durch systematische Reizung der gesamten Peripherie und Ableitung vom Cortex sind "Landkarten" der sensorischen cortikalen Projektion entstanden, wie in Abb. 3o-18 gezeigt. Eine entsprechende efferente Landkarte des motorischen Cortex zu den Muskeln ist im Kapitel "Motorische Systeme" (25.25, Abb. 25-9) eingeführt worden.

Über die Ausmessung von cortikalen Massenpotentialen können also Bereiche der Hirnrinde der Körperperipherie zugeordnet werden, wie in den vorausgegangenen Lernschritten am Beispiel des somatosensorischen Systems gezeigt wurde. In analoger Weise lassen sich auch die primären Projektionsgebiete anderer Sinnesorgane ermitteln: die Rezeptoren des Auges in der Netzhaut projizieren auf ein umschriebenes Gebiet im Hinterhauptsgehirn, die Rezeptoren des Innenohres haben ihr Projektionsfeld im Schläfenlappen (siehe Abb. 3o-18). Auch hier besteht im wesentlichen eine Punkt- zu Punkt-Zuordnung.

Bei der in Abb. 3o-24 beschriebenen Ableitungstechnik registriert man Potentialschwankungen, die sich aus den extrazellulären Strömen sehr vieler Neurone zusammensetzen. Von Einzelzellen läßt sich mit Mikroelektroden ableiten. In den primären sensorischen Feldern findet man vor allem viele Neurone, die mit kurzer Latenz auf periphere Reizung antworten. Sehr häufig werden solche Zellen durch Reizung einer bestimmten Art von Rezeptoren aktiviert: im somatosensorischen Cortex z.B. gibt es mindestens zwei Typen von Neuronen, die jeweils mit einer bestimmten Sorte von Mechanorezeptoren der Haut in Verbindung stehen. Man findet dort aber auch Zellen, die durch mehrere Reizarten erregt werden können: z.B. solche, die sowohl auf mechanische als auch auf thermische Reizung der Zunge antworten.

Der Cortex besteht aus einer mehrere mm dicken Schicht von Neuronen. Die Zellen, die von einem bestimmten Punkt der Peripherie aktiviert werden, liegen in einem zylinderförmigen Bereich senkrecht zur Cortexoberfläche. Man muß annehmen, daß die ankommenden Nervenimpulse in einem solchen Neuronenverband in komplexer Weise verarbeitet werden. In dieser verarbeiteten Form wird die Information zu anderen cortikalen Bereichen weitergeleitet, z.B. zur motorischen Rinde auf dem Gyrus praecentralis. Unser Wissen über das Zusammenwirken von Neuronenkollektiven ist noch äußerst gering. Vor allem ist es noch völlig unklar, wie die Vorgänge in Neuronen (z.B. Potentialänderungen) zu dem führen, was wir bewußte Empfindung nennen.

In den nächsten Lernschritten werden zwei Experimente besprochen, die ebenfalls eine somatotopische Gliederung des sensorischen Cortex beweisen. Darüberhinaus weisen diese Experimente darauf hin, daß dem sensorischen Cortex für die bewußte Sinnesempfindung eine wichtige Rolle zukommt.

3o.3o Reizt man bei einem wachen Patienten, dessen Cortex aus therapeutischen Gründen teilweise freigelegt ist (Lokalanaesthesie), mit einer feinen Elektrode den sensorischen Cortex, dann berichtet der Patient über Empfindungen aus umschriebenen Bereichen der Körperperipherie: Auch beim Menschen ist der sensorische Cortex somatotopisch gegliedert (Abb. 3o-18).

3o.31 Bei Reizung z.B. der Handregion in der somatosensorischen Hirnrinde empfindet der Patient Berührungsreize an seiner Hand. Reize im Projektionsgebiet des Auges erzeugen die Empfindung von Lichtblitzen.

3o.32 Durch direkte Reizung des .... Cortex lassen sich also Sinneseindrücke auslösen, ohne daß die afferenten Wege über periphere Nerven, Rückenmark und spezifische Kerne des .... aktiviert werden. Schmerzempfindungen lassen sich jedoch durch Cortexreizung nicht auslösen.

sensorischen - Thalamus

3o.33 Beim Affen bewirken Abtragungen umschriebener Bereiche der sensorischen Rinde sensorische Ausfälle im zugeordneten peripheren Gebiet. Die Tiere hatten vor der Operation z.B. gelernt, blind mit der Hand einen Würfel von einer Kugel zu unterscheiden. Nach Abtragung der cortikalen sensorischen Handregion waren solche diskriminativen Leistungen erloschen und auch nicht mehr erlernbar.

3o.34 Entsprechende Befunde sind auch bekannt von Menschen mit umschriebenen Verletzungen der sensorischen Rinde (z.B. Schußverletzungen, Geschwulste). Schmerz wird jedoch nach wie vor empfunden, nur die genauere Lokalisation des Schmerzes ist gestört.

3o.35 Aus den Resultaten bei lokaler Cortexreizung und bei Cortexabtragung kann also geschlossen werden, (a) daß die sensorische Hirnrinde .... gegliedert ist und (b) daß die sensorische Hirnrinde bei der bewußten Sinnesempfindung beteiligt ist.

somatotopisch

3o.36 Die primären sensorischen Projektionsareale des Cortex und der schon früher eingeführte motorische Cortex (Lektion 27) beanspruchen insgesamt etwa 2o% der Cortexfläche. Von der weitaus größeren verbleibenden Fläche läßt sich bei umschriebener peripherer Reizung (Abb. 3o-24) nur das sekundäre evozierte Potential ableiten.

3o.37 Sekundäre .... Potentiale lassen sich von diesen großen Cortexbereichen überlappend meistens von verschiedenen Sinnesorganen auslösen. Damit kann der größte Teil des Cortex elektrophysiologisch einem bestimmten Sinnesorgan .... (zugeordnet/nicht zugeordnet) werden.

evozierte - nicht zugeordnet

3o.38 Die Funktion dieser Cortexbereiche läßt sich bei umschriebenen Zerstörungen aus den Ausfallserscheinungen abschätzen. Ist z.B. ein bestimmtes Gebiet in der Nachbarschaft des sensorischen Cortex für das Auge, des visuellen Cortex, verletzt, dann treten Ausfälle auf, die man als "visuelle Agnosie" bezeichnet.

3o.39 Ein Patient mit dem Erscheinungsbild der visuellen .... hat ein völlig intaktes Sehvermögen, er kann damit z.B. Hindernissen ausweichen oder nach Gegenständen greifen. Er kann jedoch die Bedeutung von Gegenständen nicht erkennen.

Agnosie

3o.4o Betrachtet z.B. ein derartig geschädigter Mensch einen Schwamm, dann kann er ihn auf Anfrage nicht bezeichnen. Greift er aber nach dem Schwamm, so erkennt er ihn mit Hilfe des ....sinnes. Dieses Krankheitsbild wird visuelle .... genannt.

Tast- - Agnosie

3o.41 Die Gebiete, denen man aufgrund von Ausfallserscheinungen solche höheren Sinnesfunktionen zuordnen kann, werden als Assoziationsfelder des Cortex bezeichnet.

Mit den folgenden Fragen können Sie Ihr Wissen über das spezifische sensorische System Thalamus-Cortex überprüfen.

3o.42 Zeichnen Sie bitte schematisch in die Umrisse des ZNS eine afferente Bahn von der Hinterextremität über den Hinterstrang des Rückenmarks zu Thalamus und Cortex mit Angabe der Synapsen! Benennen Sie die durchlaufenen Gehirnteile!

entsprechend Abb. 3o-1 und Abb. 3o-3

3o.43 Mit welchen 3 experimentellen Methoden kann man die somatotopische Gliederung des sensorischen Cortex ermitteln?

evozierte Potentiale - Cortexreizung - Cortexabtragung

3o.44 Welche Aussagen treffen zu, wenn die Arm- und Handregion des rechten somatosensorischen Cortex entfernt ist:

a) Durch Betasten mit der rechten Hand können keine Gegenstände unterschieden werden

b) Die Willkürmotorik des linken Armes ist ungestört, da der motorische Cortex die notwendigen Afferenzen über das Kleinhirn erhält

c) Schmerzreizung der linken Hand wird empfunden, jedoch ohne genaue Lokalisation

d) Schmerzlosigkeit der linken Hand

b, c

Lektion 31 Elektroencephalogramm (EEG) und Bewußtseinszustand

In der vorausgegangenen Lektion haben Sie erfahren, daß von den primären sensorischen Projektionsfeldern bei peripherer Reizung evozierte Potentiale abgeleitet werden können. Diese evozierten Potentiale waren als Summe der extrazellulären Ströme von synchron aktivierten Cortexneuronen gedeutet worden. Aber auch ohne periphere Reizung können von allen Bereichen der Hirnrinde dauernd kleine Potentialänderungen registriert werden, das EEG. In der folgenden Lektion wird gezeigt, daß das EEG mit bestimmten Verhaltensweisen korreliert werden kann (z.B. Schlaf-Wach-Rhythmus). Darüberhinaus ist das EEG jedoch auch von großer klinischer Bedeutung für die Diagnostik von krankhaften Veränderungen im Gehirn (Tumoren, Anfallserkrankungen).

Lernziele: Wissen, daß von der gesamten Cortexoberfläche dauernd spontane Potentialschwankungen abgeleitet werden können, auch durch die unverletzte Schädeldecke hindurch: EEG. Am Beispiel des Schlaf-Wach-Rhythmus erläutern können, daß ein empirisch ermittelter Zusammenhang besteht zwischen EEG-Formen und Verhalten. Anhand einer Skizze erläutern, daß das EEG hauptsächlich bestimmt wird durch Einflüsse aus dem Hirnstamm, die über die unspezifischen Thalamuskerne geleitet werden. Wissen, daß diese bestimmenden Einflüsse auf das EEG aus bisher wenig erforschten Neuronenverbänden kommen, die unter der Bezeichnung Formatio reticularis zusammengefaßt werden. Neurophysiologische Unterschiede des reticulären Systems gegenüber dem spezifischen thalamo-cortikalen Projektionssystem nennen können: sensorische Konvergenzen aus mehreren Sinnesorganen, multisynaptische Leitung. Beispiele für klinische Bedeutung des EEG angeben können: Narkoseüberwachung, Diagnostik für Epilepsie.

31.1 Bisher haben wir Vorgänge im Cortex erfaßt durch Messung der evozierten Potentiale bei .... Reizung. Mit Elektroden auf der Cortexoberfläche lassen sich jedoch auch ohne periphere Reizung kleine Potentialschwankungen ableiten.

peripherer

31.2 Diese anscheinend spontan auftretenden Potential....... können auch durch die unverletzte Schädeldecke abgeleitet werden. Die z.B. mit Hilfe eines Schreiboszillografen registrierten Potential......... werden Elektroencephalogramm genannt, abgekürzt: EEG.

-schwankungen oder -änderungen - -schwankungen

31.3 Typische Beispiele für ein Elektroencephalogramm, abgekürzt .... sind in Abb. 31-3 wiedergegeben. Wie groß sind die spontanen Potentialänderungen etwa, hier durch die unverletzte Schädeldecke abgeleitet?

EEG - etwa 5o µV

Die Registrierung des EEG durch die Schädeldecke ist möglich, da diese keinen elektrischen Isolator darstellt. Allerdings sind die Ableitelektroden dann von den Quellen der EEG-Ströme im Cortex relativ weit entfernt, weshalb die Amplitude der registrierten Potentiale klein ist. Wird das EEG direkt auf der Cortexoberfläche gemessen, so ist es etwa um den Faktor 1o größer als bei Messungen am intakten Schädel. Die EEG-Ableitung durch das Schädeldach hat eine meßtechnische Parallele bei der Registrierung des Herzaktionsstromes durch die intakte Brustwand (Elektrokardiogramm, abgekürzt: Ekg).

31.4 Die EEGs in Abb. 31-3A und B sind unmittelbar aufeinanderfolgend vom Hinterkopf einer wachen Versuchsperson abgeleitet worden. In A waren die Augen geöffnet, in B geschlossen. Welchen charakteristischen Unterschied zwischen A und B können Sie erkennen?

A: viele kleine - B: wenig große Schwankungen (oder entsprech.)

31.5 In Abb. 31-3B, also bei .... (geöffneten / geschlossenen) Augen, ist ein ausgeprägter Rhythmus der Potentialänderungen sichtbar: das EEG ist synchronisiert. Im Gegensatz dazu nennt man das EEG in Abb. 31-3A desynchronisiert.

geschlossenen

31.6 Der Rhythmus des synchronisierten EEGs in Abb. 31-3B besteht vorwiegend aus periodischen Potentialschwankungen, im Mittel etwa ... pro Sekunde (bitte in Abb. 31-3B auszählen). Diese besonders im entspannten Zustand bei geschlossenen Augen (d.h. bei fehlenden visuellen Reizen) auftretende Periodizität wird α-Rhythmus genannt.

8 - 1o

31.7 In Abb. 31-3C ist nochmals gezeigt, wie das desynchronisierte EEG beim Schliessen der Augen in den synchronisierten Zustand übergeht. Die vorherrschende Periodenzahl bei geschlossenen Augen von etwa ...... /s ist der ....

1o - α-Rhythmus

31.8 Der Vergleich des EEGs mit intrazellulären Messungen von Cortexzellen hat ergeben, daß die Potentialschwankungen an der Cortexoberfläche vorwiegend durch die extrazellulären Ströme verursacht werden, die bei der synaptischen Aktivierung dieser Cortexzellen fliessen.

Wie schon im Text nach 3o.26 gesagt wurde, registriert eine großflächige Elektrode im Gegensatz zu einer Mikroelektrode, die Summe der extrazellulären Ströme aller in ihrer Nähe liegenden Neurone. Wird mit einer Elektrodenoberfläche von z.B. 1 mm^2 direkt von der Cortexoberfläche abgeleitet, dann befinden sich unter der Elektrode größenordnungsmässig 1oo.ooo Neurone im Bereich bis zu einer Tiefe von o.5 mm. Bei Ableitung durch den Schädel kann man abschätzen, daß der "Einzugsbereich" der

Elektrode in der Fläche mindestens um den Faktor 1o höher ist, sie leitet also die Summenaktivität von etwa $1o^6$ Nervenzellen ab. In den Summenpotentialen können nur dann Schwankungen mit größerer Amplitude auftreten, wenn ein wesentlicher Bruchteil der Neurone unter der Elektrode gleichzeitig (synchron) synaptisch aktiviert wird. Zellen mit einem langgestreckten Dendritenbaum können aus theoretischen Gründen besonders große Beiträge zum Summenpotential an der Cortexoberfläche liefern. Man muß annehmen, daß die Stromquellen des EEG vor allem solche parallel angeordneten Dendritenbäume tiefer gelegener Neurone sind, die bis zur Cortexoberfläche reichen.

31.9 Die EEG-Forschung hat gezeigt, daß das EEG als Indikator für verschiedene Zustände normaler und krankhaft veränderter Hirntätigkeit benutzt werden kann. Charakteristische Potentialbilder treten auf: (a) je nach der Bewußtseinslage der Versuchsperson und (b) bei bestimmten Krankheiten des ZNS. Wir hatten in Abb. 31-3 schon ein Beispiel für (a) kennen gelernt: Entspannung bei Fehlen von äußeren Reizen ist mit einem .... (synchronisierten / desynchronisierten) EEG gekoppelt; in diesem EEG herrscht der .... vor.

synchronisierten - α-Rhythmus

31.1o Im Tiefschlaf tritt ebenfalls eine starke Synchronisierung ein (Abb. 31-1oC); die vorherrschende Frequenz liegt hier unter 4 pro Sekunde, genannt δ-Rhythmus. In Abb. 31-1o ist das Tiefschlaf-EEG (C) dem beim normalen Wachzustand (A) und dem bei entspanntem Wachzustand (B) gegenüber gestellt. Es fällt auf, daß die Amplitude der Potentialschwankungen umso größer ist, je .... (höher / niedriger) die vorherrschende Frequenz ist (unterschiedliche Amplitudeneichung in C gegenüber A und B).

niedriger

31.11 Während des Schlafes tritt jedoch nicht nur das Tiefschlaf-EEG mit dem langsamen δ-Rhythmus auf; dieses wechselt vielmehr mit

Phasen ab, in denen das EEG desynchronisiert ist und damit dem EEG des .... (entspannten / normalen) Wachzustandes ähnlich ist (Abb. 31-3A, Abb. 31-1oA). Diese Schlafphase wird daher als "paradoxer Schlaf" bezeichnet.

normalen

31.12 Während der desynchronisierten Schlafphasen, genannt .... Schlaf, zeigen sich auch Verhaltensänderungen. Z.B. werden Herz und Atmung beschleunigt, ein besonders auffälliges Merkmal ist das Auftreten von schnellen Augenbewegungen. Daher hat sich für diese Schlafphasen auch die Bezeichnung REM-Schlaf eingebürgert. (REM = Rapid Eye Movements).

paradoxer

31.13 Weckt man eine Versuchsperson während paradoxem oder ....-Schlaf auf, dann berichtet sie, daß sie gerade geträumt habe. Paradoxer Schlaf mit .... (desynchronisiertem / α-Rhythmus) EEG kennzeichnet also Traumphasen. Der Tiefschlaf mit seinem synchronisierten EEG ist traumfrei.

REM - desynchronisiertem

31.14 EEG-Form und Bewußtseinslage zeigen also eine Korrelation (Zusammenhang), die empirisch, d.h. durch die Erfahrung gesichert ist. Diese Korrelation wird z.B. klinisch ausgenützt, um die Narkosetiefe zu überwachen.

Paradoxer oder REM-Schlaf kommt bei allen Säugetieren vor. Man schließt daraus, daß auch Tiere träumen. Normalerweise nehmen die REM-Perioden etwa 2o% der gesamten Schlafzeit ein. Wird eine Versuchsperson über längere Zeit am paradoxen Schlaf gehindert, indem man sie immer bei Einsetzen einer EEG-Desynchronisation aufweckt, dann treten Verhaltensänderungen auf (wie z.B. Ängstlichkeit, Unsicherheit, erhöhte Reizbarkeit). Diese Erscheinungen verschwinden wieder, sobald ungestörter Schlafablauf ermöglicht wird. Hierbei ist jedoch der REM-Anteil während einiger Nächte erhöht. Das neurophysiologische Wissen über die Vorgänge, die zu den typischen EEG-Merkmalen und den parallel dazu auftretenden Verhaltensmustern führen, sind noch sehr lückenhaft. Versuche mit Ausschaltung, bzw. elektrischer Reizung bestimmter Hinrregionen haben ergeben, daß Verbindungen mit dem Hirnstamm dabei eine Rolle spielen.

31.15 In 3o.3o ff war gezeigt worden, daß das primäre Projektionsgebiet im .... (motorischen / sensorischen) Cortex intakt sein muß, damit periphere Reizung bewußt wahrgenommen wird. Wir wissen, daß die afferenten Bahnen zum Projektionsgebiet über die .... (spezifischen / unspezifischen) Thalamuskerne laufen und dort synaptisch umgeschaltet werden.

sensorischen - spezifischen

31.16 Verletzungen im sensorischen Projektionsgebiet führen zu sensorischen Ausfällen; die Intaktheit dieses thalamo-cortikalen Projektionssystems ist eine notwendige Voraussetzung für das Bewußtwerden von Reizen.

31.17 Im Schlaf und in Narkose ist das bei peripherer Reizung ausgelöste primäre .... Potential (Abb. 3o-24) unverändert, obwohl in diesen Fällen keine bewußte Empfindung möglich ist. Wir müssen daraus folgern, daß die ungestörte Übertragung über die spezifischen Thalamuskerne zum .... Cortex keine hinreichende Bedingung für die bewußte Sinnesempfindung ist.

evozierte - sensorischen

31.18 Bei Narkose und Schlaf ist jedoch der sogenannte unspezifische Leitungsweg stark unterdrückt (Abb. 31-18). Bei diesem Leitungsweg gelangt afferente Aktivität aus allen Sinnesorganen über

Hirnstamm und unspezifische ....-Kerne bis zum Cortex.

Thalamus

31.19 Dabei konvergieren Bahnen aus verschiedenen Sinnesorganen auf dieselben Neurone: deshalb die Bezeichnung .... Leitungswege und Kerne. Ein anderes Merkmal dieser .... Leitung ist, daß sie multisynaptisch ist. Die spezifische Leitung über die thalamischen Schaltkerne führt über nur 3 Synapsen zum Cortex (siehe 3o.15 ff).

unspezifische - unspezifischen

31.2o Die Regionen des Hirnstammes, in denen diese multisynaptische Leitung und unspezifische .... (Hemmung / Konvergenz) aus verschiedenen Sinnesorganen erfolgt, werden pauschal unter der Bezeichnung "Formatio reticularis" oder "Reticuläres System" zusammengefaßt.

Konvergenz

Zur Formatio reticularis werden alle Bereiche des Hirnstammes gezählt (also von verlängertem Mark, Brückenhirn, Mittelhirn) die nicht eindeutig identifizierbare sensorische oder motorische Funktionen haben. Nicht zur Formatio reticularis gehören also z.B. die sensorischen und motorischen Kerne der Gehirnnerven (z.B. sensorische Kerne von Trigeminus- und Gehörnerv, motorische Kerne für Gesichtsmuskulatur), sowie die Kerne des extrapyramidalen motorischen Systems (Nucleus ruber, Nucleus niger). Die Formatio reticularis ist jedoch kein funktionell einheitliches Gebiet. Es gibt heute schon viele Hinweise, daß sowohl von neurophysiologischer als auch von anatomischer Seite eine Unterteilung möglich ist. Im Augenblick scheint der Begriff Formatio reticularis in seiner Bedeutung noch vergleichbar zu sein den leeren, weißen Flächen auf älteren Landkarten, die unerforschte Gebiete bezeichneten.

31.21 Bei der Messung der cortikalen evozierten Potentiale wurde schon das sekundäre Potential beschrieben (3o.24), das mit .... (kurzer / langer) Latenz auch außerhalb der Projektionsgebiete abgeleitet werden kann. Dieses sekundäre evozierte Potential kommt durch .... (spezifische / unspezifische) Leitung über die Formatio reticularis und die .... Thalamuskerne zustande (Abb. 31-18).

langer - unspezifische - unspezifischen

31.22 Versuche mit lokaler elektrischer Reizung in Hirnstamm und Thalamus haben gezeigt, daß auch die Synchronisierung des EEG, also das Auftreten z.B. von ....- und ....-Rhythmen, über unspezifische Thalamuskerne und Formatio reticularis gesteuert werden.

α - δ

31.23 Nach experimenteller Verletzung (Läsion) in einem bestimmten Gebiet der Formatio reticularis wird das Tier permanent bewußtlos. Das gleiche geschieht beim Menschen, wenn etwa durch Geschwülste Teile der Formatio reticularis zerstört werden.

31.24 Aus allen vorstehend genannten Ergebnissen wurde die Vorstellung entwickelt, daß vom retikulären System ständig ein "aktivierender" Zustrom zum Großhirn stattfindet (retikuläres aktivierendes System), der die Bewußtseinslage steuert.

31.25 Sobald dieser aktivierende Zustrom aufhört, setzt Schlaf oder ein schlafähnlicher Zustand ein (Narkose, Bewußtlosigkeit durch krankhafte Prozesse). Gleichzeitig wird das EEG .... (synchronisiert / desynchronisiert).

synchronisiert

Wird das ZNS für länger als 8 - 12 Minuten nicht oder nur unzureichend mit Sauerstoff versorgt (z.B. durch Kreislaufschwäche oder -Versagen), so kann es irreversibel seine Funktionsfähigkeit verlieren. In diesem Falle kommt auch das EEG zum Erliegen ("isoelektrisches oder Null-Linien-EEG"). Die über das EEG feststellbare Beendigung der elektrischen Gehirntätigkeit wird neuerdings als entscheidendes Kriterium des Todes benutzt. Diese neue Todesdefinition hat die ältere ersetzt, deren Kern der Kreislaufstillstand war. Häufig gelingt es, das Herz und damit den Blutkreiskauf auch nach längerem Stillstand wieder in Gang zu setzen. War das ZNS jedoch für mehr als etwa 1o Minuten ohne Sauerstoffzufuhr, dann ist es nicht mehr wiederzubeleben. Es ist aussichtslos, einen solchen hirntoten Organismus durch künstliche Beatmung und Ernährung noch in Funktion zu halten.

In den vorausgehenden Lernschritten wurde das EEG vor allem im Zusammenhang mit der Bewußtseinslage erörtert. Das EEG unterliegt jedoch auch anderen Einflüssen, die für die Diagnostik von krankhaften Prozessen von Wert sein können. Dafür zwei Beispiele in den nachfolgenden Lernschritten.

31.26 Befindet sich z.B. unter einer EEG-Elektrode ein Hämatom (Bluterguß) zwischen Cortex und knöchernem Schädel, dann ist die Amplitude des EEG verkleinert. Warum? (Begründung in eigenen Worten). Bei systematischer EEG-Ableitung sind sehr viele Elektroden über den Schädel verteilt (Abb. 31-26A). Tritt dabei an einer Stelle eine verkleinerte EEG-Amplitude auf, dann kann dies durch ein Hämatom über dem Cortex verursacht sein.

Der Bluterguß verdrängt das Gehirn in die Tiefe und vergrößert damit den Abstand zwischen der Potentialquelle Cortex und der EEG-Elektrode.

31.27 In Abb. 31-26D ist ein EEG während eines epileptischen Anfalles gezeigt. Die große Amplitude und die regelmässige Form deuten auf eine sehr starke Synchronisierung von Cortexneuronen mit einer Frequenz von etwa .... (1 / 3 / 12) pro Sekunde. Wahrscheinlich werden dadurch die vom Cortex ausgehenden motorischen Bahnen alle gleichzeitig rhythmisch erregt, was zu Muskelkrämpfen führt.

etwa 3

Bitte überprüfen Sie Ihr Wissen!

31.28 Scheinbar spontan auftretende Potentialschwankungen, die vom Cortex abgeleitet werden, werden registriert als ...., abgekürzt .... Die Amplituden dieses .... sind bei Ableitung durch die Schädeldecke .... (kleiner / größer) als bei Ableitung direkt vom Cortex. Wird der Cortex noch weiter von den Ableitelektroden weggedrängt, z.B. durch ein Hämatom oder eine Geschwulst, dann wird die Amplitude des .... noch .... (kleiner / größer).

Elektroencephalogramm - EEG - EEG - kleiner - EEG - kleiner

31.29 Ein EEG kann abgeleitet werden

a) nur von den primären sensorischen Projektionsgebieten
b) vom motorischen Cortex
c) von allen Gebieten des Cortex
d) nur von den Assoziationsfeldern

b, c

31.3o Die vorherrschende Frequenz der Potentialschwankungen im EEG hängt ab

a) von der geistigen Tätigkeit
b) von der Bewußtseinslage (Schlafen, Wachen)
c) vom Grad der Synchronisierung cortikaler Zellen
d) von der Art der Augenbewegung

b, c

31.31 Das EEG wird wesentlich beeinflußt durch eine wenig erforschte Region des Hirnstammes, die als .... bezeichnet wird. Für Zellen dieses Gebietes ist charakteristisch

a) daß Afferenzen aus verschiedenen Sinnesorganen auf sie konvergieren
b) daß sie meistens in multisynaptische neuronale Wege von der Peripherie zum Großhirn eingeschaltet sind
c) daß sie spezifisch durch eine jeweils bestimmte Rezeptorart aktiviert werden können.

Formatio reticularis - a, b

Lektion 32 Das sensorische System - nachrichtentechnisch gesehen

Aufgabe der Nervenfasern ist es, Signale in Form von Aktionspotentialen innerhalb des Körpers zu übertragen. Sieht man den Startpunkt dieser Signale als Sender, das Ziel als Empfänger an, so läßt sich die Nervenfaser mit einem Telefonkabel vergleichen, über das Nachrichten laufen. Auf diese Nachrichtenübermittlung im Nervensystem kann nun die Betrachtungsweise des Nachrichteningenieurs angewandt werden. Damit sind quantitative Aussagen möglich: der Informationsgehalt einer Nachricht läßt sich messen, die Leistungsfähigkeit der Nervenelemente zur Informationswandlung und -übertragung bestimmen.

Lernziele: Wissen, daß Codierung die Transformation einer Nachricht bedeutet. Dies am Beispiel des Rezeptors erläutern: die Nachricht "Reizintensität" wird codiert in die Nachricht "Impulsfrequenz". Ebenfalls am Beispiel des Rezeptors den Begriff Informationsgehalt erklären. Dabei soll davon ausgegangen werden, daß die Zahl der mit einem idealen Rezeptor während einer bestimmten Beobachtungszeit unterscheidbaren Stufen der Reizintensität praktisch gleich ist der maximalen Zahl der im afferenten Axon erzeugbaren Aktionspotentiale. Die Maßeinheit des Informationsgehaltes ist der Logarithmus zur Basis 2 dieser Zahl (bit). Wissen, daß Redundanz (Weitschweifigkeit) eine Vervielfachung des minimal notwendigen Aufwandes zur Übertragung von Information ist. Dies am Beispiel des sensorischen Nervensystems erläutern: dieselbe Nachricht läuft meistens über mehrere Nervenfasern. Hieraus ableiten, daß durch Redundanz Nachrichten gegen Störungen (z.B. Rauschen) gesichert sind. Anhand einer Skizze demonstrieren, wie auch bei stark divergierenden erregenden Bahnen durch laterale Hemmung eine räumliche Begrenzung von Erregung erreicht werden kann (neuronale Kontrastbildung).

32.1 Reize, die auf Rezeptoren einwirken, haben immer physikalisch meßbare Parameter (z.B. Reizintensität, Reizort, Wellenlänge von Licht- und Schallreizen). Diese Reizparameter bedeuten Nachrichten über die Umwelt.

32.2 Eine Änderung der Umgebungstemperatur ist eine .... aus der Umwelt. In Lektion 28 war am Beispiel der Reizintensität gezeigt worden, wie Reizparameter die afferente Entladungsrate der Rezeptoren bestimmen: Reizstärke wird im Rezeptor in Impulsfrequenz umgewandelt.

Nachricht oder Information

32.3 Die Nachricht oder Information "Reizstärke" wird also im Rezeptor umgewandelt in die Nachricht "........ der Aktionspotentiale". Den Vorgang der Informationswandlung nennt man: Codierung.

Frequenz

32.4 Welche Nachricht an einen anderen Verkehrsteilnehmer codieren Sie, wenn Sie sich mit dem ausgetreckten Zeigefinger an die Stirn tippen? Codierung ist ganz allgemein die eindeutige Zuordnung zweier Zeichenmengen.

"Sie haben einen Vogel" (oder entsprechend)

32.5 Die Zuordnung des Alphabets zu Morsezeichen ist also eine ..... . In Rezeptoren werden Reizparameter in Nervenimpulsfolgen .... Jeder Rezeptor wandelt seinen adäquaten Reiz in Aktionspotentiale um. Können Sie daher bei Ableitung der Aktionspotentiale von der Nervenfaser entscheiden, mit welcher Rezeptorart (Mechano-, Foto- usw.) die Faser in Verbindung steht?

Codierung - codiert - nein

32.6 Diese Entscheidung ist erst möglich bei der Decodierung der Aktionspotentialfolgen in den Neuronen im ZNS, mit denen die Fasern jeweils in Verbindung stehen. Beispiele: Ia-Afferenzen enden auf homonymen ...., Thermoafferenzen auf Neuronen im Hypothalamus.

Motoneuronen

32.7 Informationsgehalt kann quantitativ gemessen werden. Die Zahl der Nervenimpulse, die ein Reiz in einem Rezeptor erzeugt, hängt von der Reizstärke ab. Antwortet also eine Nervenfaser bei Reizung des Rezeptors nur entweder mit Null oder mit 1 Impulsen, dann kann diese Faser über 2 Stufen der Reizintensität informieren; nämlich z.B. Reizstärke 0: kein Aktionspotential, Reizstärke größer als Schwelle: 1 Aktionspotential.

32.8 Ist die mögliche Anzahl von Nervenimpulsen 0, 1 oder 2, kann die Faser zwischen .... Reizzuständen unterscheiden. Löst ein Reiz maximal N Impulse in der afferenten Faser aus, dann kann der Rezeptor theoretisch N + 1 verschiedene Intensitätsstufen nach zentral melden.

drei

32.9 Dieser Sachverhalt ist in Abb. 32-9 veranschaulicht. Die Entladungszahl N in der afferenten Faser (Ordinate) kann sich nur um ganze Zahlen ändern. Dadurch hat der Zusammenhang mit der Reizintensität S (Abszisse) die Form einer ....

Treppe oder Stufenkurve

32.1o In Abb. 32-9 entspricht der Zunahme der Entladungszahl N von 5 auf 6 die Intensitätsstufe vom Bereich zwischen etwa ..... und .... auf den Bereich zwischen .... und ...... g/cm^2 (z.B. Druck auf die Haut).

etwa 45 und 6o - 6o und 8o

32.11 Im Falle eines Rezeptors, der einen lang anhaltenden Reiz mit einer Dauerentladung beantwortet, ist die Impulszahl N das Produkt aus Entladungsfrequenz F und Beobachtungszeit t, also .... Die Zahl der auf der Seite der Nervenfaser u n t e r s c h e i d b a r e n I n t e n s i t ä t s s t u f e n des Reizes ergibt sich somit zu: $N + 1 = F \times t + 1$.

$N = F \times t$

32.12 Aus diesem Zusammenhang folgt theoretisch, daß die Zahl der unterscheidbaren .... der Reizintensität zunimmt mit der maximalen ...., mit der die afferente Faser durch den Rezeptor erregt werden kann, und mit der Länge der Beobachtungszeit t. Eine obere Grenze für die .... ist durch die Refraktärzeit der Nervenfaser gegeben.

Stufen - Frequenz - Frequenz

32.13 Je höher also die Frequenz ist, mit der ein Rezeptor entladen kann, desto größer ist die Zahl der unterscheidbaren .... der Reizintensität; damit nimmt auch die Informationsmenge zu, die durch diesen Rezeptor übertragen wird.

Stufen

32.14 Das quantitative Informationsmaß ist der Logarithmus der Anzahl der .... Stufen oder allgemein: Zustände. Aus praktischen Gründen wählt man den Logarithmus zur Basis 2 ($\log_2$ = ld). Hat eine Nachricht also 2 Zustände, dann ist der Informationsgehalt:

$I = \mathrm{ld}2 = 1$

(der Logarithmus der Basis von jedem Logarithmus ist 1).

unterscheidbaren

32.15 Diese Informationsmenge wählte man als Einheit, als elementare Informationsmenge. Sie wird ein bit genannt (bit = binary digit). Ein bit ist also die Informationsmenge, auch Nachrichtenmenge genannt, die eine Entscheidung zwischen 2 Möglichkeiten bedeutet. Wenn Sie durch Hochwerfen einer Münze eine Ja-Nein-Entscheidung treffen, dann ist der Informationsgehalt dieser Entscheidung ...... bit.

ein

32.16 Eine Nachricht, die eine aus 4 Möglichkeiten auswählt, hat einen Informationsgehalt von I = ld4 = 2 ....
Das Alphabet hat 26 verschiedene Buchstaben. Ein einzelner Buchstabe hat damit theoretisch einen Informationsgehalt von
I = ld26 = 4.7 ....

bit - bit

32.17 Wir können damit auch den Informationsgehalt bei der Codierung im Rezeptor ausrechnen. Die Zahl der unterscheidbaren Intensitätsstufen im Beispiel 32.11 war (F x t + 1). Der Informationsgehalt über die Reizintensität ist damit
I = ld (F x t + 1)

32.18 Diese Beziehung zwischen der Entladungsfrequenz F, der .... t und dem .... I ist in Abb. 32-18 dargestellt. Abszisse: maximale Entladungsfrequenz im Axon; Ordinate: pro Reiz übertragene Information in bit. Die verschiedenen Kurven gelten für verschiedene .... t.

Beobachtungszeit - Informationsgehalt - Beobachtungszeiten

32.19 Die Beobachtungszeit t spielt hier offenbar .... (eine / keine) entscheidende Rolle für die Anzahl der übertragenen bits. Wie verhält sich der Informationsgehalt, wenn die Beobachtungszeit klein gemacht wird?

eine - Informationsgehalt wird kleiner mit kleiner werdender Beobachtungszeit

32.2o Demnach benötigt das ZNS eine gewisse Zeit, um über eine afferente Impulsfolge Information aus den Rezeptoren zu erhalten. Macht man experimentell die Dauer eines Druckreizes immer kürzer, dann kann das ZNS immer .... Information über die Reizintensität erhalten.

weniger

Die Intensität eines Reizes ist somit einer der Reizparameter, dessen Informationsgehalt nach der Codierung im Rezeptor quantitativ meßbar ist. Außer der Intensität haben Reize meistens noch andere Eigenschaften, die für den Organismus als relevant gemeldet werden müssen. Die Information über die räumliche Ausdehnung eines Reizes z.B. ist häufig in der Anzahl der erregten Rezeptoren codiert. Auch diese Codierung ist ganz entsprechend zu dem Falle der Intensität eines Punktreizes quantifizierbar. Weitere Beispiele sind: Ort eines Reizes auf der peripheren Sinnesfläche, Wellenlänge von Licht (Farbe) und von Schall (Tonhöhe). Die Quantifizierung der Informationswandlung in den einzelnen Bereichen des Nervensystems gewinnt unter anderem Bedeutung beim Vergleich von objektiven neurophysiologischen Befunden mit der subjektiven Diskriminierfähigkeit für Umweltreize.

32.21 Die theoretisch in 32.11 berechnete Zahl unterscheidbarer Reizstärken und die daraus berechnete Informationskapazität (32.17) wird in Wirklichkeit nicht erreicht. Diese Feststellung beruht auf dem experimentellen Befund, daß bei gleicher Reizintensität die Entladungsfrequenz eines Rezeptors bei aufeinanderfolgenden Messungen variiert.

32.22 In Abb. 32-22A ist die Entladung eines Druckrezeptors vom Katzenfuß bei verschiedenen Reizstärken gezeigt. Mit steigender Belastung nimmt die mittlere Entladungsfrequenz .... (zu / ab); weiter fällt auf, daß bei jedem zeitlich konstanten Reiz die Entladung .... (gleichmässig / ungleichmässig) ist.

zu - ungleichmässig

32.23 Dieses Schwanken der Entladungsrate, vom Nachrichtentechniker als "Rauschen" bezeichnet, ist in anderer Form auch aus Abb. 32-22B ersichtlich. Hier ist die Entladungsrate in Abhängigkeit von der Reizintensität aufgetragen. Jeder Punkt bedeutet das Ergebnis einer Einzelmessung wie in Abb. 32-22A: bei einer Reizintensität von z.B. 1oog erhält man in 4 verschiedenen Messungen Impulszahlen zwischen etwa ...... und ..... pro Sekunde.

32 - 41

32.24 Diese Unregelmässigkeiten der Entladung, genannt ...., führen dazu, daß die Anzahl der vom Rezeptor unterscheidbaren Reizzustände kleiner ist als theoretisch zu erwarten ist (32.11). Die theoretische Zahl bei Reizdauern von 1 s ist nach der Formel in Lernschritt 32.11 etwa 5o, während die in Abb. 32-22B eingezeichnete Treppe nur ..... Stufen hat. Die Auflösung ist somit geringer.

Rauschen - 7-8

32.25 Theoretisch ist die vom Rezeptor pro Reiz übertragene Informationsmenge nach 32.17: ld 5o = 5.7 bit. In Wirklichkeit werden jedoch nur ld 8 = 3 bit pro Reiz übertragen; es gehen also 5.7 bit - 3 bit = 2.7 bit durch .... verloren.

Rauschen oder Unregelmässigkeit (oder entsprechend)

32.26 Fassen wir zusammen: Die Umwandlung von Information aus der Umwelt in Folgen von Aktionspotentialen geschieht in den ...., der Vorgang wird .... genannt. Die theoretisch mögliche Auflösung wird infolge von .... nicht erreicht.

Rezeptoren - Codierung - Rauschen

32.27 Bei der synaptischen Übertragung der afferenten Impulsfolgen tritt ebenfalls Rauschen auf, d.h. .... (bitte formulieren Sie in eigenen Worten, was Rauschen bedeutet).

Unregelmässigkeit der Impulsfrequenz und damit Verminderung der Auflösungsgenauigkeit, d.h. Informationsverlust (oder entsprechend)

32.28 Zwischen Rezeptor und sensorischem Cortex liegen mindestens .... (1 / 3 / 7) Synapsen; jedesmal treten entsprechende Informationsverluste durch Rauschen auf. Andere Störungen, die zu Verlusten an Information führen, sind z.B. Verletzungen von peripheren Nerven oder aufsteigenden Bahnen.

3

32.29 Um sicher zu stellen, daß trotz dieser Störungen noch Information zum Gehirn gelangt, wird die gleiche Information in mehreren Fasern parallel codiert. Die Dichte der Rezeptoren in der Peripherie ist im allgemeinen so groß, daß selbst bei punktförmigen Reizen mehrere Fasern in gleicher Weise erregt werden.

32.3o Da immer mehrere Fasern mit gleicher Information auf das selbe nachgeschaltete Neuron ...., besteht hier gewissermassen eine Informationsreserve, die den Verlust durch .... weitgehend kompensiert.

konvergieren - Rauschen

32.31 Diese zunächst überflüssig erscheinende parallele Codierung von Information nennt man R e d u n d a n z (Weitschweifigkeit). Ein Zuviel an Information spielt praktisch bei jeder Informationsübertragung (in Biologie und Technik) eine Rolle. Lesen Sie bitte Abb. 32-31!

Programmiertes Lernen erhöht den Wirkungsgrad

32.32 Sie können also die Information dieser Worte erkennen, obwohl etwa 37% der Buchstaben fehlen. D.h. in der geschriebenen Sprache sind mehr Zeichen enthalten, als zur eindeutigen Erkennung notwendig sind. Dieses Mehrangebot an Zeichen ist ebenfalls ein Beispiel für ....

Redundanz

Auch die Redundanz ist in bit meßbar. Linguistische Untersuchungen mit systematisch verstümmelten Texten haben erbracht, daß die geschriebene deutsche Sprache durchschnittlich nur 1.5 bit pro Buchstabe ausnützt, die Redundanz ist damit 4.7 bit - 1.5 bit = 3.2 bit pro Buchstabe. In manchem Buch, in manchem wissenschaftlichen Aufsatz ist die Redundanz aber noch viel größer, oft zum Leidwesen des Lesers. Wie man solche unnötige Weitschweifigkeit vermeiden kann, dafür hat ein amerikanischer Zeitungsmann seinen jüngeren Kollegen ein gutes Rezept gegeben: "Meine, Herren", sagte er "schreiben Sie jeden Artikel so, als müßten Sie ihn auf eigene Kosten nach Australien telegrafieren!" Aber das ist nur eine Seite der Redundanz. Ihre Vorteile zeigen sich bei gestörtem Kanal, z.B. bei schlechter Telefonverbindung, verrauschtem Rundfunkempfang, unleserlicher Handschrift. Hier sorgt die Redundanz der Sprache dafür, daß auch mit einem Bruchteil identifizierbarer Zeichen ein Text erkannt werden kann. Die Informationstheorie zeigt schliesslich generell, daß man eine Nachrichtenübertragung umso störsicherer machen kann, je mehr Redundanz man bei der Codierung einbaut. Eine sehr direkte und wirkungsvolle Art der Störsicherung durch Redundanz besteht darin, die Nachricht parallel über 2 oder mehr Kanäle zu senden. Dieser Fall ist im Nervensystem verwirklicht, wie in 32.29 bis 32.31 gezeigt wurde.

32.33 Das Prinzip der Übertragung in mehreren parallelen Fasern (nachrichtentechnisch: Mehrkanalübertragung) ist auch nach der synaptischen Umschaltung der afferenten Fasern erhalten. Innerhalb eines aufsteigenden Bündels läuft die Information über einen Reiz in mehreren Axonen.

32.34 Wir wissen schon aus Lektion 16, daß sich jede Faser vor der synaptischen Umschaltung verzweigt und Synapsen mit mehreren Neuronen bildet (Prinzip der ....). Dadurch wird die Anfälligkeit gegen Störungen noch weiter herabgesetzt bzw. die .... erhöht.

Divergenz - Redundanz

32.35 Die Sicherung gegen Störungen durch ......übertragung und Divergenz müßte aber zwangsläufig zu einem Überangebot von Nervenimpulsen beim Aufsteigen im ZNS führen. Es müßte nämlich dadurch zu einer lawinenartigen Ausbreitung der Erregung kommen, wie in Abb. 32-35A angedeutet ist (siehe auch Text nach 16.18 und Abb. 16-19C).

Parallel- oder Mehrkanal- (oder entsprechend)

32.36 Eine solche .... Ausbreitung der Erregung im ZNS wird durch die laterale Hemmung (auch Umfeldhemmung genannt) verhindert (Abb. 32-35B). Nach der ersten synaptischen Umschaltung wirkt die Erregung über Interneurone .... auf die Neurone der Umgebung zurück.

lawinenartige - hemmend

32.37 Die hemmende Wirkung ist besonders ausgeprägt von dem am stärksten erregten Neuron in der Mitte (Abb. 32-35B) auf seine schwächer erregte Nachbarschaft. Grundsätzlich wirkt auch die schwach erregte Umgebung hemmend auf das stark erregte Zentrum, diese geringe Hemmung ist in Abb. 32-35B der Übersichtlichkeit halber weggelassen.

32.38 Durch diese .... Hemmung, die sich auch bei den nächsten synaptischen Umschaltstellen wiederholt, wird die räumliche Ausbreitung der Erregung im ZNS eingeschränkt, wie die schraffierten Felder in Abb. 32-35B im Vergleich zu dem in A andeuten.

laterale

Ein infolge Divergenz im ZNS unscharf abgebildeter Reiz wird durch laterale Hemmung räumlich wieder eingeschränkt. Man bezeichnet diese auf der lateralen Hemmung beruhende Fähigkeit des ZNS auch als neuronale Kontrastverschärfung.

Die Divergenz als Schaltungsprinzip vermindert also die Anfälligkeit des Nervensystems für Übertragungsfehler bei Verletzungen und durch Rauschen. Die durch die Divergenz bedingte Übertragungsunschärfe wird funktionell durch laterale Hemmung kompensiert.

Bitte überprüfen Sie Ihr neu erlerntes Wissen!

32.39 Eine Erhöhung des Aufwandes zur Informationsübertragung über das notwendige Mindestmaß hinaus nennt man .... Im Nervensystem ist dies verwirklicht in der ......-Codierung von Reizen und in der ....-Übertragung von Information über ...... (eine / mehrere) Fasern.

Redundanz - Mehrfach-, oder Parallel- - Parallel- - mehrere

32.4o Laterale Hemmung im ZNS bewirkt

a) Kompensation der räumlichen Ausbreitung von Erregung infolge Divergenz
b) Völlige Unterdrückung aller durch Reizung erzeugten Impulse
c) Neuronale Kontrastbildung
d) antagonistische Hemmung von Motoneuronen

a, c

32.41 Die Einheit des quantitativen Informationsmaßes ist ein ..... . Im Falle der Codierung der Information "Reizintensität" im Rezeptor läßt sich der Informationsgehalt berechnen

a) als die Zahl der unterscheidbaren Zustände in der Entladungsfrequenz des Rezeptors
b) als Zahl der pro Zeiteinheit entstehenden Aktionspotentiale
c) als Logarithmus zur Basis 2 der in der Entladung des Rezeptors unterscheidbaren Zustände der Reizintensität
d) bei statistischen Schwankungen der Entladungsrate (Rauschen) ist keine Bestimmung des Informationsgehaltes möglich

bit - c

H Das vegetative Nervensystem

Der Organismus kommuniziert mit seiner Umwelt über sein somatisches Nervensystem: das sensorische System empfängt und verarbeitet die Nachrichten aus ihr, und das motorische System dient der Fortbewegung in ihr. Die Prozesse im somatischen Nervensystem unterliegen zum großen Teil dem Bewußtsein und der willkürlichen Kontrolle.

Ganz anders verhält sich das vegetative Nervensystem. Es innerviert die g l a t t e M u s k u l a t u r aller Organe und Organsysteme, das H e r z und die D r ü s e n. Es regelt die Atmung, den Kreislauf, die Verdauung, den Stoffwechsel, die Sekretion, die Körpertemperatur und die Fortpflanzung und stimmt sie aufeinander ab. Das v e g e t a t i v e Nervensystem unterliegt nicht der direkten willkürlichen Kontrolle, daher wird es auch a u t o n o m e s oder unwillkürliches Nervensystem genannt.

Funktionell können die Wirkungen des vegetativen und somatischen Nervensystems häufig nicht getrennt werden. Die Funkionen der Atmung und Fortpflanzung z.B. laufen unter Mitwirkung des somatischen Nervensystems ab.

Lektion 33 Funktionelle Anatomie des peripheren vegetativen Nervensystems und seiner spinalen Reflexzentren

Das vegetative Nervensystem besteht aus zwei funktionell verschiedenen Systemen: dem Sympathikus und dem Parasympathikus. Die Endneurone beider Systeme, die dem Motoneuron im somatischen Nervensystem entsprechen, liegen außerhalb des ZNS. Die Ansammlung solcher Neurone nennt man Ganglien.

In dieser Lektion werden Sympathikus und Parasympathikus mit Hilfe folgender Hauptkriterien voneinander abgegrenzt: die Ursprünge der präganglionären Neurone im ZNS, die topographische Lage der Ganglien, die chemischen Überträgerstoffe auf die Effektoren.

Die funktionelle Anatomie der Peripherie des vegetativen Nervensystems wird in folgender Reihenfolge abgehandelt: zuerst werden prä- und postganglionäre Neurone definiert; dann werden Sympathikus und Parasympathikus getrennt besprochen. Danach werden die Überträgerstoffe der synaptischen Übertragung in den Ganglien und auf die Effektoren beschrieben. Zuletzt werden die visceralen Afferenzen abgehandelt.

Lernziele: Grob schematische Zeichnung von Rückenmark und Hirnstamm im Längsschnitt mit Bezeichnung der einzelnen Abschnitte und Angabe der Lage der präganglionären parasymapthischen und sympathischen Neurone. Auswendig wissen, daß eine Ansammlung vegetativer Neurone (genauer: ihrer Zellkörper) außerhalb des ZNS Ganglion genannt wird. Beschreibung und schematische Darstellung der Anordnung von ZNS, präganglionären Neuronen, Ganglien, postganglionären Neuronen und Effektoren (Erfolgsorgane). Auswendig wissen der chemischen Überträgersubstanzen zwischen prä- und postganglionären Neuronen, sowie postganglionären Neuronen und Effektoren im Sympathikus und Parasympathikus. Nennen einiger vegetativer Effektoren (glatte Muskulatur, Drüsen, Herz). Wissen, daß die visceralen afferenten Neurone ihre Zellkörper in den Spinalganglien oder den entsprechenden Ganglien der Hirnnerven haben und ihre Axone mit den somatischen afferenten Axonen in das ZNS eintreten.

33.1 Das vegetative Nervensystem besteht aus Sympathikus und Parasympathikus. Abb. 33-1B, C zeigt, daß in der Peripherie beider Systeme zwei Neurone synaptisch verschaltet sind. Das Soma des ersten Neurons liegt innerhalb des ZNS, während das Soma des zweiten Neurons .... des ZNS liegt. Bestandteile des ZNS sind: .... und .... (siehe Lernschritt 4.1).

außerhalb - Gehirn und Rückenmark

33.2 Anhäufung vegetativer Somata (Zellkörper) außerhalb des ZNS werden vegetative Ganglien genannt. Man bezeichnet das Neuron, welches sein Soma im ZNS hat, als .... Neuron, und das Neuron, welches sein Soma im Ganglion hat, als .... Neuron (siehe Abb. 33-1B, C).

präganglionäres - postganglionäres

33.3 Ein vegetatives Ganglion ist also eine Anhäufung vegetativer .... (Zellkörper) und liegt .... des ZNS. In den Ganglien enden .... (prä-/ postganglionäre) Axone. Die Somata dieser Axone liegen im .... Das Axon des postganglionären Neurons innerviert den Effektor (Erfolgsorgan).

Somata - außerhalb - präganglionäre - ZNS

33.4 Das vegetative efferente Nervensystem ist funktionell und anatomisch in zwei verschiedene Systeme eingeteilt: Sympathikus und .... (siehe Abb. 33-1B, C). Abb. 33-1A zeigt, in welchen Abschnitten des ZNS die Zellkörper der präganglionären Neurone des Sympathikus (schwarz) wie Parasympathikus liegen (rot).

Parasympathikus

33.5 Im Brust- und Lendenmark liegen demnach die Zellkörper der präganglionären Neurone des .... Die Zellkörper der präganglionären Neurone des Parasymapthikus liegen im .... und .... (siehe Abb. 33-1A).

Sympathikus - Hirnstamm - Kreuzmark

33.6 Die präganglionären sympathischen Fasern, die ihren Ursprungsort im ....mark und ....mark haben, verlassen das ZNS in den Vorderwurzeln der Rückenmarksegmente (Abb. 33-6). Sie ziehen zu den außerhalb des ZNS liegenden ....

Brust- - Lenden- - Ganglien

33.7 Die in den ....wurzeln aus dem Rückenmark austretenden präganglionären Axone (fett ausgezogene Axone in Abb. 33-6) werden in den .... (innerhalb / außerhalb) des ZNS liegenden Ganglien umgeschaltet. Die präganglionären sympathischen Fasern entspringen dem .... und ....

Vorder- - außerhalb - Brustmark - Lendenmark

33.8 Ein präganglionäres Axon endet in den Ganglien auf vielen postganglionären Zellen; eine postganglionäre Zelle wird von vielen präganglionären Axonen innerviert (Abb. 33-8B). Auf diese Weise wird einerseits die Aktivität von wenigen präganglionären Neuronen auf .... postganglionäre Neurone übertragen. Andererseits ist die Sicherheit der Übertragung sehr groß, weil die Aktivität von vielen präganglionären Neuronen auf .... postganglionäre Neurone übertragen wird. Es handelt sich um das Prinzip der divergenten und konvergenten Verschaltung von Neuronen (siehe Lektion 16).

viele - wenige

33.9 In Abb. 33-8B sind 4 präganglionäre Axone und 4 postganglionäre Neurone eingezeichnet. Bezeichnen Sie das präganglionäre Axon, welches auf mehrere postganglionäre Zellen divergiert, und das postganglionäre Neuron, auf das mehrere präganglionäre Axone konvergieren.

1 - d

33.1o Die meisten Ganglien, in denen sympathische präganglionäre Axone auf ....ganglionären Neuronen synaptisch endigen, liegen links und rechts segmental angeordnet neben der Wirbelsäule (Abb. 33-8A). Sie sind von oben nach unten durch Nervenstränge miteinander verbunden (Abb. 33-8B). Diese Kette sympathischer Ganglien wird G r e n z s t r a n g genannt.

post-

33.11 Die rechts und links neben der Wirbelsäule liegenden Ganglienketten, genannt ...., bestehen im Bereich des Brust-, Lenden- und Kreuzmarkes (Bm, Lm, Km in Abb. 33-8A) aus segmental angeordneten Ganglien. Jedem Rückenmarkssegment sind also ein linkes und rechtes .... zugeordnet; dagegen gibt es im Halsbereich (Hm) nur 2 Ganglien.

Grenzstränge - Ganglion

33.12 Die meisten postganglionären Zellen des Sympathikus sind also rechts und links neben der ...., d.h. paarig, in den ..... angeordnet. Zusätzlich gibt es im Bauch- und Beckenraum unpaare Ganglien, in denen präganglionäre Neurone aus beiden Rückenmarkshälften enden (siehe Abb. 33-6).

Wirbelsäule - Grenzsträngen

Die meisten präganglionären sympathischen Fasern sind myelinisiert. Ihre Durchmesser sind kleiner als 4µ. Sie leiten damit die Erregung mit Geschwindigkeiten, die unter 2o m/s liegen, fort. Die postganglionären Fasern sind sehr dünn und unmyelinisiert. Ihre Leitungsgeschwindigkeit liegt unter 1 m/s (siehe auch Tabelle 11.33).

33.13 Die Axone (schwarz gestrichelt in Abb. 33-6) der postganglionären Neurone treten aus den Ganglien aus. Sie innervieren die Erfolgsorgane (auch Effektoren genannt) des Sympathikus. Aus der Abb. 33-6 ersehen Sie, daß sympathische Fasern aus dem Brustmark folgende Körperbereiche innervieren: 1. ...., 2. ...., 3. .... und 4. .... Die sympathischen Fasern aus dem Lendenmark innervieren den .... und die ....

Kopforgane - Brustraum - Bauchraum - obere Extremität - Beckenraum - untere Extremität

33.14 Die Erfolgsorgane des Sympathikus sind die g l a t t e M u s k u l a t u r aller Organe (Gefäße, Eingeweide, Ausscheidungsorgane, Haare, Pupille), der H e r z m u s k e l und die D r ü s e n (Schweiß-, Speichel-, Tränen-, Verdauungsdrüsen). Die postganglionären Axone, die zu diesen Erfolgsorganen ziehen, sind wie Abb. 33-6 zeigt, meistens sehr .... (lang / kurz).

lang

33.15 Die sympathische Innervation der Pupille z.B. hat ihren Ursprung im .... (oberen Brustmark / Halsmark) (Abb. 33-6). Wird also der Grenzstrang oberhalb des 1. Brustmarksegments durchschnitten, so wird die Impulsübertragung in den sympathischen Fasern zu den Kopforganen .... (unterbrochen / nicht unterbrochen).

oberen Brustmark - unterbrochen

33.16 Das sympathische Nervensystem wirkt auf die glatte Muskulatur der Eingeweide und Ausscheidungsorgane hemmend, in allen anderen Bereichen erregend. Im Zustand der Agression ist das sympathische Nervensystem in einem hohen Erregungszustand, die Darmtätigkeit ist daher in einem solchen Zustand .... (gering / hoch), die Herzfrequenz .... (hoch / niedrig).

gering - hoch

Der Sympathikus innerviert Effektoren, die in allen Bereichen des Körpers vorkommen, denken Sie nur an die glatte Muskulatur der Gefäße und an die Drüsen. Alle Fasern entspringen dem Brust- und oberen Lendenmark. Im Gegensatz hierzu innerviert der Parasymapthikus nur Organe in der Brust- und Bauchhöhle und im Kopfbereich. Der periphere Parasymapthikus kann anatomisch durch seinen Ursprung aus dem ZNS und durch die Lage seiner Ganglien vom Sympathikus unterschieden werden.

33.17 Wie bereits besprochen, liegen die Somata der präganglionären sympathischen Neurone im ....mark und ...., die der parasympathischen Neurone im .... und .... Die Axone der parasympathischen präganglionären Neurone sind zum großen Teil unmyelinisiert und, wie in Abb. 33-1B angedeutet, meist sehr lang, da die Ganglien nahe den Erfolgsorganen liegen.

Brust- - Lendenmark - Hirnstamm - Kreuzmark

33.18 In der Ihnen bekannten Abb. 33-18 (siehe Abb. 33-6) erkennen Sie rot ausgezogen die präganglionären Axone des Parasympathikus. Sie entspringen dem .... und .... Diese Axone laufen in den ....nerven zu den Organen im Kopfbereich und zu den Organen in der Brust-! und Bauchhöhle! Sie laufen außerdem im Beckennerven zu den Organen im ......raum (s. Abb. 33-18).

Hirnstamm - Kreuzmark - Hirn- - Becken-

33.19 Einer dieser Hirnnerven ist der N e r v u s v a g u s, seine efferenten Fasern sind zum größten Teil parasympathisch. Diese Fasern innervieren alle Organe im .... und ....raum. Wie die Abb. 33-18 weiter zeigt, stammen andere parasympathische Fasern, die die Organe im Beckenraum innervieren, aus dem ....mark. Alle efferenten parasymapthischen Fasern im Beckennerven und Nervus vagus sind .... (prä- / postganglionär).

Brust- - Bauch- - Kreuz- - präganglionär

33.2o Die parasymapthischen Ganglien liegen verstreut in der Magen-Darm-Wand, in der Blasenwand, auf dem Herzbeutel oder direkt bei den Speichel- und Tränendrüsen. Somit werden die präganglionären parasymapthischen Axone in der Nähe der Erfolgsorgane auf die .... Neurone umgeschaltet.

postganglionären

33.21 Sie haben gelernt, daß die präganglionären sympathischen Fasern meistens kurz und ihre postganglionären Axone lang sind. Abb. 33-1B und Abb. 33-18 zeigen Ihnen, daß die parasympathischen präganglionären Fasern im Vergleich dazu .... (lang / kurz) und die postganglionären Fasern .... sind.

lang - kurz

33.22 Dementsprechend liegen die meisten sympathischen Ganglien entfernt von den Erfolgsorganen im ....strang. Die parasympathischen Ganglien liegen dagegen nahe den oder in den Erfolgsorganen, hieraus resultieren die .... (langen / kurzen) präganglionären und die .... (langen / kurzen) postganglionären parasympathischen Axone.

Grenz- - langen - kurzen

33.23 Parasympathisch innervierte Organe werden auch durch den Sympathikus innerviert (Die Wirkungsweisen beider Systeme werden in den folgenden Lektionen besprochen). Dagegen werden nicht alle sympathisch innervierten Organe durch den Parasympathikus versorgt (wie z.B. die Gefäße). In welchen Teilen des ZNS hat der Parasympathikus seinen Ursprung und welche peripheren Körperbereiche werden durch den Parasympathikus innerviert? (Ursprünge: 1., 2.; Innervationsgebiete: 1., 2., 3., 4.).

Ursprünge: Hirnstamm - Kreuzmark
Innervationsgebiete: (Organe in) Kopfbereich - Brust- - Bauch- - Beckenraum

In den Kapiteln C und E haben Sie gelernt, daß die Impulsübertragung sowohl zwischen zwei Neuronen als auch zwischen einem Neuron und dem Effektor chemisch ist. Auch im peripheren vegetativen Nervensystem bestehen zwischen prä- und postganglionärem Neuron und postganglionärem Neuron und Effektor Synapsen, die die Erregung durch Freisetzung chemischer Überträgerstoffe übertragen. Die Überträgerstoffe von den postganglionären Neuronen auf die meisten Effektoren sind verschieden bei Sympathikus und Parasympathikus. Wir lernen hier also ein weiteres Unterscheidungsmerkmal dieser beiden vegetativen Nervensysteme kennen. In den folgenden Lernschritten wird die chemische Übertragung in den Ganglien und auf die Effektoren abgehandelt.

33.24 In den G a n g l i e n beider Systeme (Sympathikus und Parasympathikus) enden die präganglionären Fasern mit chemischen Synapsen auf den .... Neuronen. Der synaptische Überträgerstoff ist A c e t y l c h o l i n (Abb. 33-1B, C). Die Übertragung ist wie bei der Muskelendplatte .... (cholinerg/ adrenerg).

postganglionären - cholinerg

33.25 Die Erregungsübertragung von den postganglionären Fasern des S y m p a t h i k u s auf die Effektoren (Erfolgsorgane) (wie z.B. ...., ..., ...) ist ebenso chemisch. Der synaptische Überträgerstoff ist bis auf eine Ausnahme N o r a d r e n a l i n und A d r e n a l i n, wobei Noradrenalin bei weitem überwiegt (Abb. 33-1C). Bei der Ausnahme (Schweißdrüsenfasern) ist der chemische Überträgerstoff Acetylcholin. Man nennt das sympathische Nervensystem nach seinem häufigsten Überträgerstoff auf die Effektoren auch .... (adrenerges / cholinerges) System.

s. Lernschritt 33-14 - adrenerges

33.26 Im sympathischen Nervensystem ist der synaptische Überträgerstoff im Ganglion .... Der Überträgerstoff auf den Effektor ist meistens .... Im P a r a s y m p a t h i k u s erfolgt die chemische Übertragung sowohl im Ganglion als auch auf den Effektor mit A c e t y l c h o l i n (Abb. 33-1B).

Acetylcholin - Noradrenalin bzw. Adrenalin

33.27 Der Überträgerstoff vom postganglionären Neuron auf die Effektoren kennzeichnet die beiden vegetativen Nervensysteme näher: man nennt das parasympathische Nervensystem auch .... (cholinerges / adrenerges) System und das sympathische auch .... System.

cholinerges - adrenerges

33.28 Zeichnen Sie bitte schematisch, wie das periphere sympathische und parasympathische Nervensystem aufgebaut sind: wo liegen die

Somata und wo enden die Axone der prä- und postganglionären Neurone, welches sind die Überträgerstoffe an den Synapsen?

siehe Abb. 33-1B, C

Die chemischen Strukturen und Wirkungen der sympathischen Überträgerstoffe Adrenalin und Noradrenalin sind sehr ähnlich. Bei der chemischen Übertragung auf die Effektoren wird etwa zu 8o% Noradrenalin und zu 2o% Adrenalin freigesetzt.

Eine besondere Rolle für den Organismus spielt das Mark der Nebenniere. Die Zellen des Markes sind umgewandelte postganglionäre Neurone. Die sympathischen Fasern, die auf diesen Zellen synaptisch endigen, sind also präganglionär. Da diese Nebennierenmarkzellen umgewandelte postganglionäre Neurone sind, sezten sie bei Erregung Noradrenalin und Adrenalin frei. Dieses Nor- bzw. Adrenalin diffundiert in den Kreislauf.

Bisher wurden die Efferenzen des vegetativen Nervensystems besprochen. Es gibt aber auch Afferenzen, die dem vegetativen Nervensystem zugerechnet werden können. Sie stammen aus dem Eingeweidebereich und werden deshalb v i s c e r a l e A f f e r e n z e n genannt (siehe auch Abb. 3-9). Wenn auch die visceralen Afferenzen, die im Nervus vagus und Beckennerven laufen, als parasympathische Afferenzen bezeichnet werden, so kann doch bis heute keine klare Trennung in sympathische und parasympathische Afferenzen vorgenommen werden.

33.29 Außer den vegetativen Efferenzen gibt es auch Afferenzen, die dem vegetativen Nervensystem zugerechnet werden (siehe Abb. 3-9). Diese Afferenzen, die aus dem Eingeweidebereich kommen, werden als .... Afferenzen bezeichnet. Ihre Rezeptoren liegen in den Organen des Brust-, Bauch- und Beckenraumes und in den Gefäßwänden.

viscerale

33.3o Informationen aus dem Brust-, Bauch- und Beckenraum und vom

Gefäßsystem werden über die .... ins ZNS geleitet. Das ZNS erhält über sie Nachrichten über: die Dehnung der Wände der Hohlorgane (z.B. Herz, Magen-Darm-Kanal, Blase), den Säuregrad und die Elektrolytkonzentration der Füllung der Hohlorgane (z.B. des Blutes), den Druck im Kreislauf und schmerzhafte Reize im Eingeweidebereich.

visceralen Afferenzen

33.31 Die visceralen Afferenzen geben Informationen über die .... der Wände der Hohlorgane und den .... im Kreislauf nach zentral. Viscerale Afferenzen treten entweder in den Hinterwurzeln ins Rückenmark oder mit dem Nervus vagus in den Hirnstamm ein.

Dehnung - Druck

33.32 Wie Sie bereits wissen, treten die somatischen Afferenzen in den ....wurzeln ins Rückenmark ein. Wie diese haben auch die visceralen Afferenzen ihre Zellkörper in den .... (Spinalganglien / Grenzstrangganglien). Die Zellen der Afferenzen im Vagus liegen in einem sensiblen Ganglion unterhalb der Schädelbasis.

Hinter- - Spinalganglien

Bitte überprüfen Sie in folgenden Lerneinheiten ihr neu erworbenes Wissen:

33.33 Welche Hauptunterschiede bestehen zwischen beiden peripheren vegetativen Nervensystemen? Bitte kreuzen Sie in den Spalten unter Symp. und Parasymp. die richtigen Antworten an.

		Symp.	Parasymp.
1. Ursprung der präganglionären Neurone	Hirnstamm		x
	Halsmark		
	Brustmark	x	
	Lendenmark	x	
	Kreuzmark		x
2. Die Lage der Ganglien	organfern	x	
	organnah		x
3. Die Länge der prä- und postganglionären Neurone	präganglionär:		
	kurz	x	
	lang		x
	postganglionär:		
	kurz		x
	lang	x	
4. Die synaptischen Überträgerstoffe auf die Erfolgsorgane		Noradrenalin Adrenalin 1. Ausnahme Schweißdrüsen f.	ACH

Antwort zu 33.33

		Symp.	Parasymp.
1.	Hirnstamm		x
	Halsmark		
	Brustmark	x	
	Lendenmark	x	
	Kreuzmark		x
2.	organfern	x	
	organnah		x
3.	präganglionär:		
	kurz	x	
	lang		x
	postganglionär:		
	kurz		x
	lang	x	

4.	Symp. Noradrenalin bzw. Adrenalin (1 Ausnahme)	Parasymp. Acetylcholin

33.34 Welche Aussagen treffen für das periphere parasympathische Nervensystem zu?

a) Regelt den Hormonhaushalt
b) Hat lange präganglionäre Neurone
c) Innerviert nur die Organe im Kopfbereich, Brust-, Bauch- und Beckenraum
d) Überträgt die Erregung auf die Effektoren mit Acetylcholin
e) Besteht aus prä- und postganglionären Neuronen, die im Grenzstrang verschaltet sind
f) Innerviert alle Organe, die auch vom Sympathikus innerviert werden

b, c, d

33.35 Wo liegen die Zellkörper der präganglionären Neurone des sympathischen Nervensystems?

a) In den Erfolgsorganen
b) Im Grenzstrang
c) Im Brustmark
d) Im Kreuzmark
e) Im Lendenmark
f) Im Mittelhirn

c, e

33.36 Definieren Sie ein vegetatives Ganglion und beschreiben Sie die Lage der parasympathischen und sympathischen Ganglien.

siehe Lernschritt 33.2 und 33.2o - s. Abb. 33-6, 33-8

33.37 Die visceralen Afferenzen

a) haben ihre Zellkörper im Grenzstrang
b) treten mit den somatischen Afferenzen in das ZNS ein
c) kommen aus dem Eingeweide- und Gefäßbereich
d) haben ihre Zellkörper in den Spinalganglien oder dem sensiblen Ganglion des Nervus vagus
e) werden außerhalb des ZNS synaptisch umgeschaltet

b, c, d

Lektion 34 Die Reaktionen des glatten Muskels auf Dehnung, Acetylcholin, Adrenalin und Nervenreizung

In der letzten Lektion haben Sie gelernt, daß das vegetative Nervensystem besonders die glatte Muskulatur innerviert. Die glatte Muskulatur eines Organs, z.B. des Darmes oder einer Arterie, besteht aus einzelnen spindelförmigen Zellen, die etwa 5o bis 2ooμ lang und 5 bis 1oμ dick sind. Die Zellen sind untereinander netzartig verbunden. Die Muskelzellen enthalten wie die Skelettmuskelfasern Myofibrillen, wenn auch quantitativ in weit geringerem Maße. Diese Myofibrillen sind nicht regelmässig angeordnet wie beim Skelettmuskel, deshalb kann man beim glatten Muskel auch keine Querstreifung erkennen. Die Kontraktion der Myofibrillen der glatten Muskelzellen und der Skelettmuskelzellen unterscheiden sich nicht.

In dieser Lektion werden einige besondere Merkmale der glatten Muskulatur, die in der Eigenart ihrer Zellmembran und in dem Aufbau des glatten Muskels begründet sind, beschrieben. Durch diese Merkmale kann man die Funktionsweise vieler vegetativ innervierter Organe erklären. Zuerst wird gezeigt, daß die glatte Muskelzelle bei zunehmender Dehnung graduiert depolarisiert und graduierte Kraftentwicklung zeigt. Dann wird die Wirkung von Adrenalin und Acetylcholin, der sympathischen und parasympathischen Überträgerstoffe, auf einen gedehnten Darmmuskel beschrieben. Zuletzt werden die Kontraktionen je eines glatten Muskels und eines Skelettmuskels nach Nervenreizung verglichen.

Lernziele: Graphisch die Beziehung zwischen Depolarisation und Kraftentwicklung, sowie zwischen Aktionspotentialfrequenz und Kraftentwicklung bei einem glatten Muskel, der auf verschiedene Längen vorgedehnt ist, darstellen (s. Abb. 34-4). Graphisch die Wirkung von Acetylcholin und Adrenalin auf das Membranpotential, sowie die Kraftentwicklung eines vorgedehnten glatten Muskels darstellen (s. Abb. 34-13). Graphische Darstellung der zeitlichen Beziehung und des Verlaufes von Nervenaktionspotential, Muskelaktionspotential und Kontraktion eines glatten Muskels im Vergleich zu der Kontraktion eines Skelettmuskels nach Reizung des Muskelnerven (s. Abb. 34-21).

34.1 In Anlehnung an Abb. 12-5 zeigt Abb. 34-1 eine Versuchsanordnung, mit welcher das Membranpotential einer Einzelzelle eines glatten Muskels (Darm) bei passiver Dehnung des Präparates (rechte Hälfte der Abbildung) gemessen werden kann. Außerdem kann über einen Kraftmesser die Kraftentwicklung des gesamten Präparates bestimmt werden (linke Hälfte der Abbildung).

34.2 Mit dieser Versuchsanordnung kann also das .... einer Einzelzelle und die .... des glatten Muskelpräparates bei Dehnung gemessen werden. Der glatte Muskel kann auf Grund der Anordnung seiner kontraktilen Elemente ohne wesentlichen Kraftaufwand über einen sehr weiten Bereich gedehnt werden. Deshalb bewirkt eine passive Dehnung .... (praktisch keinen / einen erheblichen) Ausschlag der Kraftanzeige.

Membranpotential - Kraftentwicklung - praktisch keinen

34.3 Normalerweise ist die glatte Muskulatur des Darmes spontan aktiv, d.h. die Zellmembranen der glatten Muskelzellen depolarisieren ohne Einwirkung äußerer Reize selbsttätig. Erreichen diese spontanen Depolarisationen die Schwelle, so bilden sich s p o n t a n e .... Wir gehen davon aus, daß die Vordehnung der glatten Muskelzellen in Ruhe im lebenden Organ keinen Reiz im oben definierten Sinne darstellt.

Aktionspotentiale

34.4 Abb. 34-4A I zeigt ein Darmmuskelpräparat in Ruhevordehnung. Von dieser Zelle wird ein Ruhepotential von etwa ...... mV abgeleitet (Abb. 34-4B I). Die Membran bildet .... Aktionspotentiale.

-5o - spontane

34.5 Die spontan entstandenen Aktionspotentiale lösen Kontraktionen der Muskelfasern aus. Verhindert man das Entstehen von Aktionspotentialen, so entstehen keine Muskelkontraktionen. Die Kontraktion der glatten Muskelzelle wird also wie beim Skelettmuskel durch das über die Faser laufende .... ausgelöst.

Aktionspotential

34.6 Ein über die Faser laufendes Aktionspotential löst die .... der glatten Muskelfaser aus. Infolge der spontanen Aktivität der einzelnen Muskelzellen des Präparates in Abb. 34-4B I entwickelt das Präparat eine "Grundspannung", die dem Tonus der Skelettmuskulatur vergleichbar ist (siehe Lektion 22).

Kontraktion

34.7 Die "Grundspannung" bzw. Kraftentwicklung des Präparates in Abb. 34-4 I beträgt 5g. Diese Kraftentwicklung kommt durch die spontanen überschwelligen .... der Zellen dieses Muskels zustande.

Depolarisationen (überschwellige Aktionspotentiale = weißer Schimmel)

34.8 Eine Dehnung des Präparates um 1o mm (34-4A II) hat eine ...... (Erhöhung / Erniedrigung) des Ruhepotentials der Zelle dieses Präparates (Abb. 34-4B II) zur Folge. Außerdem nimmt die Frequenz der Aktionspotentiale .... (zu / ab).

Erniedrigung - zu

34.9 Die Kraftentwicklung des Präparates beträgt 1og bei Dehnung um 1o mm (Abb. 34-4C II). Eine weitere Dehnung um 1o mm (Abb.

34-4A III) hat eine weitere .... (Zunahme / Abnahme) des Membranpotentials und .... der Frequenz der Aktionspotentiale und .... (Zunahme / Abnahme) der Kraftentwicklung zur Folge.

Abnahme - Zunahme - Zunahme

34.1o Das heißt allgemein formuliert: mechanische Dehnung einer glatten Muskelzelle .... (depolarisiert / hyperpolarisiert) deren Fasermembran. Diese .... (Depolarisation / Hyperpolarisation) löst fortgeleitete Aktionspotentiale aus. Die Aktionspotentiale ihrerseits lösen die .... (Kraftentwicklung / Erschlaffung) des Präparates aus.

depolarisiert - Depolarisation - Kraftentwicklung

34.11 Dehnung eines glatten Muskels bewirkt .... des Membranpotentials; dies löst eine .... der Aktionspotentialfrequenz aus, was wiederum eine .... der Kraftentwicklung zur Folge hat.

Erniedrigung (oder entsprechend) - Erhöhung (oder entsprech.) Zunahme

34.12 Stellen Sie in Abb. 34-12A graphisch die Abhängigkeit der Frequenz der Aktionspotentiale (AP) von der Depolarisation einer glatten Muskelzelle dar. Die dazu notwendigen Werte entnehmen Sie aus Abb. 34-4. Dasselbe machen Sie bitte für die Abhängigkeit der Kraftentwicklung des glatten Muskels von der Frequenz der Aktionspotentiale in Abb. 34-12B.

siehe Abb. 34-12C, D

Die Aktionspotentiale der glatten Muskelzellen werden auch über die Zellgrenzen zu Nachbarzellen elektrotonisch fortgeleitet. Man nimmt an, daß dieses über Kontaktstellen zwischen den Zellen geschieht, die der Fortleitung geringe elektrische Widerstände entgegensetzen. Diese Fortleitung der Aktionspotentiale hat zur Folge, daß eine Vielzahl von Muskelzellen durch die Depolarisation einer Muskelzelle zur Kontraktion gebracht werden kann. Ist z.B. die Schwelle zur Erregung von Aktionspotentialen in einer Zelle einer Region glatter Muskelzellen besonders niedrig, so wird von dieser Zelle die Kontraktion der umgebenden Muskelzellen ausgelöst. Diese Zelle ist der S c h r i t t m a c h e r für ihre Umgebung. Prinzipiell ist jede glatte Muskelzelle fähig, der Schrittmacher für ihre Umgebung zu sein. Zellverbände im glatten Muskel, die durch eine Schrittmacherzelle beeinflußt werden, sind funktionelle Einheiten.

Die zunehmende Erregbarkeit durch Dehnung der Membranen der glatten Muskelzellen ist für die Hohlorgane des Körpers, wie z.B. Darm, Gefäße, Blase, von großer Bedeutung. Jede vermehrte Füllung eines Hohlorgans hat eine vermehrte Aktivität seiner Wandmuskulatur zur Folge. So entleert sich z.B. eine Harnblase, deren nervöse Regelung durch Kreuzmarkzerstörung ausgefallen ist, spontan, wenn sie einen bestimmten Füllungsgrad erreicht hat. Die spontane Erregungsbildung der glatten Muskulatur und ihre Modifizierung durch mechanische Dehnung befähigt die Hohlorgane also, ohne nervöse Kontrolle ihre Funktion in beschränktem Maße auszuüben. Man spricht in diesem Zusammenhang von der A u t o n o m i e der vegetativ innervierten Organe.

Einschränkend muß noch gesagt werden, daß es außer dieser spontan tätigen glatten Muskulatur andere glatte Muskeln gibt, deren Zellen im allgemeinen weder spontan tätig sind, noch durch mechanische Dehnung depolarisiert werden können, wie z.B. die glatten Muskeln der Haare und die glatte Muskulatur, die die Augenlinse verstellt. Diese Muskeln können nur über die sie innervierenden vegetativen Nerven aktiviert werden.

Die glatte Muskulatur kann direkt durch eine Vielzahl von Pharmaka beeinflußt werden. Deshalb wird sie bei vielen pharmakologischen Untersuchungen als biologisches Testpräparat benutzt. In den nächsten Lernschritten werden die Wirkungen von Acetylcholin und Adrenalin auf ein vorgedehntes Präparat eines Darmmuskelstreifens gezeigt.

34.13 In Abb. 34-13A ist in der oberen Registrierung das Membranpotential (MP) einer einzelnen vorgedehnten glatten Muskelzelle des Darmmuskels dargestellt. Das Ruhepotential in dieser Zelle ist etwa ...... mV. Der Anfang der intrazellulären Registrierung zeigt, daß die Zelle bis zur Schwelle depolarisiert und damit .... auslöst.

-5o - Aktionspotentiale

34.14 Die untere Registrierung in Abb. 34-12A zeigt die Kraftentwicklung des ganzen Präparates (Meßanordnung siehe Abb. 34-1). Sie beträgt am Anfang der Registrierung etwa ......g.

etwa 1

34.15 Bei Einwirkung einer hochverdünnten Acetylcholinlösung auf das Präparat (schwarzer Balken in Abb. 34-13A) .... (depolarisiert / hyperpolarisiert) die Membran der Zelle, die Frequenz der Aktionspotentiale nimmt .... Gleichzeitig .... (steigt / nimmt) die Kraftentwicklung des Präparates ..... (an / ab).

depolarisiert - zu - steigt an

34.16 Nach Austausch der Acetylcholinlösung durch eine normale Lösung (letztes Drittel der Registrierung) steigt das Membranpotential auf seinen Ausgangswert wieder an. Die Spannung des Präparates nimmt infolge .... (verminderter / erhöhter) Frequenz der fortgeleiteten Aktionspotentiale wieder ....

verminderter - ab

34.17 Acetylcholin löst also dieselben Reaktionen der glatten Darmmuskulatur aus wie mechanische Dehnung. Beidesmal werden die Zellmembranen .... und das Präparat .... (erhöht / erniedrigt) seine Spannung. Es wird angenommen, daß sowohl Dehnung als auch Acetylcholin die Leitwerte für Ionen, besonders für Na-Ionen, durch die Zellmembranen erhöht.

depolarisiert - erhöht

34.18 Abb. 34-13B zeigt die Wirkung von Adrenalin auf das Membranpotential und die Kraftentwicklung des Präparates. Beschreiben Sie, wie sich das Membranpotential der Zelle und die Spannung des Präparates ändern.

Membranpotential: hyperpolarisiert - Spannung: nimmt ab

34.19 Adrenalin .... (erhöht / erniedrigt) das Membranpotential und vermindert oder unterdrückt das Entstehen von Aktionspotentialen. Als Folge davon nimmt die Kraftentwicklung des Präparates .... Adrenalin verhindert bei mechanischer Dehnung die .... der Darmmuskelzellmembranen und damit auch die Kontraktion der Muskelzellen.

erhöht - ab - Depolarisation

Adrenalin wirkt auf die glatte Muskulatur der Darmes und der Lunge hemmend. Die übrige glatte Muskulatur, wie z.B. die Gefäßmuskulatur (siehe Lektion 36) wird durch Adrenalin erregt. Acetylcholin wirkt auf die glatte Muskulatur des Darmes, der Lunge und der Pupille erregend.

Die bisherige Betrachtung in dieser Lektion galt dem Verhalten der glatten Muskulatur unabhängig von ihrer vegetativen Innervation. In den folgenden Lernschritten wird die Kontraktion eines glatten Muskels nach Reizung seines vegetativen Nerven verglichen mit der Kontraktion eines Skelettmuskels. Man weiß aus elektronenoptischen und physiologischen Untersuchungen, daß die neuromuskuläre Übertragung im glatten Muskel qualitativ derjenigen im Skelettmuskel gleicht. Quantitativ gibt es aber einige Unterschiede. Die vegetativen Nervenfasern enden nicht mit morphologisch ausgebildeten neuromuskulären Synapsen auf den glatten Muskelzellen, die Axone laufen an den glatten Muskelzellen in mehr oder minder großem Abstand vorbei. Der Überträgerstoff wird aus diesen Axonen ausgeschüttet und diffundiert auf die glatten Muskelzellen. Man nimmt an, daß der Überträgerstoff eines feinen Axons auf viele glatte Muskelzellen seiner Umgebung wirkt. Die postsynaptischen erregenden Potentiale in Muskelzellen, die man nach Nervenreizung messen kann, dauern etwa 1o bis 2o mal länger als die Endplattenpotentiale in Skelettmuskelfasern.

Der in den folgenden Lernschritten behandelte Muskel ist der glatte Muskel der Nickhaut des Katzenauges. Er wird ausschliesslich von sympathischen Fasern innerviert. Bei Reizung seiner sympathischen Nervenfasern kontrahiert er sich.

34.2o Das vegetative Nervensystem innerviert Herz, Drüsen und die gesamte .... Muskulatur verschiedener Organe, das somatische efferente Nervensystem dagegen innerviert die ....muskulatur. Obwohl beide Muskeln biochemisch nach denselben Prinzipien funktionieren, zeigen sie nach Reizung der sie innervierenden Nerven ein unterschiedliches Verhalten ihrer Kontraktion.

glatte - Skelett-

34.21 Abb. 34-21 zeigt Nerv-Muskel-Präparate je eines Skelettmuskels (links) und eines glatten Muskels (rechts). Der glatte Muskel ist der sympathisch innervierte Muskel der Nickhaut des Katzenauges. Von beiden Präparaten wird das ....-Aktionspotential (C, F), das ....-Aktionspotential (B, E) und die .... (A, D) nach Reizung der Nerven mit den Elektroden R abgeleitet.

Nerven - Muskel - Muskelkontraktion

34.22 Reizt man mit der Elektrode R den Nerven des Skelettmuskels, so leitet man extrazellulär von demselben Nerven ein kurz andauerndes Nerven-......... ab (C); dieses setzt sich aus den Aktionspotentialen einzelner Fasern zusammen. Kurz danach wird vom Muskel ein Muskelaktionspotential (Massenaktionspotential) registriert (B). Diesem folgt die .... des Muskels.

Aktionspotential - Kontraktion

34.23 Beide, Nerven- und Muskelaktionspotential, halten .... (sehr kurz / lang) an, während die Muskelkontraktion etwa ... ms dauert.

sehr kurz - 15o

34.24 Reizung des sympathischen Nerven des glatten Muskels führt ebenso zu einem kurz dauernden .... (F). Dieses .... wird gefolgt von einem langen Muskelaktionspotential. Das Muskel-AP überdauert das Nerven-AP .... (beträchtlich / kaum).

Nerven-AP - Nerven-AP - beträchtlich

34.25 Die Kontraktion des glatten Muskels setzt im Gegensatz zu derjenigen des Skelettmuskels .... (sofort / deutlich verzögert) nach Beginn des Nerven- und Muskel-APs ein. (Achten Sie auf die unterschiedlichen Zeitskalen.) Die Kontraktion erreicht ihr Maximum nach etwa ...... s.

deutlich verzögert - 8

34.26 Es ist typisch für die glatte Muskulatur, daß ihre elektrische und mechanische Aktivität das erregende Nervenaktionspotential .... (lange / kurz) überdauern. Weiterhin entwickelt sich die Kontraktion .... (schnell / langsam). Dieser zeitliche Ablauf der Kontraktion ist etwa vergleichbar mit demjenigen des Schließmuskels einer Muschel oder einer Seerose.

lange - langsam

34.27 Reizt man den motorischen Nerven eines quergestreiften Muskels, so entwickelt dieser Muskel seine maximale Kontraktion im .... (Bereich von mehreren ms / von mehreren 1o ms / von mehreren s). In welchem Zeitbereich entwickelt ein glatter Muskel seine maximale Kontraktion?

im Bereich von mehreren 1o ms - im Bereich von mehreren s

Um eine anhaltende Kontraktion des Skelettmuskels (Tetanus) zu erreichen, muß man den Nerven des Muskels mit etwa 1oo Reizen pro Sekunde erregen (siehe Lektion 2o). Bei der lang andauernden, langsam ansteigenden und abfallenden Kontraktion des glatten Muskels sind erheblich niedrigere Reizfrequenzen von etwa 2-3 Hz nötig, um eine gleichmässige Dauerkontraktion des Muskels zu erzeugen. Es genügen also schon relativ geringe Frequenzen von 2-3 Aktionspotentialen pro Sekunde in den efferenten vegetativen Fasern, um den glatten Muskel in einen bestimmten gleichmässigen Kontraktionszustand (Tonus) zu bringen.

Die folgenden Lerneinheiten dienen zur Überprüfung Ihres Lernerfolges in dieser Lektion.

34.28 Dehnung eines Darmmuskelstreifens
a) hat die Depolarisation der Membran der glatten Muskelzellen zur Folge
b) bewirkt Erniedrigung der Entladungsfrequenz der glatten Muskelzellen
c) führt zur Erschlaffung des Muskelstreifens
d) löst Kraftentwicklung des Muskelstreifens aus
e) erhöht das Membranpotential

a, d

34.29 Kraftentwicklung eines glatten Muskels (Darm)
a) wird gesteuert durch die Depolarisation der Fasermembranen der Muskelzellen
b) kann ausgelöst werden durch Baden des Präparates in Adrenalinlösungen verschiedener Verdünnungsgrade
c) ist nicht möglich, da die Kontraktion des glatten Muskels ein Alles-oder-Nichts-Phänomen ist
d) kann durch Acetylcholinlösung ausgelöst werden
e) kann erzeugt werden durch mechanische Dehnung des Muskels

a, d, e

34.3o In welcher Beziehung stehen Kraftentwicklung K, Membranpotential M und Aktionspotentialfrequenz F einer glatten Muskelzelle?
K ist .... (direkt / indirekt) proportional zu F oder M.
F ist .... (direkt / indirekt) proportional zu M.

K direkt zu F - K indirekt zu M - F indirekt zu M

34.31 Die Kontraktion eines glatten Muskels nach Nervenreizung
a) ist ein Ereignis von mehreren (1o ms / 1oo ms / s)
b) dauert etwa ...... (2 / 5 / 1oo) mal länger als die Kontraktion eines Skelettmuskels
c) steigt .... (schneller / gleich schnell / langsamer) an als die eines Skelettmuskels
d) setzt .... (später / gleichzeitig / früher) ein wie die eines Skelettmuskels
e) hat .... (die gleichen / verschiedene) Grundmechanismen zur Ursache

a) s - b) 1oo - c) langsamer - d) später - e) die gleichen

Lektion 35 Die antagonistische Wirkung von Sympathikus und Parasympathikus auf die vegetativen Effektoren

Die meisten vegetativ innervierten Organe sind autonom aktiv, d.h. sie können ihre Funktion auch im denervierten Zustande ausüben. Da es sich fast ausschliesslich um Hohlorgane handelt, wie z.B. Magen-Darm-Trakt, Blase, Gefäße usw., geschieht diese Regelung über den Füllungsgrad bzw. den Innendruck der Hohlorgane. Ein erhöhter Innendruck dehnt die glatte Wandmuskulatur und depolarisiert die Fasermembran der glatten Muskelzellen. Dies führt wiederum zur Kraftentwicklung der glatten Muskulatur und damit zum Weitertransport des Inhaltes der Hohlorgane. Diese Autonomie der Organe ist auf die Eigenschaften der glatten Muskulatur zurückzuführen (siehe Lektion 34).

Nun werden die meisten dieser Organe von sympathischen und parasympathischen Fasern und visceralen afferenten Fasern innerviert. Die Aktivität in den efferenten vegetativen Fasern überlagert sich der autonomen Aktivität der Organe. Dabei wirken der Sympathikus und der Parasympathikus entgegengesetzt (antagonistisch) auf die Organe. In dieser Lektion wird diese antagonistische Wirkung an 2 Präparaten, einem Darmmuskel und einem Froschherzen beschrieben. Diese Präparate sind Beispiele, um die nervöse Beeinflussung der Funktionsweisen des Verdauungs- und Ausscheidungssystems einerseits und des Herzkreislaufsystems andererseits darzustellen.

Lernziele: Graphische Darstellung der mechanischen Registrierkurve eines Froschherzens nach Reizung des (a) sympathischen, (b) parasympathischen Herznerven. Aus der Zeichnung soll hervorgehen, daß der Sympathikus die Frequenz und Kraft der Kontraktion des Herzens erhöht, und daß der Parasympathikus die Frequenz des Herzens erniedrigt. Graphische Darstellung des Membranpotentials einer Darmmuskelzelle eines Darmpräparates und der Kraft eines Darmpräparates bei Reizung (a) des parasympathischen Nerven, (b) des sympathischen Nerven.

Ein isoliertes Froschherz schlägt auch ohne irgendeine Verbindung zum Körper s p o n t a n weiter. Es ist wie fast alle anderen vegetativ innervierten Organe a u t o n o m a k t i v. Die Schlagfrequenz des Herzens wird durch eine Gruppe von Zellen, die am Eingang des Herzens liegen, bestimmt. Diese Zellen depolarisieren spontan und erzeugen fortgeleitete Aktionspotentiale. Die Aktionspotentiale werden durch besonders spezialisierte Muskelzellen auf die Kammermuskulatur der Herzens, die das Blut in das arterielle System treibt, übertragen. Auf diese Weise werden die Kontraktionen einzelner Bereiche des Herzens miteinander koordiniert. Man nennt die spontan depolarisierenden Zellen am Eingang des Herzens Schrittmacherzellen. Das vegetative Nervensystem greift einerseits am Schrittmacher und andererseits an der Arbeitsmuskulatur des Herzens an.

35.1 In Abb. 35-1 sehen Sie ein isoliertes Froschherz. Die Herzfrequenz und die Kontraktionskraft des Herzens werden mechanisch von der Herzspitze her mit dem Zeiger Z registriert. Die Herzfrequenz ist durch die Häufigkeit der Zeigerausschläge, die Kraft der Kontraktion durch die .... der Ausschläge wiedergegeben (rechte Registrierungen). Aus den Registrierungen können Sie erkennen, daß das Herz ohne Reizung .... (schlägt / nicht schlägt).

Höhe (Größe) - schlägt

35.2 Nährlösung läuft aus dem Vorratsbehälter V in das Herz hinein und wird über Leitung L wieder herausgepumpt. Die zwei vegetativen Nerven, die das Herz innervieren, der .... und der .... liegen an Reizelektroden.

Sympathikus - Parasympathikus

35.3 Die spontane Schlagfrequenz des Herzens beträgt am Anfang der Registrierung (ersten 2o Sekunden) etwa .... Schläge pro Minute. Nach Reizung des Sympathikus beobachten Sie, daß die Frequenz des Herzens .... (zunimmt / abnimmt) und die Höhe der Ausschläge, d.h. die Kraft der Kontraktionen, ...

etwa 18 - zunimmt - zunimmt (oder entsprechend)

35.4 Elektrische Reizung des Sympathikus bewirkt am spontan tätigen Herzen eine .... der Frequenz und eine Erhöhung der ..... des Herzens. Nach Beendigung der Reizung nimmt das Herz seinen spontanen Rhythmus wieder auf.

Zunahme - Kraft der Kontraktion (oder entsprechend)

35.5 Die untere (rote) Registrierung in Abb. 35-1 zeigt, wie das Herz auf Reizung des parasympathischen Nerven reagiert. Beschreiben Sie bitte mit eigenen Worten, wie sich das Herz bei der Reizung verhält.

Herz bleibt stehen (oder entsprechend)

35.6 Die Höhe der Ausschläge in Abb. 35-1 (rote Registrierung) bleibt gleich während der Reizung des parasympathischen Herznerven, d. h. der Parasympathikus beeinflußt die .... des Herzens nicht. Jedoch an der zunehmenden Verlängerung der Abstände zwischen den Kontraktionen sehen Sie, daß die Frequenz des Herzens .... wird.

Kontraktionskraft - verlangsamt (oder entsprechend)

35.7 Sympathikus und Parasympathikus wirken .... (antagonistisch / synergistisch) auf das Herz. Die Leistung des Herzens wird durch den .... erniedrigt und durch den .... erhöht.

antagonistisch - Parasympathikus - Sympathikus

35.8 Die Regulation der Herzleistung durch das vegetative Nervensystem geschieht im Organismus natürlich nie in der in Abb. 35-1 dargestellten rigorosen Art und Weise, weil Sympathikus und Parasympathikus gleichzeitig das Herz beeinflussen. So kann sich die Frequenz des Herzens z.B. auch erhöhen, wenn die parasympathische Aktivität .... (abnimmt / zunimmt).

abnimmt

35.9 Auf das Herz wirken fortwährend .... (hemmende / erregende) parasympathische und .... sympathische Einflüsse. Diese Einflüsse werden zentral gesteuert. Jede Aktivitätsänderung in einem der vegetativen Systeme hat eine Änderung der Herzfrequenz oder / und der .... zur Folge.

hemmende - erregende - Kontraktionskraft

35.1o So erhöht sich die Herzleistung bei .... (1./2./3./4.) und erniedrigt sich die Herzleistung bei .... (1./2./3./4.):

1) Anstieg der sympathischen Aktivität
2) Abfall der sympathischen Aktivität
3) Anstieg der parasympathischen Aktivität
4) Abfall der parasympathischen Aktivität

1., 4. - 2., 3.

35.11 Mit diesen Möglichkeiten des ZNS, die Leistung des Herzens über das vegetative Nervensystem .... (konstant zu halten / zu verändern) kann der Organismus sein Herzkreislaufsystem den Anforderungen aus der Umwelt schnell anpassen (siehe Lektion 36).

zu verändern

Sympathische Aktivität erhöht die Frequenz und Kontraktionskraft des Herzens. Parasympathische Aktivität erniedrigt die Frequenz des Herzens, hat aber auf die Kraft der Kontraktion keinen Einfluß. Diesen Wirkungen korrespondieren die Innervationsbereiche beider Nerven am Herzen: der Sympathikus innerviert sowohl das Gebiet in der Vorhofwand, das die Frequenz des Herzens bestimmt (Schrittmacher) als auch die Muskulatur der Herzkammern; der Parasympathikus innerviert nur den Schrittmacher und die Vorhöfe des Herzens.

Das Froschherz ist ein günstiges biologisches Präparat zur Testung von synaptischen Überträgerstoffen, weil die Empfindlichkeit seiner Zellen gegenüber diesen Stoffen sehr hoch ist. Kleinste Mengen dieser Stoffe genügen schon, um Wirkungen an diesem Präparat auszulösen. Abb. 35-12 links zeigt schematisch die Versuchsanordnung, die vor längerer Zeit zur Entdeckung der chemischen synaptischen Übertragung von den vegetativen Fasern auf die Effektoren am Froschherzen führte. Der obere Teil der Versuchsanordnung ist derselbe wie in Abb. 35-1. Zusätzlich wird in diesem Versuch die Nährlösung aus dem Herzen I über die Leitung L in Herz II gepumpt.

35.12 Die beiden oberen Registrierungen in Abb. 35-12 kennen Sie aus Abb. 35-1. Reizung des sympathischen Herznerven erhöht die .... und die .... von Herz I. Reizung des parasympathischen Herznerven erniedrigt die .... des Herzens und erzeugt einen vorübergehenden Herzstillstand.

Schlagfrequenz - Kontraktionskraft - Schlagfrequenz

35.13 Die Nährlösung wird von Herz I über Leitung L in Herz II gepumpt. Dieses Herz schlägt spontan mit einer höheren Frequenz als Herz I. Wie verändern sich Kontraktionskraft und Frequenz von Herz II nach Reizung der vegetativen Nerven von Herz I?

	SY	ParaSY
Kontraktionskraft	+	Ø
Frequenz	+	−

("+" = Erhöhung, "-" = Erniedrigung, "Ø" = keine Änderung)

	SY	ParaSY
Kontraktionskraft	+	Ø
Frequenz	+	-

35.14 Herz II ändert seine Kontraktionskraft und Schlagfrequenz .... (gleichsinnig / nicht gleichsinnig) zu Herz I nach Reizung der vegetativen Nerven. Diese Änderungen werden durch Stoffe erzeugt, die von Herz I an die Nährlösung abgegeben werden und über die Leitung L zu Herz II gelangen.

gleichsinnig

35.15 Diese Versuche zeigen eindeutig, daß die Übertragung von den Endigungen der vegetativen Fasern auf die Effektoren .... (chemisch / elektrisch) ist. Die Wirkungen der chemischen Stoffe zeigt weiterhin, daß Parasympathikus und Sympathikus .... (verschiedene / die gleichen) chemische(n) Stoffe freisetzen.

chemisch - verschiedene

35.16 Diese freigesetzten Substanzen ändern die Schlagfrequenz und die Kontraktionskraft von Herz II so, als würde dieses Herz direkt durch vegetative Nerven beeinflußt. Man muß hieraus schliessen, daß es sich bei den freigesetzten Stoffen um den sympathischen und den parasympathischen Überträgerstoff handelt: ...... und ....

Noradrenalin (Adrenalin) - Acetylcholin

Eine ausgesprochen antagonistische Wirkung von Sympathikus und Parasympathikus kann man auch im ganzen Verdauungssystem beobachten. In den folgenden Lernschritten wird gezeigt, wie die Kraftentwicklung eines Darm-Muskel-Präparates nach Reizung der sympathischen und parasympathischen Nerven, die das Präparat innervieren, sich verändert. Es wird gleichzeitig das Membranpotential einer glatten Muskelzelle des Präparates gemessen. Versuchsanordnung ist dieselbe wie in Abb. 34-1.

35.17 In Abb. 35-17A, B ist die Wirkung von Acetylcholin und Adrenalin auf das Membranpotential (MP) einer glatten Muskelzelle und auf die Kraftentwicklung eines Darmmuskelstreifens dargestellt. Die Abbildungen sind identisch mit Abb. 34-13. Acetylcholin .... (erhöht / erniedrigt) das MP und Adrenalin .... das MP.

erniedrigt - erhöht

35.18 Die Erniedrigung des MP durch Acetylcholin löst eine .... der Frequenz der Aktionspotentiale aus. Bei Adrenalingabe wird das Entstehen von Aktionspotentialen verhindert. Der Darmmuskel .... (erschlafft / kontrahiert sich) nach Acetylcholingabe und .... (erschlafft / kontrahiert sich) nach Adrenalingabe.

Erhöhung - kontrahiert sich - erschlafft

35.19 Abb. 35-17C, D zeigt dieselben Messungen, nur werden in diesen Experimenten der parasympathische (C) und der sympathische Nerv (D), die dieses Darmmuskelpräparat innervieren, gereizt. Die Registriertechniken sind dieselben wie in Abb. 34-1. Beschreiben Sie die Wirkungen von Parasympathikus und Sympathikus auf das Membranpotential (MP) des Präparates.

Parasymp.: MP erniedrigt - Symp.: MP erhöht

35.2o Nach Reizung des sympathischen Nerven werden also die Membranen der glatten Muskelzellen ....polarisiert. Der Darmmuskel .... (erschlafft / kontrahiert sich). Reizung des

Parasympathikus hat .... (entgegengesetzte / die gleichen) Wirkungen.

hyper- - erschlafft - entgegengesetzte

35.21 Diese antagonistischen Wirkungen, ... (Hemmung / Erregung) durch den Parasympathikus und .... durch den Sympathikus, haben die beiden vegetativen Nervensysteme auf das ganze Verdauungs- und Ausscheidungssystem.

Erregung - Hemmung

35.22 Sympathikus und Parasympathikus wirken auf das Herz und die Darmmuskulatur .... (antagonistisch / synergistisch) zueinander. Ihre synaptischen Überträgerstoffe auf die Effektoren sind .... beim Sympathikus und .... beim Parasympathikus.

antagonistisch - Noradrenalin (Adrenalin) - Acetylcholin

35.23 Die Überträgerstoffe wirken je nach Effektor depolarisierend und hyperpolarisierend auf die Membranen: Adrenalin .... die glatten Muskelzellen des Darmes und ...... die Schrittmacherzellen des Herzens, Acetylcholin hat auf die gleichen Effektoren .... (gleiche / umgekehrte) Effekte.

hyperpolarisiert - depolarisiert - umgekehrte

Es ist wahrscheinlich, daß derselbe Überträgerstoff je nach Effektor die Leitfähigkeit der Membranen relativ selektiv für Kalium- oder Natrium-Ionen erhöhen kann. Diese Leitwertänderungen führen zu Verschiebungen des Membranpotentials der Zellen in Richtung des Kalium- oder Natrium-Gleichgewichtspotentials, was eine Hyperpolarisation bzw. Depolarisation der Zellen zur Folge hat.

Es muß noch betont werden, daß nicht alle vegetativen Erfolgsorgane durch beide vegetative Nervensysteme, den Sympathikus und den Parasympathikus, innerviert werden. So werden das ganze Gefäßsystem (Venen und Arterien), die Schweißdrüsen und die glatte Muskulatur der Haare nur über den Sympathikus erregt. Die Weite der Gefäße wird folglich nur über die Aktivität in den sympathischen Fasern, die sie innervieren, verstellt.

Die restlichen Lernschritte dienen der Überprüfung Ihres Wissens:

35.24 In Lektion 33 haben Sie gelernt, daß nach Erregung des Sympathikus Adrenalin durch die Zellen des Nebennierenmarkes in die Blutbahn ausgeschüttet wird. Wie wirkt dieses Adrenalin?

a) Es erhöht die Motilität des Darmes
b) Es setzt die Kraft der Kontraktion des Herzens herab
c) Es hemmt die Darmfunktion
d) Es erhöht die Leistung des Herzens
e) Es blockiert die cholinerge Übertragung vom Parasympathikus auf die Darmmuskulatur

c, d

35.25 Beschreiben Sie kurz die Wirkung von Adrenalin und Acetylcholin auf das Herz und den Darm (+ = Erregung; - = Hemmung).

	Adrenalin	Acetylcholin
Herz	+	-
Darm	-	+

35.26 Wie kann das ZNS das Blutvolumen, welches das Herz in der Minute auswirft, erhöhen?

a) Durch Erhöhung der Aktivität im sympathischen Herznerven
b) Durch Erniedrigung der Aktivität im sympathischen Herznerven

c) Durch Erhöhung der Aktivität im parasympathischen Herznerven
d) Durch Erniedrigung der Aktivität im parasympathischen Herznerven

a, d

Lektion 36 Die zentralnervöse Regulation der vegetativen Effektoren

Die meisten vegetativ innervierten Organe sind autonom aktiv. Diese Aktivität kann über den Sympathikus und Parasympathikus gehemmt oder gefördert werden; das wurde in Lektion 35 gezeigt. Wie diese sympathischen und parasympathischen Einflüsse auf die Organe zustande kommen, wird in der folgenden Lektion behandelt. Im Mittelpunkt dieser Lektion stehen die vegetativen Schaltstationen im Rückenmark und in der Medulla oblongata. Die efferenten Schenkel dieser Schaltstationen sind im wesentlichen die sympathischen und parasympathischen Nerven, die afferenten Schenkel sind einerseits viscerale und z.T. somatische Afferenzen, andererseits höhere vegetative Zentren. Das Ziel dieser Lektion ist, zu zeigen, wie die Aktivität der vegetativ innervierten Organe von zentral her reguliert wird.

Zuerst werden der autonome Reflexbogen und die segmentale Verschaltung vegetativer Efferenzen und visceraler und somatischer Afferenzen beschrieben. Dann wird die spinalnervöse Regelung des Ausscheidungssystems anhand des Blasenentleerungsreflexes abgehandelt. Als Drittes wird in groben Zügen die zentralnervöse Regulation des Herzkreislaufsystems dargestellt.

Lernziele: Beschreiben und Zeichnen des autonomen Reflexbogens (Afferenzen, mindestens ein Interneuron, prä- und postganglionäres Neuron). Nennen von zwei Verschaltungen zwischen Afferenzen und vegetativen Efferenzen (z.B. viscerale Afferenzen mit Efferenzen zu Gefäßen oder mit Efferenzen zu Darm; somatische Afferenzen mit Efferenzen zu Gefäßen oder mit Efferenzen zu Darm). Zeichnen des autonomen segmentalen Reflexbogens der Blasenentleerung (Afferenzen von Blasenwand, Umschaltung in Kreuzmark, parasympathische Efferenzen zu Blasenwandmuskel und Blasenschließmuskel). Auswendig wissen der wichtigsten Ein- und Ausgänge des Kreislaufzentrums zur Regulation des Blutdruckes und der Durchblutungsverteilung in den Organen (Afferenzen von Presso- und Chemorezeptoren der arteriellen Ausflußbahn des Herzens, parasympathische Efferenzen zu Herz, sympathische Efferenzen zu Herz, kleinen Arterien und Venen). Beschreiben anhand eines Blockschaltbildes, wie der Blutdruck konstant gehalten wird (siehe Abb. 36-27).

36.1 Die einfachste Verschaltung zwischen Afferenzen und vegetativen Efferenzen liegt auf segmentaler Ebene im .... Man nennt dieses Neuronenkreis den a u t o n o m e n R e f l e x b o g e n. In Abb. 36-1 ist in einem Rückenmarksquerschnitt links der autonome Reflexbogen und rechts der einfachste somatische Reflexbogen (monosynaptisch) eingezeichnet. Bezeichnen Sie Hinter-, Seiten- und Vorderhorn (1., 2., 3.).

Rückenmark - 1. Hinter- - 2. Seiten- - 3. Vorderhorn

36.2 Das efferente Neuron dieses Reflexbogens, welches seine Aktivität auf die vegetativen Erfolgsorgane überträgt ist das ..... (prä- / post-)ganglionäre Neuron (b in Abb. 36-1). Sein Soma liegt außerhalb des Rückenmarks in den vegetativen .... Der Zellkörper des efferenten Neurons des somatischen Reflexbogens liegt dagegen im .... (Abb. 36-1 rechts).

post- - Ganglien - Vorderhorn bzw Rückenmark

36.3 Die afferenten Fasern des autonomen Reflexbogens treten in den ....wurzeln ins Rückenmark ein. Zwischen afferentem Neuron und postganglionärem Neuron sind beim autonomen Reflexbogen mindestens zwei Neurone geschaltet: ein Interneuron (IN in Abb. 36-1) und das .... Neuron (a in Abb. 36-1). Der monosynaptische Reflexbogen enthält dagegen .... (ein / kein) Neuron zwischen afferenter Faser und Motoneuron.

Hinter- - präganglionäre - kein

36.4 Der autonome Reflexbogen hat also mindestens .... (zwei / eine) Synapse(n) im Rückenmarksgrau (siehe Abb. 36-1 links) und eine Synapse im .... zwischen präganglionärem Neuron und postganglionärem Neuron. Der monosynaptische Reflexbogen hat dagegen nur .... Synapse (n) zwischen afferentem und efferentem Neuron.

zwei - Ganglion - eine

36.5 Im autonomen Reflexbogen sind zwischen afferenter Faser und efferentem Endneuron mindestens .... Neurone geschaltet, der autonome Reflex läuft also über mindestens .... Synapsen.

zwei - drei

Aus der täglichen Arztpraxis ist bekannt, daß bei einem krankhaften Prozeß im Eingeweidebereich (z.B. Blinddarmentzündung oder Entzündung bei Gallenblasensteinen) die Muskulatur über dem Krankheitsherd gespannt ist. Das Hautareal, welches durch Afferenzen und Efferenzen desselben Rückenmarkssegmentes innerviert wird wie die krankhaft befallenen Eingeweide, zeigt Rötung (eine Folge der Gefäßerweiterung) und Überempfindlichkeit bei Berührung. Man kann auch durch Reizung der Rezeptoren im Hautareal, welches durch die Afferenzen desselben Segmentes innerviert wird wie die erkrankten Eingeweide, Schmerzen im Eingeweidebereich lindern (Reizung von Hautrezeptoren, Umschaltung der afferenten Aktivität auf segmentaler Ebene auf sympathische Efferenzen). So verursachen z.B. krampfartige Bewegungen der Eingeweide "Bauchschmerzen". Diese Schmerzen kann man beseitigen oder lindern durch heiße Bauchwickel oder eine heiße Wärmflasche auf die entsprechende Bauchregion, d.h. durch Reizung der Hautregion, die vom selben Rückenmarkssegment innerviert wird wie die Eingeweide, die die Bauchschmerzen verursachen.

36.6 Vegetative und somatische Efferenzen und viscerale und somatische Afferenzen sind auf .... Ebene besonders dicht miteinander verschaltet. In Abb. 36-6 sind eine somatische Afferenz von der Haut (b) und eine somatische Efferenz zum Skelettmuskel (e) schwarz eingezeichnet. Eine viscerale Afferenz vom Darm (a) und zwei vegetative Efferenzen zum Darm (c) und zu den Gefäßen (d) sind rot eingezeichnet. Die Verschaltungsmöglichkeiten sind ausgelassen worden.

segmentaler

36.7 Spielt sich ein krankhafter Prozeß in den Eingeweiden (z.B. Blinddarmentzündung) ab, so ist die Haut, die durch dasselbe Segment innerviert wird, gerötet. Sie können daraus folgern, daß die .... Afferenzen (a in Abb. 36-6) mit den vegetativen .... zu den Hautgefäßen (den Vasokonstriktoren, d) verschaltet sind.

visceralen - Efferenzen

36.8 Wenn gleichzeitig durch die Blinddarmentzündung die Bauchmuskulatur über dem Blinddarm gespannt ist, so müssen Sie weiterhin folgern, daß die .... (a in Abb. 36-6) auch mit den .... (Moto- / Inter-)neuronen, deren Axone die Bauchmuskulatur innervieren (e in Abb. 36-6), verknüpft sind.

visceralen Afferenzen - Moto-

36.9 Erwärmung der Haut, die durch dasselbe Segment innerviert wird wie die krankhaften Eingeweide, kann die Eigenbewegungen des Darmes hemmen. Dies führt zum Rückgang des Schmerzes. Diese Wirkung wird mit Sicherheit nicht direkt, sondern .... (nervös reflektorisch / hormonell) vermittelt. Sie können hieraus folgern, daß auch die .... (visceralen Afferenzen / Hautafferenzen) mit .... (vegetativen / somatischen) Efferenzen auf .... Ebene bevorzugt miteinander verschaltet sind.

nervös reflektorisch - Hautafferenzen - vegetativen - segmentaler

36.1o Sie haben jetzt drei vegetative segmentale Reflexe kennengelernt: 1. den viscero-cutanen Reflex (Stichwort Rötung), 2. den viscero-motorischen Reflex (Stichwort Muskelspannung), 3. den cuti-visceralen Reflex (Stichwort Erwärmung der Haut). Zeigen Sie in Abb. 36-6, welche Afferenzen mit welchen Efferenzen bei

1., 2. und 3. verknüpft sind (Cutis = Haut).

1. a mit d - 2. a mit e - 3. b mit c

Diese segmentalen vegetaticen Reflexe treten besonders bei Menschen auf, deren Rückenmark durch einen Unfall durchtrennt worden ist (Querschnittsgelähmte). Etwa 6-8 Wochen nach dem Unfall können durch mechanische Hautreizung gewaltige Schweißsekretionen und Gefäßreaktionen in der Haut ausgelöst werden. Die Schaltstationen im Rückenmark, die diese Reaktionen vermitteln, unterliegen bei Gesunden dauernder Hemmung durch absteigende Bahnen von höheren Zentren.

Außer diesen vegetativen segmentalen Verschaltungen zwischen vegetativen Efferenzen und Afferenzen gibt es im Rückenmark einige Reflexzentren, die relativ selbständig sind. Sie regeln z.B. die Blasen- und Darmentleerung. Auch diese Funktionen kehren bei Querschnittsgelähmten nach 6-8 Wochen, wenn auch nicht in vollem Maße, wieder (siehe Lektion 24).

In den folgenden Lernschritten wird als Beispiel für diese Reflexe die spinal-nervöse Regulation der Blasenentleerung beschrieben. Diese spinale Blasenregulation besteht noch am Anfang des Lebens im Säuglingsalter. Mit der Reifung des ZNS im zunehmenden Alter wird sie durch höhere Zentren kontrolliert.

Die Wand der Blase und ihr innerer Schließmuskel bestehen aus glatter Muskulatur (Abb. 36-11). Zusätzlich hat die Blase noch einen willkürlich kontrollierbaren, quergestreiften Schließmuskel.

36.11 Bei Füllung der Blase durch Urin aus dem Harnleiter werden die Wand der Blase und damit die glatten Muskelzellen passiv gedehnt. Diese Dehnung hat .... (De- / Hyper-)polarisation der glatten Muskelzellen zur Folge.

Depolarisation

36.12 Diese Depolarisation löst aktive ....entwicklung der glatten Muskelzellen aus, was bei genügender Füllung der Blase zu ihrer teilweisen Entleerung führt. Man spricht von der Autonomie oder Autoregulation der Blase. Die Grundmechanismen dieser Autoregulation, die sich an der glatten Muskulatur abspielen, wurden in Lektion 34 abgehandelt.

Kraft- (oder entsprechend)

36.13 Der Autoregulation der Blase ist ihre zentralnervöse Regulation überlagert. Diese nervöse Regulation geschieht wesentlich über den Parasympathikus. Die spinalen Reflexzentren für diese Regulation liegen im .... (Brust- / Lenden- / Kreuzmark) (s. Abb. 33-18).

Kreuzmark

36.14 Die Neurone, über die die vegetativ-nervöse Regelung der Blasenentleerung abläuft, sind in Abb. 36-11 rot eingezeichnet. Wie die Abbildung zeigt, befinden sich in der Blasenwand Mechanorezeptoren, die die Wanddehnung messen. Die Erregung dieser Rezeptoren während der Blasenfüllung wird über Afferenzen zum Kreuzmark fortgeleitet. Diese Afferenzen gehören zu den .... (visceralen / somatischen) Afferenzen.

visceralen

36.15 Im Kreuzmark wird die Aktivität der visceralen Afferenzen auf die präganglionären .... (parasympathischen / sympathischen) Neurone umgeschaltet. Diese Neurone treten aus dem Kreuzmark über die ....wurzeln aus und übertragen ihre Aktivität auf die .... Neurone.

parasympathischen - Vorder- - postganglionären

36.16 Die Aktivität der postganglionären parasymapthischen Neurone wird auf die .... Muskulatur der Blasenwand übertragen. Die Blasenwandmuskulatur kontrahiert sich (+), während der innere Verschlußmuskel der Harnröhre erschlafft (- in Abb. 36-11).

glatte

36.17 Es handelt sich hier um einen .... (autonomen / somatischen) Reflexbogen, in dem .... Afferenzen mit parasympathischen Efferenzen verschaltet sind. Dieser Reflex läuft automatisch auf segmentaler Ebene ab. Querschnittsgelähmte, deren Rückenmark in Hals- oder Brusthöhe zerstört ist, haben wie Säuglinge fast vollständige, durch die Füllung reflektorisch ausgelöste Blasenentleerungen.

autonomen - viscerale

36.18 Die glatte Muskulatur der Blase wird noch zusätzlich durch .... (sympathische / somatische efferente) Fasern innerviert, die dem Lendenmark entspringen (nicht eingezeichnet in Abb. 36-11). Diese Fasern wirken .... (synergistisch / antagonistisch) zum Parasympathikus. Ob diese Innervation funktionell große Bedeutung hat, ist strittig.

sympathische - antagonistisch

36.19 Wie Sie wissen, kann die Blasenentleerung auch willkürlich gesteuert werden. Dies geschieht über absteigende hemmende und erregende Bahnen, die ihren Ursprung im Cortex haben. Wie die Abb. 36-11 zeigt, enden diese Bahnen einerseits auf den ..... (prä- / post-)ganglionären Neuronen und andererseits auf ......-neuronen, die den äußeren Blasenschließmuskel, der quergestreift ist, innervieren (Abb. 36-11).

prä- - Moto-

36.2o Man kann also sagen: grundsätzlich ist die Regelung der Blasenentleerung .... (vegetativ / somatisch). Diese Regelung wird über absteigende Bahnen, die ihren Ursprung im .... (Cortex / Hirnstamm) haben, willkürlich kontrolliert. Als zusätzliche Sicherung steht dem Organismus ein quergestreifter Schließmuskel, der durch Axone .... (motorischer Vorderhornzellen / parasympathischer Neurone) innerviert wird, zur Verfügung.

vegetativ - Cortex - motorischer Vorderhornzellen

Das Beispiel der Blasenentleerung hat angedeutet, daß der Blasenentleerungsmechanismus stufenartig (hierarchisch) organisiert ist (Organebene, segmentale Ebene, Hirnstammebene, cortikale Ebene). Mit jeder differenzierten Stufe der Regulation kann die Blasenentleerung den jeweiligen Bedürfnissen des Organismus besser angepaßt werden. Die Regulation auf Organ- oder Segmentebene bewirkt bei voller Blase stets eine volle Entleerung. Höhere Zentren können in diese Regulation eingreifen und die Blasenentleerung aufschieben.

Sie wissen aus Erfahrung, daß der Blasenentleerungsmechanismus in enger Beziehung zum psychischen Befinden der Person steht, denken Sie nur an eine Prüfungssituation ("er macht sich vor Angst in die Hose"). Ein einfacher Versuch verdeutlicht Ihnen sehr drastisch die enge Beziehung zwischen höheren nervösen Strukturen, die als die Substrate der Emotionen angesehen werden müssen, und vegetativen Funktionen (hier der Blasenentleerungsreflex). Bei einem Patienten der Psychiatrie wurde fortlaufend der Blaseninnendruck gemessen. Wenn der Patient hustete, aufstand oder versuchte die Blase zu entleeren, so stieg der Druck maximal auf das Doppelte an. Unterzog man den Patienten einem psychiatrischen Interview, so stieg der Druck auf mehr als das Fünffache an. Dies demonstriert Ihnen die enge Beziehung zwischen Gefühlswelt und vegetativen Funktionen.

Die wichtigsten vegetativen zentralnervösen Zentren liegen im verlängerten Rückenmark (Medulla oblongata). Es enthält eine Vielzahl von motorischen und sensorischen Hirnnervenkernen (z.B. die Vagus- und Trigeminuskerne). Weiterhin wird die Medulla von vielen absteigenden und aufsteigenden Bahnen durchzogen (z.B. der Pyramidenbahn und dem spinothalamischen Trakt). Zwischen den Hirnnervenkernen liegt der caudale Teil der Formatio reticularis (s. Lektion 31).

Von der Medulla aus werden die Atmung, der Kreislauf und ein großer Teil der Verdauung reguliert. Es ist bis heute nicht möglich gewesen, in dem Konglomerat von Bahnen, Kernen und losen Neuronenverbänden die vegetativen Zentren eindeutig zu lokalisieren. So scheinen die Neurone, welche die Atmung oder den Kreislauf regulieren, über die ganze Medulla verstreut zu liegen und in die Formatio reticularis eingebettet zu sein. Man kann nur sagen z.B., in welcher Region der Medulla die Wahrscheinlichkeit größer ist, Neurone zu finden, die auf das Kreislaufgeschehen fördernd wirken, und in welcher Region mehr hemmende Neurone zu finden sind. Deshalb hat es nur Sinn, funktionell von Atem- oder Kreislaufzentrum zu sprechen.

In den folgenden Lernschritten wird als Beispiel die zentralnervöse Kreislaufregulation abgehandelt. Diese Auswahl wurde getroffen, weil die Kenntnis über die zentralnervöse Regulation des Kreislaufs größer ist als über die Regulation der Atmung und Verdauung. Erschwerend kommt hinzu, daß bei der Atmung und Verdauung auch das somatische Nervensystem und hormonelle Faktoren eine wesentliche Rolle spielen. Bei der Darstellung der Kreislaufregulation soll gezeigt werden, daß die Höhe des arteriellen Blutdruckes und die Durchblutungsverteilung in den Organen zentral reguliert werden.

Der Blutkreislauf ist das Transportsystem des Organismus. Über ihn werden Sauerstoff und energiereiche Stoffe an die Organe (ZNS, innere Organe, Muskulatur usw.) herantransportiert und die Schlacken abtransportiert. Er besteht aus dem Herz, den Arterien, den Venen und dem Kapillarbett in den Organen. Bis auf die Kapillaren, deren Wände keine glatte Muskulatur enthalten, sind alle Bereiche dieses Systems vegetativ innerviert: das Herz wird sowohl durch sympathische als auch parasympathische Fasern innerviert (siehe Lektion 35), die glatte Muskulatur der Gefäßwände wird nur durch sympathische Fasern innerviert. Im arteriellen Teil dieses Systems herrscht ein mittlerer Blutdruck von etwa 100 mm Quecksilber, das entspricht etwa einer siebtel Atmosphäre. Zur Aufrechterhaltung dieses arteriellen Blutdruckes sind besonders das Herz und die kleinen Arterien wichtig: d a s H e r z ist der Motor, der das Blut in das arterielle System befördert; der Abfluß aus diesem System in die Kapillaren erfolgt über die k l e i n e n A r t e r i e n. In den V e n e n wird das Blut zum Herzen zurücktransportiert. Der Druck in ihnen ist etwa ein Zehntel des arteriellen Druckes. Sie haben sehr weiche, elastische Wände, deshalb enthält das venöse System etwa 80% des Gesamtblutvolumens. Herz, kleine Arterien und Venen sind die wichtigsten vegetativen Effektoren für die Kreislaufregulation.

36.21 Abb. 36-21 zeigt schematisch die wichtigsten Bestandteile der Kreislaufregulation. Das Kreislaufzentrum liegt in der .... oblongata. Dieses Zentrum funktioniert auch ohne die modifizierenden Einflüsse höherer Zentren, z.B. in decerebrierten Tieren (siehe Lektion 26).

Medulla

36.22 Informationen aus der Peripherie erhält das Kreislaufzentrum über die .... der Druck- und Chemorezeptoren in der arteriellen Ausflußbahn des Herzens (linke Seite in Abb. 36-21). Die Druckrezeptoren messen den Dehnungszustand der Blutgefäßwände und damit sowohl die mittlere Höhe als auch die Pulsationen des Blutdruckes, die Chemorezeptoren die Sauerstoff- und Kohlendioxydspannung im arteriellen Blut.

Afferenzen

36.23 Die Informationen von den Druckrezeptoren (Pressorezeptoren) dienen normalerweise mehr der Kreislaufregulation als die Informationen von den Chemorezeptoren. Die Afferenzen beider Rezeptoren gehören zu den .... (visceralen / somatischen) Afferenzen. Bei Erhöhung des arteriellen Blutdruckes nehmen die Impulse in den Afferenzen der Pressorezeptoren zu, bei Erniedrigung des Blutdruckes nehmen sie ....

visceralen - ab

36.24 Die für die Kreislaufregulation relevanten Efferenzen des Kreislaufzentrums innervieren das Herz, die kleinen Arterien und die Venen (rechte Seite in Abb. 36-21). Das Herz wird von .... und von .... Fasern innerviert. Die kleinen Arterien und die Venen werden nur von .... (parasympathischen / sympathischen) Fasern innerviert.

sympathischen - parasympathischen - sympathischen

36.25 Die vegetativen Fasern, die die wichtigsten Effektoren des Kreislaufzentrums wie ...., ..., ... innervieren, senden fortwährend Impulse zu ihren Erfolgsorganen. Sie sind t o n i s c h aktiv. Eine Erhöhung der Aktivität im Parasympathikus .... (erhöht / erniedrigt) die Herzfrequenz, ändert aber nicht die .... des Herzens.

Herz - kleine Arterien - Venen - erniedrigt - Kontraktionskraft (oder entsprechend)

36.26 Die sympathischen Fasern wirken auf alle Kreislaufeffektoren .... (hemmend / erregend). Erhöhte sympathische Aktivität .... (erhöht / erniedrigt) die .... und die .... des Herzens. Die kleinen Arterien und die Venen werden durch die sympathische Aktivität .... (verengt / erweitert). Die Weite der kleinen Arterien und Venen wird sympathisch reguliert. Erhöhung der sympathischen Aktivität .... (verengt / erweitert) die Gefäße, Erniedrigung der sympathischen Aktivität hat eine .... der Gefäße zur Folge.

erregend - erhöht - Frequenz - Kontraktionskraft - verengt - verengt - Erweiterung

Das Kreislaufzentrum regelt den arteriellen Blutdruck, um eine ausreichende Durchblutung der Organe zu gewährleisten. Hierzu stehen ihm im wesentlichen zwei Mechanismen zur Verfügung: die Veränderung des Herzauswurfes pro Zeiteinheit (H e r z z e i t v o l u m e n) und die Veränderung der Weite der kleinen Arterien. Je enger diese kleinen Arterien sind, je weniger Blut fließt durch sie aus dem arteriellen System ab. In den folgenden Lernschritten wird zuerst die Regelung des arteriellen Blutdruckes und danach die Regelung des Blutflusses durch die Organe bei Muskelarbeit besprochen.

36.27 Im Blockschaltbild in Abb. 36-27 ist die arterielle Blutdruckregulation schematisch dargestellt. Die einzelnen Begriffe in den Kästchen kennen Sie z.T. aus Lektion 35 und Abb. 36-11. Der Blutdruck wird gemessen durch die ....rezeptoren in der arteriellen Ausflußbahn des Herzens.

Druck- (Presso-)

36.28 Erhöht sich aus irgend einem Grunde der arterielle Blutdruck, so nimmt die Aktivität in den Pressorezeptoren .... (zu / ab); erniedrigt sich der Blutdruck, so nimmt die Aktivität .... (zu / ab). Die Pressorezeptoren informieren das Kreislaufzentrum fortlaufend über die Höhe des ....

zu - ab - Blutdruckes

36.29 Das Kreislaufzentrum, welches durch die .... fortlaufend über die .... des Blutdruckes informiert wird, hat verschiedene Möglichkeiten, einen abgefallenen oder angestiegenen Blutdruck wieder auf sein altes Niveau zu regeln. Es kann erstens den Herzauswurf pro Zeiteinheit (Herzzeitvolumen) verändern und zweitens die Weite der kleinen Arterien verändern.

Pressorezeptoren (oder entsprechend) - Höhe

36.3o Das Herzzeitvolumen ist bestimmt durch die Schlagfrequenz und das Blutvolumen des Herzens, welches es in einer Kontraktion gegen den Druck im arteriellen Kreislauf auswerfen kann (Schlagvolumen). Die Herzfrequenz kann das Kreislaufzentrum nervös über den .... und den .... verändern. Das Schlagvolumen kann es nur über den .... verändern.

Sympathikus - Parasympathikus - Sympathikus

36.31 Erniedrigt sich also der Blutdruck, so wird das Herzzeitvolumen durch das Kreislaufzentrum vergrößert, indem die Aktivität in den sympathischen Herznerven .... (erhöht / erniedrigt) und in den parasympathischen Herznerven .... wird. Gleichzeitig wird auch die Weite der kleinen Arterien in den Organen .... (vergrößert / verkleinert), um den Abfluß aus dem arteriellen System zu drosseln.

erhöht - erniedrigt - verkleinert

36.32 Die Verengung der kleinen Arterien wird vom Kreislaufzentrum durch .... (Erhöhung / Erniedrigung) der Aktivität in den .... Fasern, die diese Gefäße innervieren, bewirkt. Als Folge davon nimmt der Blutfluß durch diese Gefäße ab.

Erhöhung - sympathischen

36.33 Wie verändern sich als Folge einer Blutdruckerniedrigung folgende vier Parameter?
1. Herzfrequenz
2. Weite der peripheren Gefäße
3. Aktivität in sympathischen Herznerven
4. Aktivität in Pressorezeptoren (siehe Lernschritt 36.23)
(+ = Vergrößerung, - = Verkleinerung).

1. + - 2. - - 3. + - 4. -

In dem folgenden Beispiel wird gezeigt, wie das ZNS den Blutfluß durch die Organe regelt. Dabei wird der Kreislauf während Ruhe und während Muskelarbeit betrachtet. In Abb. 36-34A ist der ganze Kreislauf schematisch dargestellt: rechts das arterielle System und links das venöse System, linke und rechte Herzhälfte sind getrennt dargestellt. In der Mitte sind die Kapillargebiete aller wichtigen Organgebiete (Lunge, Herz, Gehirn, Niere, Eingeweide, Haut und Skelettmuskulatur) eingezeichnet. Die Dicke der Pfeile im linken und rechten Herzen geben den Auswurf des Herzens pro Zeiteinheit (Herzzeitvolumen) wieder. Der Blutfluß durch die Organgebiete ist durch die Weiten der kleinen Arterien (rot) schematisch dargestellt.

36.34 Abb. 36-34A zeigt schematisch den Kreislauf des Menschen in Ruhe. Die Weite der kleinen Arterien (rot) in Abb. 35-34A zeigt, welcher Anteil vom Herzzeitvolumen durch die einzelnen Organgebiete fließt. Die Weite der kleinen Arterien wird über ...... Fasern vom ....zentrum verstellt.

sympathische - Kreislauf-

36.35 Bei körperlicher Arbeit werden die kleinen Arterien der Arbeitsmuskulatur durch Stoffwechselprodukte, die beim Abbau energiereicher Stoffe im Muskel entstehen, erweitert. Als Folge davon läuft mehr .... durch die Muskulatur. Damit fließt mehr Blut aus dem arteriellen System ab und der Blutdruck .... (erhöht / erniedrigt) sich.

Blut - erniedrigt

36.36 Ein erniedrigter Blutdruck wird durch die ....rezeptoren (siehe Abb. 36-27) zum Kreislaufzentrum gemeldet. Das Kreislaufzentrum hat folgende Möglichkeiten um den Blutdruck bei erhöhtem Fluß durch die Muskulatur aufrecht zu erhalten: über das .... Nervensystem erhöht es den Auswurf des ...... pro Zeiteinheit und kann die .... von Darm und Haut verengen.

Druck- (Presso-) - vegetative (oder sympathische) - Herzens - kleinen Arterien

36.37 Abb. 36-34B zeigt den Kreislauf bei Muskelarbeit. Das Herzzeitvolumen hat zugenommen (dicke Pfeile in Herzlumen). Die Durchblutung des Darmes und der Haut hat .... (vergleiche 36-34A mit B), während die Durchblutungen von Herz, Niere und Gehirn praktisch gleich geblieben sind. Als Folge davon fließt .... (mehr / gleichviel) Blut durch die Muskulatur.

abgenommen - mehr

36.38 Während der Muskelarbeit ist die sympathische Aktivität in den Nerven zum Herzen und zu den kleinen Arterien von Haut und Darm .... (angestiegen / gleich geblieben). Am Herzen bewirkt sie eine Erhöhung der .... der Kontraktion und der Schlag......... . Die kleinen Arterien von Haut und Darm werden .... (verengt / erweitert).

angestiegen - Kraft - -frequenz - verengt

Die folgenden Lernschritte dienen zur Überprüfung Ihres Wissens:

36.39 Zeichnen Sie den vegetativen (autonomen) Reflexbogen und bezeichnen Sie Afferenz, prä- und postganglionäres Neuron.

siehe Abb. 36-1 links

36.4o, Bauchschmerzen werden meistens durch krampfartige Bewegungen des Darmes verursacht. Warum kann man diese Schmerzen durch Erwärmen der Haut lindern? (Welche Rezeptoren werden gereizt? Wo werden die Afferenzen dieser Rezeptoren verschaltet?)

segmentaler, cuti-visceraler Reflex - Reizung von Wärmerezeptoren - Umschaltung segmental auf sympathische Neurone

36.41 Zeichnen Sie den vegetativen Reflexbogen, der die Blasenentleerung regelt (Afferenz, prä- und postganglionäres Neuron).

siehe Abb. 36-11 rot

36.42 Man erniedrigt bei einem Tier künstlich den Blutdruck. Als Folge davon

a) ist die Aktivität im parasympathischen Herznerven erhöht
b) ist die Aktivität in den Pressorezeptorafferenzen erniedrigt
c) werden die kleinen Arterien verengt
d) wird die Frequenz des Herzens erniedrigt
e) ist die Aktivität in den sympathischen Fasern zu den Arterien erhöht.

b, c, e

36.43 Mit welchen Effektoren regelt das Kreislaufzentrum den Blutdruck? (1., 2.) Welche Parameter dieser Effektoren kann das Kreislaufzentrum variieren?

Herz: Frequenz, Kontraktionskraft - kleine Arterien: Lumenweite

Lektion 37 Die Anatomie des Hypothalamus, die Regulation der Körpertemperatur und des Wassergehaltes der Gewebe

In den Lektionen 33 - 36 wurden die peripheren Funktionen des vegetativen Nervensystems behandelt. Die einfachsten Verschaltungen zwischen Afferenzen und vegetativen Efferenzen im Rückenmark und die medulläre Regelung des arteriellen Blutdruckes und der Durchblutung der Organe wurden dargestellt. In diesen "niederen" Hirnstrukturen sind Afferenzen und Efferenzen vegetativer und somatischer Natur relativ starr miteinander verschaltet. Es hat deshalb sicherlich Berechtigung, hier von Reflexzentren zu sprechen.

Diesen vegetativen Reflexzentren ist der Hypothalamus übergeordnet. Er ist entwicklungsgeschichtlich ein alter Teil des Vorderhirns, der in seinem Aufbau im Laufe der Entwicklung der Tiere relativ konstant geblieben ist, dies ganz im Gegensatz zu anderen Teilen des Vorderhirns, wie Großhirn und Kleinhirn. Der Hypothalamus liegt etwa in der "Mitte" des Gehirns. Entsprechend nimmt der Hypothalamus funktionell eine zentrale Rolle ein. Er ist das Zentrum der Regelung aller vegetativer Prozesse im Körper. Ein großhirnloses Tier ist daher nicht besonders schwer am Leben zu erhalten, während ein Tier ohne Hypothalamus äußerster Pflege bedarf, um am Leben zu bleiben.

Schon bei der Besprechung der Regulation vegetativer Effektoren in Lektion 36 ist Ihnen aufgefallen, daß es schwer ist, bei der Behandlung des vegetativen Nervensystems eine Grenze zu Nachbargebieten wie z.B. zur Kreislaufphysiologie zu ziehen. Bei der Behandlung der Funktion des Hypothalamus wird dieser Aspekt erst recht deutlich. So werden die Funktionen des Hypothalamus normalerweise unter verschiedensten Teilgebieten der Physiologie abgehandelt, wie z.B. unter Temperaturregelung, Regelung des Elektrolythaushaltes, Physiologie des Wachstums und der Reifung, Physiologie der Emotionen. Hierin kommt die Vielfältigkeit der hypothalamischen Funktionen zum Ausdruck. Eins aber haben sie alle gemeinsam: sie dienen der Konstanthaltung der inneren Bedingungen im Organismus. Die integrative Funktion des Hypothalamus schließt nicht nur das vegetative Nervensystem, sondern auch große Teile des somatischen Nervensystems und das hormonelle System ein.

In der folgenden Lektion werden die topographische Lage des Hypothalamus und seine wichtigsten afferenten Eingänge und efferenten Ausgänge beschrieben. Um den Regelcharakter seiner Funktionen exemplarisch zu verdeutlichen, werden die Regulation der Körpertemperatur einerseits und die Regulation des Wassergehaltes des Organismus andererseits dargestellt.

Lernziele: Angeben können, wo der Hypothalamus im Gehirn liegt (unterhalb des Thalamus, oberhalb der Hypophyse, cranial vom Mittelhirn, Teil des Zwischenhirns). Wissen, daß die efferenten Ausgänge des Hypothalamus sowohl nervös als auch hormonell sind und daß die Parameter des inneren Milieus des Organismus im Hypothalamus selbst gemessen werden. Darstellen der Temperaturregelung in einem Blockschaltbild. Wissen, daß diese Regelung der Konstanthaltung der Körpertemperatur dient; beschreiben der Meßfühler (Kälterezeptoren in Haut, Wärmerezeptoren in Hypothalamus), der Effektoren (Hautdurchblutung, Schweißsekretion, Stoffwechsel) und der Lokalisation des Reglers (Hypothalamus). Darstellen der Regelung des Wassergehaltes der Gewebe; wissen, daß diese Regelung hormonell ist und der Konstanthaltung des Wassergehaltes in Blut und Gewebe dient; wissen, daß der Effektor die Niere ist und die Informationsübertragung zur Niere hormonell ist.

37.1 Sie kennen aus Lektion 3o die Abb. 37-1A. Sie zeigt das Gehirn von medial, dargestellt durch einen Schnitt, der von oben nach unten und von vorne nach hinten geht (siehe kleines Bild neben anatomischer Abbildung). Bezeichnen Sie in dieser Abbildung das Kleinhirn, das Großhirn, das Rückenmark, das verlängerte Rückenmark, die Brücke und das Mittelhirn.

siehe Abb. 3o-1

37.2 Die Gegend des H y p o t h a l a m u s ist in der Abb. 37-1A rot eingezeichnet. Er liegt zusammen mit dem Thalamus z w i - s c h e n Großhirn und Mittelhirn, diese Gegend wird deshalb auch als ....hirn bezeichnet. Aus Gründen der Übersichtlichkeit wurden die Hirnhohlräume (Ventrikel) in diesem Bild nicht eingezeichnet.

Zwischen-

37.3 Abb. 37-1B zeigt einen Hirnschnitt, der senkrecht zur Schnittebene der Abb. 37-1A liegt. Der Hypothalamus ist wie in Abb. 37-1A rot eingezeichnet. Sie sehen, daß der Hypothalamus wie es das Wort sagt - hypo - unterhalb des .... liegt. Bezeichnen Sie die Großhirnrinde in Abb. 37-1B.

Thalamus - siehe Abb. 3o-8

37.4 Der Hypothalamus ist ein Teil des .... (Zwischen- / Mittel-) hirns und liegt unterhalb des .... Eine besondere Beziehung hat der Hypothalamus zur Hypophyse (Hirnanhangdrüse, Abb. 37-1A). Fast alle Drüsen in der Peripherie des Körpers, die Hormone produzieren, wie z.B. Schilddrüsen und Sexualdrüsen, werden über die Hypophyse hormonell geregelt.

Zwischen- - Thalamus

37.5 Der Hypothalamus ist der Hirnanhangdrüse, genannt ...., funktionell übergeordnet. Er regelt nervös oder hormonell die Funktionen der Hirnanhangdrüsen. Bezeichnen Sie in Abb. 37-1B die Hirnanhangdrüse.

Hypophyse - siehe Abbildung 37-1A

Der Hypothalamus ist der übergeordnete Regler, der die inneren Bedingungen des Organismus konstant hält. Diese Konstanthaltung der inneren Bedingungen des Organismus - wie z.B. der Körpertemperatur, der Konzentration des Blutzuckers, der Konzentration der Na-Ionen im Blut - ist die Voraussetzung für ein hochentwickeltes Leben. Man bezeichnet diese Konstanthaltung der inneren Bedingungen H o m ö o s t a s e. Die Parameter, die im Körper konstant gehalten werden, nennt man das i n n e r e M i l i e u des Organismus. Qualitativ kann man hierzu folgenden Vergleich anstellen: der Organismus wird durchströmt durch das Blut und die Intrazellularflüssigkeit, welche konstante Ionenkonzentration, konstante Sauerstoff- und Kohlendioxydspannung usw. haben. Der Organismus trägt sein Milieu also mit sich herum, wie der Raumfahrer in seinem Raumanzug oder der Raumkapsel das Erdmilieu mit sich herumträgt (Sauerstoff, Kohlendioxyd, Druck).

Als Beispiel für die übergeordnete Regelung durch den Hypothalamus wird im Folgenden die Konstanthaltung der Körpertemperatur ausführlicher beschrieben. Die Konstanthaltung der Körpertemperatur bei Säugetieren ist Voraussetzung für das Funktionieren des Organismus, weil die Geschwindigkeiten aller chemischen Reaktionen im Körper von der Temperatur abhängig sind und in quantitativ genügendem Maße nur bei 37-38° C ablaufen.

Wenn man die Körpertemperatur von Säugetieren betrachtet, muß man zwischen der Temperatur im Körperinneren, z.B. Brustraum, Gehirn (Kerntemperatur), und der Temperatur in der Körperperipherie, z.B. Extremitäten, Haut (Schalentemperatur), unterscheiden. Die Schalentemperatur schwankt in Abhängigkeit von der Umgebungstemperatur beträchtlich (denken Sie nur an Ihre kalten Finger im Winter), während die Kerntemperatur fast konstant gehalten wird. Der Körper verfügt über mehrere Mechanismen zur Konstanthaltung der Kerntemperatur.

Der Organismus regelt seine Kerntemperatur prinzipiell über zwei Mechanismen: die Regelung der Wärmeproduktion und der Wärmeabgabe. Wärme wird durch den Abbau von energiereichen Stoffen im Körper (Fette, Kohlehydrate) und durch Muskelarbeit (Muskelzittern) produziert. Die Stoffwechselerhöhung hat also eine chemische Thermogenese zur Folge. Die Wärmeabgabe reguliert der Organismus über die Hautdurchblutung. Die im Körper gebildete Wärme wird mit dem Blutstrom in die Haut transportiert und an die Umgebung abgegeben. Die Durchblutung der Finger z.B. kann im Verhältnis 1:600 geändert werden, entsprechend auch der Wärmetransport. Ein wichtiger Mechanismus der Wärmeabgabe - besonders bei höheren Umgebungstemperaturen - ist die Verdunstung von aktiv produziertem Schweiß auf der Körperoberfläche. Jeder Liter Schweiß, der vollständig verdunstet, entzieht dem Körper eine Wärmeenergie von 580 kcal, das ist etwa ein Viertel der Energiemenge, die Sie in Ihrer Nahrung täglich zu sich nehmen. Über diese Mechanismen hinaus führen die Kalt- und Warmempfindung zu bestimmten Verhaltensweisen, wie z.B. Meidung extremer Umgebungstemperaturen, Anlegen von Kleidung, die im weiteren Sinne auch als Regelmechanismen des Wärmehaushaltes verstanden werden können.

Damit der Organismus "weiß", wann er Wärme abführen und wann er Wärme produzieren "soll", muß er Rezeptoren (Meßfühler) haben, die die Temperatur messen. Solche Meßfühler gibt es im vorderen Bereich des Hypothalamus und in der Haut des Organismus. Die Meßfühler im vorderen Hypothalamus sind spezialisierte Neurone (Abb. 37-7A), die die Erwärmung der Kerntemperatur messen (Wärmerezeptoren). Die Meßfühler in der Haut sind Kälterezeptoren (Abb. 37-7A), die die Abkühlung der Haut registrieren. Über diese Kälterezeptoren wird die Schalentemperatur nach zentral gemeldet, bevor es überhaupt zum Absinken der Kerntemperatur kommt.

Vom hinteren Hypothalamus aus wird besonders die Wärmeproduktion und -abgabe geregelt (Regelzentrum in Abb. 37-7A). Hier laufen Informationen von den Wärmerezeptoren im vorderen Hypothalamus und den Kälterezeptoren in der Haut zusammen. Zerstört man dieses hintere Zentrum im Hypothalamus, so wird der Organismus wechselwarm (poikilotherm), d.h. er kann seine Kerntemperatur nicht mehr unabhängig von der Umgebungstemperatur konstant halten. Bitte prägen Sie sich die gesperrt gedruckten Begriffe im vorangegangenen Klartext noch einmal genau ein.

37.6 Die Temperaturregelung im Menschen dient der Konstanthaltung der Kerntemperatur auf ...... ^{o}C. Entsprechend wird die Zimmertemperatur über die Regelung der Zentralheizung auf etwa 21-22° C konstant gehalten. Die Zimmertemperatur kann man mit der ...... (Schalen- / Kern-)temperatur vergleichen. Das Innenthermometer in der Wohnung entspricht also den .... (Kälterezeptoren in der Haut / Wärmerezeptoren im Hypothalamus).

etwa 37° C - Kerntemperatur - Wärmerezeptoren im Hypothalamus

37.7 Dieses Innenthermometer mißt die Zimmertemperatur, entsprechend messen die Rezeptoren im vorderen Hypothalamus die .... Die Information vom Wärmezentrum geht zu einer anderen Neuronengruppe im hinteren Hypothalamus (Abb. 37-7A), welche die Wärmeproduktion und -abgabe regelt. Analog dazu geht die Information vom Zimmerthermometer zum .... (Thermostaten / Heizkessel) der Zentralheizung.

Kerntemperatur - Thermostaten

37.8 Ist das Zimmer zu heiß, so wird die Heizleistung gedrosselt; es kann aber auch zum Senken der Zimmertemperatur ein Fenster geöffnet werden. Ganz entsprechend werden bei Erhöhung der Kerntemperatur .... (der Stoffwechsel / die Verdauung) gedrosselt und in der Haut die .... erhöht.

Stoffwechsel - Durchblutung

37.9 Die meiste Wärme kann der Körper durch .... (Schwitzen / Urinausscheidung) abführen. Die Verdunstung des .... auf der Körperoberfläche entzieht dem Körper Wärme in der Größenordnung von 5oo kcal pro Liter. Diese Kalorienzahl entspricht etwa einem Viertel des täglichen Kalorienbedarfs des Körpers.

Schwitzen - Schweißes

37.1o Die Gefäße und Schweißdrüsen werden nur von sympathischen Fasern innerviert. Muß der Körper Wärme abgeben, um seine Kerntemperatur zu senken, so werden die Durchblutung der Haut ..... (erhöht / erniedrigt) und die Schweißsekretion .... (erhöht / erniedrigt).

erhöht - erhöht

37.11 Beide Mechanismen der Wärmeabgabe, die Erhöhung der Durchblutung der Haut und die Schweißabgabe, werden über den .... (Sympathikus / Parasympathikus) geregelt. Erhöhung der Aktivität in den .... (sympathischen / parasympathischen) Schweißdrüsenfasern .... (erhöht / erniedrigt) die Schweißsekretion; Erhöhung der Aktivität in den ......thischen Fasern, die die Gefäße innervieren, verengt die Gefäße und

.... (drosselt / erhöht) die Wärmeabgabe.

Sympathikus - sympathischen - erhöht - sympa- - drosselt

37.12 Der Regler im hinteren Hypothalamus (Abb. 37-7A) empfängt Informationen von den ....rezeptoren in der Haut. Diese Rezeptoren messen die Abkühlung der Haut durch die Umgebung, d. h. sie messen die .... (Kern- / Schalen-)temperatur. Analog zu diesen ....rezeptoren arbeitet das Außenthermometer einer Heizungsanlage.

Kälte- - Schalen- - Kälte-

37.13 Die Informationen vom Außenthermometer werden dem .... der Zentralheizung zugeleitet. Sinkt die Umgebungstemperatur, so wird infolge der Messungen dieses Außenthermometers die Heizkesselleistung prospektiv höher eingestellt, da die Wärmeverluste im Zimmer bei niedriger Außentemperatur .... (höher / niedriger) sind.

Regler (oder Thermostaten) - höher

37.14 Analog dazu werden die Informationen von den Kälterezeptoren verarbeitet. Die Impulse von diesen Rezeptoren werden dem Regelzentrum im hinderen Hypothalamus (Abb. 37-7A) zugeleitet. Erniedrigt sich die Umgebungstemperatur, so wird der Stoffwechsel des Organismus .... (erhöht / erniedrigt) und die Durchblutung der Haut nimmt ....

erhöht - ab

37.15 Kühlt sich der Organismus ab, so erhöht er seine ....produktion durch Erhöhung seines ...., d.h. durch Abbau von Fetten, Kohlehydraten und Proteinen. Dieser Prozeß wird im .... ausgelöst (siehe Abb. 37-7A) und über den Sympathikus vermittelt.

Wärme- - Stoffwechsels - Hypothalamus

37.16 Der sympathische Überträgerstoff auf die meisten Effektoren, ..., kurbelt die Wärmeproduktion durch direkten Eingriff in die chemischen Abläufe an. Dieser Überträgerstoff wird aus dem Nebennierenmark in die Blutbahn ausgeschüttet.

Noradrenalin / Adrenalin

37.17 Erhöht sich die Kerntemperatur des Organismus, so muß er ...... abgeben. Zwei Mechanismen, die beide in der Körperoberfläche lokalisiert sind, stehen ihm im wesentlichen zur Verfügung, 1. .... und 2. ....

Wärme - 1. Erhöhung der Hautdurchblutung - 2. Schwitzen (in beliebiger Reihenfolge)

37.18 Durch Ausschaltungsversuche (Zerstörung von Kerngebieten) kann gezeigt werden, daß die einzelnen Mechanismen der Temperaturregelung im .... (hinteren Hypothalamus / Mittelhirn) koordiniert werden. Welche dieser Mechanismen werden durch das sympathische Nervensystem vermittelt?

hinteren Hypothalamus - Schweißsekretion und Hautdurchblutung

37.19 Durch die Temperaturregulation wird die Körpertemperatur ...... (konstant gehalten / der Umwelt angepasst). Das Regelzentrum im Hypothalamus entspricht einem .... (Thermometer / Thermostaten). Der Organismus wird durch diese Temperaturregelung .... (abhängig /unabhängig) von den Temperaturschwankungen in der Umwelt.

konstant gehalten - Thermostaten - unabhängig

37.2o In Abb. 37-7B ist schematisch im Blockschaltbild die Regelung der Zimmertemperatur aufgezeichnet. Zeichnen Sie dasselbe Blockschaltbild noch einmal auf, diesmal ohne Beschriftung, und tragen Sie bitte in die Kästchen die der Regelung der Zimmertemperatur analogen Begriffe der Regelung der Körpertemperatur ein.

siehe Abb. 37-2o

Der Stoffwechsel, Wasser- und Elektrolythaushalt werden wie die Körpertemperatur zentral vom Hypothalamus geregelt. Die Übertragung vom Regelzentrum auf die Erfolgsorgane geschieht hier aber ausschliesslich h o r m o n e l l. In den folgenden Lernschritten wird als Beispiel die R e g e l u n g d e s W a s s e r g e h a l t e s d e r G e w e b e beschrieben.

Sie wissen, daß vieles Trinken (übermässiger abendlicher Biergenuß) sehr schnell zur Urinproduktion führt. Diese Flüssigkeitsausscheidung ist der Ausdruck für eine erfolgreiche Regelung des Wassergehaltes der Gewebe, die vor Verdünnung des Blutes und Gewebssaftes schützt. Wird andererseits lange Zeit nichts getrunken, so sinkt die Urinproduktion auf minimale Werte ab. Im vorderen Hypothalamus sind Meßfühler (Rezeptoren) vorhanden, die den Verdünnungsgrad des Blutes messen. Man nennt sie Osmorezeptoren (Abb. 37-21A). Bei diesen Rezeptoren handelt es sich um spezialisierte Neurone, die sehr empfindlich auf Änderungen des Wassergehaltes in den umgebenden Geweben reagieren.

37.21 Die Wasserausscheidung der Niere hängt von der Konzentration des Hormons A d i u r e t i n im Blut ab. Bei hoher Adiuretinkonzentration wird wenig Wasser ausgeschieden, bei niedriger Adiuretinkonzentration .... Wasser. Das Adiuretin ist ein Hormon der Hypophyse (Abb. 37-21A).

viel

37.22 Die Ausschüttung von Adiuretin aus der .... wird durch den Hypothalamus geregelt (Abb. 37-21A). Die Konzentration von Adiuretin im Blut ist die Meldung an das Erfolgsorgan, die Niere, wieviel .... (Wasser / Elektrolyte) durch die Niere ausgeschieden werden soll(en).

Hypophyse - Wasser

37.23 Im Hypothalamus befinden sich spezialisierte Neurone, die Osmorezeptoren. Sie messen den Wassergehalt des umgebenden Gewebes. Ist der Wassergehalt hoch, so drosseln sie die Ausschüttung von .... aus der Hypophyse. Damit scheidet die Niere .... (mehr / weniger) Wasser aus.

Adiuretin - mehr

37.24 Abb. 37-21B zeigt in einem Blockschaltbild die Regelung des Wassergehaltes der Gewebe. Wassertrinken führt zur Verdünnung des Blutes und der Gewebssäfte. Der Wassergehalt der Gewebe nimmt .... (ab / zu). Diese Änderung des Wassergehaltes wird von den Osmorezeptoren im .... gemessen.

zu - Hypothalamus

37.25 Die Zunahme des Wassergehaltes der Gewebe, den die ....rezeptoren messen, bewirkt eine Drosselung der Ausschüttung von .... aus der Hypophyse. Über dieses Hormon wird die Wasserausscheidung der .... geregelt.

Osmo- - Adiuretin - Niere

37.26 Die verminderte Ausschüttung von Adiuretin aus der .... in die Blutbahn bei Zunahme des Wassergehaltes der Gewebe hat zur Folge, daß die Niere .... (mehr / weniger) Wasser ausscheidet. Über diesen Regelkreis wird der Wassergehalt der Gewebe .... (konstant gehalten / der Trinkmenge angepaßt).

Hypophyse - mehr - konstant gehalten

Die Regelung der Hormondrüsen (Schilddrüse, Nebennierenrinde, Geschlechtsdrüsen usw.) wird in dieser Lektion nicht behandelt. Die Hormonproduktion dieser Drüsen wird vom Hypothalamus über Hypophysenhormone reguliert. Meistens ist sogar die Verbindung vom Hypothalamus zur Hypophyse hormonell. Die Rückmeldung von den peripheren Hormondrüsen zum Hypothalamus erfolgt über die Konzentration der Hormone dieser Drüsen im Blut.

Fast alle vom Hypothalamus aus hormonell und nervös geregelten Prozesse lassen sich in mehr oder minder verknüpften Regelkreisen darstellen. Diese Regelkreise unterliegen den Einflüssen von anderen Regelkreisen höherer Zentren. Man kann den Hypothalamus als einen Homöostaten bezeichnen, welcher das innere Milieu des Körpers konstant hält. Den Prozeß der Konstanthaltung nennt man H o m ö o s t a s e.

In den restlichen Lernschritten dieser Lektion wird noch einmal die zentrale Lage des Hypothalamus im Gehirn anhand seiner afferenten und efferenten Verbindungen dargestellt.

37.27 Die topographische Lage des Hypothalamus zeigt Ihnen (Abb. 37-1), daß er "mitten" im Gehirn unter .... (dem Thalamus / der Hypophyse) liegt. Die afferenten und efferenten Verbindungen des Hypothalamus lassen seine zentrale Lage noch deutlicher hervortreten. In Abb. 37-27 sind diese Verbindungen grob schematisch dargestellt. Rot sind die .... Verbindungen eingezeichnet, schwarz die ....

dem Thalamus - efferenten - afferenten

37.28 Der Hypothalamus ist mit allen übergeordneten und untergeordneten Bereichen des ZNS efferent und afferent n e r v ö s verschaltet. Die zwei großen übergeordneten Bereiche sind das lymbische System und das thalamisch-cortikale System. Die dem Hypothalamus untergeordneten Bereiche des ZNS sind der .... und das .... (siehe Abb. 37-27).

übrige Hirnstamm - Rückenmark

37.29 Wichtige afferente Informationen erhält der Hypothalamus aus der Umwelt über die 5 Sinne (Gehör-, Geruch-, Tast-, Gesichts- und Geschmackssinn) und aus dem Eingeweidebereich über die .... (visceralen / somatischen) Afferenzen. Eine bestimmte afferente Verbindung aus der Haut haben Sie bei der Temperaturregelung kennengelernt, von welchen Rezeptoren kommt sie?

visceralen - Kälterezeptoren

37.3o Bei der Regulation der Körpertemperatur und des Wassergehaltes der Gewebe haben Sie gelernt, daß der Hypothalamus spezialisierte Neurone besitzt, die die Temperatur des .... bzw. den ....gehalt der Gewebe messen. Es handelt sich auch hier um afferente Eingänge in den Hypothalamus aus dem sogenannten inneren .... des Organismus (siehe Abb. 37-27).

Körperinneren, Blutes (oder entsprechend) - Wasser- - Milieu

37.31 Das innere Milieu des Organismus wird durch hypothalamische Regelung .... gehalten. Die Parameter des inneren Milieus werden im .... selbst gemessen. Nennen Sie die zwei Parameter, die in dieser Lektion besprochen wurden.

konstant - Hypothalamus - Kerntemperatur (oder entsprech.)
Wassergehalt der Gewebe

37.32 Besondere efferente Ausgänge besitzt der Hypothalamus zur Hypophyse. Sie sind zum großen Teil h o r m o n e l l e r Natur. Über diese Verbindung wird die Ausschüttung von .... aus der Hypophyse reguliert. Welches .... wurde bei der Regulation des Wassergehaltes der Gewebe aus der Hypophyse ausgeschüttet?

Hormonen - Hormon - Adiuretin

Überprüfen Sie mit den nächsten Lernschritten Ihr Wissen:

37.33 Welche zwei Möglichkeiten der Wärmeabgabe hat der Organismus, um bei erhöhter Wärmeproduktion seine Kerntemperatur konstant zu halten? Werden diese Mechanismen über den Sympathikus oder Parasympathikus geregelt?

Hautdurchblutung - Schweißproduktion - Sympathikus

37.34 Benutzen Sie die Abb. 3o-2 als Vorlage und bezeichnen Sie die Hypophyse und die Lage des Hypothalamus.

siehe Abb. 37-1

37.35 Der Arzt stellt bei einem Menschen folgende Symptome fest: tägliche Urinmenge 1o Liter, tägliche Wasseraufnahme 1o Liter; das Röntgenbild zeigt einen Tumor im Hypothalamus. Welcher Regelkreis funktioniert nicht mehr? Warum funktioniert er höchstwahrscheinlich nicht mehr?

Regelung des Wassergehaltes - Hypothalamischer Regler zerstört und damit keine Adiuretinproduktion mehr (oder entspr.)

Lektion 38 Die Auslösung und Integration elementarer Verhaltensweisen im Hypothalamus

In Lektion 37 haben Sie gelernt, daß der Hypothalamus das Regelzentrum für viele Prozesse, die im Organismus ablaufen, ist. Über ihn werden die inneren Bedingungen des Organismus (das innere Milieu) konstant gehalten (Homöostase), dadurch wird der Organismus relativ unabhängig von Änderungen in der Umwelt.

Nun ist der Hypothalamus auch das Integrationszentrum elementarer Verhaltensweisen. Bei diesen Verhaltensweisen handelt es sich um das *Abwehrverhalten*, das sich aus dem Angriffs-, Verteidigungs- und Fluchtverhalten zusammensetzt, das *Freßverhalten*, das eine Kontrolle der Nahrungsaufnahme ist, und einfaches *reproduktives (Sexual-) Verhalten*.
Diese Verhaltensweisen kann man bei hypothalamischen Tieren, denen man das ganze Großhirn (limbisches System und thalamisch-cortikales System, siehe Abb. 38-27) entfernt hat, beobachten. Elektrische Reizung kleiner umschriebener Bereiche im Hypothalamus löst ebenfalls diese Verhaltensweisen aus. Man kann diese Verhaltensweisen auch als Regelvorgänge im weiteren Sinne verstehen, die der Erhaltung des Individuums in einer feindlichen Umwelt (Abwehrverhalten), der Sicherung der Nahrungsaufnahme (Freßverhalten) und der Reproduktion der Art (Sexualverhalten) dienen.

In dieser Lektion wird an den Beispielen des Freß- und Abwehrverhaltens gezeigt, daß die elementaren Verhaltensweisen aus der *Koordination somatischer* und *vegetativer* Einzelreaktionen bestehen und daß der Hypothalamus diese Reaktionen zu einem bestimmten Verhaltensmuster *integriert*.

Lernziele: Graphisch darstellen, wie sich Blutdruck, Darmkontraktionen, Darmdurchblutung und Muskeldurchblutung während der Verhaltensweisen "Fressen" und "Abwehr" nach elektrischer Reizung im Hypothalamus verändern. Wissen, daß eine Verhaltensweise sowohl somatische als auch vegetative Elemente beinhaltet. Wissen, daß elementare Verhaltensweisen von kleinen Zellgruppen aus im Hypothalamus integriert werden, daß vegetative und somatische Reaktionen genau aufeinander abgestimmt sind, daß das Ziel dieser Verhaltensweisen die Erhaltung des Organismus (Nahrungszufuhr, Abwehr gegen Feinde) und die Reproduktion des Organismus (Sexualverhalten) ist.

Versuchstier ist eine wache, frei bewegliche Katze. Auf dem Kopf der Katze ist eine Metallelektrode fest montiert, deren Spitze im Hypothalamus liegt. Die Elektrode wurde dem Tier in Vollnarkose implantiert. Reizt man durch die Elektrode eine bestimmte Zellgruppe im lateralen Teil des Hypothalamus (1oo Reize pro Sekunde, 1o Sekunden lang), so kann man folgendes Verhalten des Tieres beobachten: das ruhig in einem Zustand verminderter Aufmerksamkeit daliegende Tier hebt den Kopf, es wirkt aufmerksam, es erhebt sich und beginnt, langsam in einer Haltung im Raum umherzugehen, als ob es etwas suche; dabei schnüffelt es auf dem Fußboden, es nähert sich dem Freßtrog und beginnt zu fressen. Diese Folge von Aktionen, von der ersten Aufmerksamkeitsreaktion bis zum Fressen, wird meistens durchgeführt, bevor die 1o Sekunden lange Reizserie beendet ist. Wird diese Reizserie unterbrochen, so hört die Katze auf zu fressen. Wiederholte Reizung ergibt denselben Ablauf des Verhaltens.

Da es sehr schwierig ist, den Effekt der Reizung des Hypothalamus auf die vegetativen Effektoren am frei beweglichen Tier zu messen, wird das Tier narkotisiert.

38.1 Um zu prüfen, ob das Freßverhalten, welches nach elektrischer Reizung des lateralen Hypothalamus zu beobachten ist, auch vegetative Reaktionen beinhaltet, wurden (siehe Abb. 38-1, F r e s s e n) 1. ...., 2. ...., 3. .... und 4. .... gemessen. Alle vier Meßgrößen sind Indikatoren für die Aktivität im .... (vegetativen / somatischen) Nervensystem.

1. Blutdruck - 2. Darmkontraktionen - 3. Darmdurchblutung - 4. Muskeldurchblutung - vegetativen

38.2 Der arterielle Blutdruck hängt von dem ....zeitvolumen einerseits und von der Weite der kleinen .... andererseits ab. Das ......zeitvolumen wird über sympathische und ...... Fasern geregelt, die Weite der kleinen .... nur über ...... Fasern (siehe Abb. 36-21).

Herz- - Arterien - Herz- - parasympathische - Arterien - sympathische

38.3 Die Durchblutung von Darm und Muskel (Hinterextremität) wird nur über .... Fasern geregelt, die die Weite der kleinen Arterien verstellen (siehe Abb. 36-34). Die Kontraktionen der glatten Muskulatur des Darmes, durch die die Speisen weitertransportiert werden, werden durch .... Fasern gefördert und durch .... Fasern gehemmt.

sympathische - parasympathische - sympathische

38.4 In Abb. 38-1 (Fressen) sind diese 4 Meßgrößen graphisch fortlaufend aufgezeichnet worden (Zeitachse unten auf der Abbildung). Die Größenskalen (Ordinaten) sind der Einfachheit halber weggelassen worden. Nach oben bedeutet Zunahme der Meßgrößen, nach unten ihre Abnahme. Beschreiben Sie die Änderungen der Meßgrössen während der Auslösung des Freßverhaltens durch Reizung des Hypothalamus (unterer schwarzer Balken):

1. der Blutdruck nimmt .... (ab / zu),
2. die Bewegungen des Darmes nehmen ....,
3. die Durchblutung des Darmes nimmt ......,
4. die Durchblutung der Skelettmuskulatur (Hinterextremität) nimmt ....

zu - zu - zu - ab

38.5 Stoppt man die Reizung des Hypothalamus, so hört die Katze sofort auf zu fressen, als ob nichts gewesen sei. Was geschieht mit den Meßgrößen in Abb. 38-1? Bei wiederholter Reizung des Hypothalamus kann man an frei beweglichen Tieren dasselbe Freßverhalten und an narkotisierten Tieren dieselben vegetativen Veränderungen beobachten.

Meßgrößen kehren zu ihren Ausgangswerten zurück (oder entspr.)

38.6 Durch die Änderung der Durchblutung von Darm- und Skelettmuskulatur fließt .... (mehr / weniger) Blut durch den Darm und .... Blut durch die Skelettmuskulatur. Diese Umverteilung des Blutflusses wird durch .... (Erhöhung / Erniedrigung) der Aktivität in den sympathischen Fasern, die die Darmgefäße innervieren, bewirkt, und durch .... der Aktivität in den sympathischen Fasern, die die Gefäße der Muskulatur aktiv eng stellen (Vasokonstriktoren).

mehr - weniger - Erniedrigung - Erhöhung

38.7 Der Blutdruck nimmt zu durch .... (Erhöhung / Erniedrigung) der Aktivität in den sympathischen Herznerven. Die Darmbewegungen werden über .... Fasern, die im Nervus vagus laufen, induziert.

Erhöhung - parasympathische

38.8 Das Freßverhalten, das man nach Reizung des Hypothalamus beobachtet (Aufstehen, Laufen, Bücken, Kaubewegungen usw.), setzt sich aus den Kontraktionen einzelner ....gruppen zusammen, besteht also aus .... (motorischen / vegetativen) Reaktionen. Die Messungen in Abb. 38-1 (Fressen) zeigen Ihnen, daß während des motorischen Verhaltens aber auch ganz bestimmte ..... Reaktionen ablaufen, die gemessen werden können.

Muskel- - motorischen - vegetative

38.9 Die Verhaltensweise "Fressen" beinhaltet also sowohl .... als auch .... Reaktionen. Beide Reaktionen sind so aufeinander abgestimmt (koordiniert), daß der Organismus durch die

.... Reaktionen auf den Vorgang "Nahrungsaufnahme" eingestellt wird.

motorische - vegetative (oder umgekehrt) - vegetativen

38.1o Die vegetativen Reaktionen, die man durch elektrische Reizung des .... am narkotisierten Tier auslösen kann, sind isolierte Fragmente des Verhaltensmusters, das als .....verhalten bezeichnet wird. Dieses elementare Verhalten kann auch beim decortizierten Tier, dem das lymbische und thalamisch-cortikale System entfernt wurde (siehe Abb. 37-27), beobachtet werden. Man kann also sagen, daß der .... das I n t e g r a t i o n s z e n t r u m für dieses Verhalten ist,

Hypothalamus - Freß- - Hypothalamus

38.11 Der Hypothalamus ist das ......zentrum des elementaren Freßverhaltens. Von hier aus wird die Nahrungsaufnahme des Organismus kontrolliert. Über die .... (vegetativen / somatischen) Bahnen wird der Organismus auf "Verdauung von Nahrung" eingestellt.

Integrations- oder Koordinations- - vegetativen

Natürlich ist es möglich, daß im nichtnarkotisierten Tier die Durchblutung bestimmter Muskelgruppen, z.B. der Kaumuskulatur und vielleicht der Haltemuskulatur, mit zunehmender Aktion dieser Muskulatur während des Fressens zunimmt. Tatsache bleibt aber, daß mit Beginn des Freßverhaltens die Durchblutung der Skelettmuskulatur der Hinterextremität abnimmt.

Variiert man die Lage der Elektrodenspitze im Hypothalamus um etwa 2 mm, so kann man von diesem Ort eine völlig entgegengesetzte Verhaltensweise auslösen: A b w e h r v e r h a l t e n. Rein deskriptiv besteht dieses Verhalten aus dem Angriffs-, Verteidigungs- und Fluchtverhalten.

Bei Reizung des Hypothalamus wird das zuerst ruhig daliegende Tier plötzlich sehr aufmerksam, es erhebt sich, macht einen Katzenbuckel und fängt an zu knurren, zischen und fauchen, die Finger der Pfoten spreizen sich und die Klauen treten hervor. Gleichzeitig sträuben sich die Haare und die Pupillen werden weit. Alle Reaktionen treten innerhalb weniger Sekunden nach hypothalamischer elektrischer Reizung auf. Diese Reaktionen können in einen heftigen Angriff auf den Experimentator oder im Fluchtverhalten münden. Das Verhalten wird von einer übermäßigen Steigerung der Atmung, von Speichelsekretion und von Urinieren begleitet.

38.12 In dem gerade beschriebenen Verhalten wurden einige ausgesprochen vegetative Reaktionen beschrieben: Haaresträuben, Pupillenerweiterung, Steigerung der Atmung, Speichelsekretion, Urinieren. Nennen Sie je eine dieser Reaktionen, die durch Erregung des Sympathikus und des Parasympathikus zustande kommt (die Atmung ist ausgenommen).

Sympathikus: Pupillenerweiterung, Haaresträuben -
Parasympathikus: Speichelsekretion, Urinieren

38.13 Die Beobachtung zeigt Ihnen, daß das Abwehrverhalten, das durch elektrische Reizung des .... ausgelöst wurde, sehr charakteristische vegetative Merkmale beinhaltet, die man beim Menschen gemeinhin den emotionalen Äußerungen der ...... (Wut und Furcht / Zufriedenheit und Langeweile) zuordnet.

Hypothalamus - Wut und Furcht

38.14 Um zu sehen, wie sich der Blutdruck, die Darmbewegungen und die Durchblutung von Darm- und Skelettmuskulatur nach Reizung der Zellgruppe im Hypothalamus, von der man Abwehrverhalten auslösen kann, verhalten, wurden diese vegetativen Parameter in Narkose gemessen. Wie verändern sich die Meßwerte nach Reizbeginn (schwarze Markierung in Abb. 38-1 rechts, Abwehr)? (Zunahme bzw. Abnahme von 1., 2., 3., 4.)

1. Zunahme - 2. Abnahme - 3. Abnahme - 4. Zunahme

38.15 Die Meßwerte sind Indikatoren für die Aktivität im .... Nervensystem. Beschreiben Sie die Unterschiede der Änderungen dieser Meßwerte während der Auslösung des Freßverhaltens und der Auslösung des Abwehrverhaltens (1., 2., 3., 4.; + = gleichsinnige Änderung; - = entgegengesetzte Änderung).

vegetativen oder sympathischen -
1. + - 2. - - 3. - - 4. -

38.16 Sieht man von der Veränderung des Blutdruckes ab, so verändern sich die gemessenen vegetativen Reaktionen im Körper während der Verhaltensäußerungen "Fressen" und "Abwehr" .... (entgegengesetzt / gleichsinnig). Alle vegetativen Reaktionen während des Abwehrverhaltens können durch die ...... (Erhöhung / Erniedrigung) der Aktivität im .... (Parasympathikus / Sympathikus) erklärt werden.

entgegengesetzt - Erhöhung - Sympathikus

38.17 Beide, die Darmbewegungen und die Durchblutung der Darmwand, nehmen infolge .... (Erhöhung / Erniedrigung) der .... (sympathischen / parasympathischen) Aktivität ab. Die Gefäße der Skelettmuskulatur werden durch spezielle sympathische Fasern, deren Überträger auf den Effektor Acetylcholin sein soll, aktiv erweitert, so daß der Blutfluß durch den Muskel .... (zu / ab)-nimmt.

Erhöhung - sympathischen - zu-

38.18 Die Änderung der vegetativen Parameter 1 bis 4 (Abb. 38-1) zeigen, daß die Reaktionslage des Organismus während des Abwehrverhaltens .... (sympathisch / parasympathisch) ist. Diese Reaktionslage befähigt den Organismus, optimal auf Bedrohungen aus der Umwelt zu reagieren.

sympathisch

38.19 Das Abwehrverhalten kann sehr leicht an hypothalamischen (decortizierten) Tieren durch nicht schmerzhafte Hautreize ausgelöst werden. Der Hypothalamus ist also das ....zentrum für die vegetativen und somatischen Reaktionen des elementaren Abwehrverhaltens.

Integrations- oder Koordinations-

Kleine Bereiche im lateralen Hypothalamus wurden elektrisch mit feinen Elektroden gereizt. Die Reize lösten Verhaltensweisen mit autonomen Reaktionen aus. Es muß an dieser Stelle betont werden, daß solche elektrischen Reize sehr unspezifisch sind und daß ihre Anwendung ein sehr grobes Mittel ist, wenn man zum Vergleich die feinen Abstimmungen somatischer und vegetativer Reaktionen eines bestimmten Verhaltens betrachtet. Elektrisch werden alle Neurone in der Umgebung der Elektrodenspitze gleich stark durch den Strom erregt, während bei "natürlicher" Auslösung des Verhaltens die Neurone in bestimmten Mustern aktiv sind. Außerdem kann eingewendet werden, daß diese Verhaltensweisen durch Reizung absteigender Bahnen ausgelöst werden, d.h. daß die Koordination in Wirklichkeit in höheren Zentren stattfindet. Tatsächlich kann man, wie schon gesagt, zum Teil dieselben und andere, besonders sexuelle Verhaltensweisen an großhirnlosen Tieren, deren Hirnstamm intakt ist, durch natürliche Reizung (z.B. schmerzhafte oder schmerzlose Hautreize) auslösen. Trennt man bei diesen Tieren den Hypothalamus vom Hirnstamm ab, so können diese Verhaltensweisen weder durch zentrale elektrische, noch durch natürliche Reizung erzeugt werden.

Die durch hypothalamische oder natürliche Reizung ausgelösten Verhaltensweisen großhirnloser Tiere laufen stereotyp ab. Am Ende des Reizes klingen sie sofort ab. Sie können in gleicher Art und Weise nahezu beliebig oft ausgelöst werden, sofern die großhirnlosen Tiere nur lange genug leben. Die so ausgelösten Verhaltensweisen sind nicht auf bestimmte Umweltsituationen ausgerichtet und entsprechen höchstwahrscheinlich auch nicht bestimmten Gefühls- oder Stimmungslagen der Tiere.

Sie haben gelernt, daß das limbische System dem Hypothalamus übergeordnet ist (Abb. 37-27). Dieses System ist entwicklungsgeschichtlich der ältere Teil des Großhirns und vom neueren Teil des Großhirns (Stirn-, Scheitel-, Schläfenhirn usw.) völlig verdeckt. Im limbischen System befinden sich wahrscheinlich die neurophysiologischen Korrelate der Gefühle und ihrer Bezüge zu bestimmten Umweltsituationen, d.h. von ihnen werden die schematischen im Hypothalamus integrierten und koordinierten Verhaltensweisen ausgelöst, differenziert und den Umweltsituationen angepaßt. So mag z.B. ein ungewohnter aber unschädlicher (akustischer, visueller oder taktiler) Reiz bei einem intakten Tier zuerst eine Reaktion, die dem hypothalamischen Angriffs- oder Fluchtverhalten gleicht, auslösen. Wird der Reiz wiederholt gegeben, so lernt das Tier, daß der Reiz unbedeutend ist, d.h. nicht bedrohlich ist; es gewöhnt sich an ihn und das Angriffs- oder Fluchtverhalten bleibt aus. Eine wirklich bedrohliche Situation dagegen wird sofort wiedererkannt - das Tier erinnert sich - und führt zum entsprechenden Abwehrverhalten.

Überprüfen Sie in den letzten Lernschritten Ihr Wissen:

38.2o Während des Abwehrverhaltens (Flucht und Angriff) wird

a) das Herzzeitvolumen erhöht
b) die Durchblutung des Darmes erniedrigt
c) die Ausscheidung gefördert
d) die Durchblutung der Skelettmuskulatur erhöht
e) Acetylcholin aus dem Nebennierenmark ausgeschüttet

a, b, d

38.21 Ein hypothalamischer Hund (decortiziert, d.h. Großhirn entfernt)

a) kann seine Körpertemperatur nicht mehr aufrecht erhalten
b) ist bei entsprechender Pflege lebensfähig
c) kann seine Nahrungsaufnahme noch regulieren
d) reagiert auf kräftige Hautreize mit Abwehrverhalten

e) geht zugrunde, weil er den Kreislauf nicht mehr regulieren kann.

b, c, d

38.22 Stellen Sie bitte graphisch dar, wie sich
1.) Blutdruck
2.) Darmkontraktionen
3.) Darmdurchblutung
4.) Muskeldurchblutung
(a) beim Freßverhalten
(b) beim Abwehrverhalten
verändern.

Abb. 38-1

Sachverzeichnis